丛书总主编
洪开荣

西秦岭隧道
掘进机施工修建技术

熊春庚　王庆林　李志军
张学军　马丽娜　胡必飞　编著

人民交通出版社股份有限公司
北京

内 容 提 要

本书基于作者团队在西秦岭隧道开敞式全断面隧道掘进机(TBM)施工及多年隧道工程实践经验,着力阐明开敞式TBM在西秦岭隧道的应用及关键技术。本书共10章,主要包括:绪论、整体设计与TBM施工段设计、施工总体部署及TBM施工段前期准备、开敞式TBM现场运维技术及过程、开敞式TBM洞内拆机与运输出洞、开敞式TBM快速掘进关键技术、开敞式TBM弧形滑道步进技术、同步衬砌施工技术、连续皮带输送机出渣关键技术、预制构件工厂化生产加工技术。本书图文并茂,完整介绍了整座隧道TBM施工的全过程,总结了很多关键创新技术。通过阅读本书,可以系统了解开敞式TBM隧道施工的技术体系。

本书可供开敞式TBM隧道施工技术领域的施工人员、维修保养人员和设计人员使用,也可供各高等院校和职业技术学校相关专业的教师、学生参考学习。

图书在版编目(CIP)数据

西秦岭隧道掘进机施工修建技术 / 熊春庚等编著. — 北京 : 人民交通出版社股份有限公司, 2020.12

ISBN 978-7-114-16650-1

Ⅰ.①西… Ⅱ.①熊… Ⅲ.①秦岭—隧道施工—全断面掘进机—巷道掘进 Ⅳ.①TD263.3

中国版本图书馆CIP数据核字(2020)第102948号

书　　名:西秦岭隧道掘进机施工修建技术
著 作 者:熊春庚　王庆林　李志军　张学军　马丽娜　胡必飞
责任编辑:潘艳霞
责任校对:刘　芹
责任印制:张　凯
出版发行:人民交通出版社股份有限公司
地　　址:(100011)北京市朝阳区安定门外外馆斜街3号
网　　址:http://www.ccpcl.com.cn
销售电话:(010)59757973
总 经 销:人民交通出版社股份有限公司发行部
经　　销:各地新华书店
印　　刷:北京虎彩文化传播有限公司
开　　本:787×1092　1/16
印　　张:12.25
字　　数:293千
版　　次:2020年12月　第1版
印　　次:2020年12月　第1次印刷
书　　号:ISBN 978-7-114-16650-1
定　　价:70.00元
(有印刷、装订质量问题的图书由本公司负责调换)

丛书编写委员会

本书编写委员会

主　　任

熊春庚　王庆林　李志军

副 主 任

张学军　马丽娜　胡必飞

编　　委(排名不分先后)

曾　勇　王广宏　郭光旭　卫鹏华　陈　云　戴润军　刘　宏

王艳波　郑孝福　杨永强　戴　斌　李楠川　申建琛　马小兵

骆保军　石小军　桂利胜　杨　涛　丁　涛　鲍　鹏　王君顺

徐　赞　王建伟

主编单位

中铁隧道局集团有限公司

中铁隧道集团二处有限公司

兰渝铁路有限责任公司

兰州交通大学

从书序

200万年前人类祖先已择洞而居，遮蔽风雨，抵御猛兽。中华文明文字记载的隧洞挖掘可追溯至公元前722年郑庄公与其母姜氏“阙地及泉，隧而相见”。人类经过不断探索研究和工程实践，如今随着技术的不断进步与可持续的文明发展，人们对采用隧道与地下工程解决人类生存与地面环境矛盾的认识越来越深刻，如解决地面交通问题、解决水资源分布不均的问题、解决地表土地资源稀缺的问题、解决能源安全储存的问题、解决城市地表环境的问题，等等。特别是进入21世纪以来，人类已广泛形成了“来自地表挑战的地下工程解决方案”的共识。同时，正是这些应对挑战的隧道与地下工程解决方案，使得隧道与地下工程建设本身又面临着新的技术挑战，如超深埋的山岭隧道、超浅埋的城市隧道、超长隧道、跨江越海隧道以及复杂地面与地下建（构）筑物环境下的隧道与地下工程等。另外，隧道及地下工程建设还要面临极其复杂的地质条件与恶劣环境的挑战，如高地温、高地应力、高水压、极硬岩、极软岩、地下有害气体、岩溶等。

新中国成立以后，随着铁路、公路、水利水电等基础设施的大规模建设，隧道与地下工程进入快速发展期。至20世纪末，我国累计建成铁路隧道6211座，隧道总长度达3514km，为解放前铁路隧道长度的22倍。进入21世纪以来，中国的铁路、公路、水利水电、城市地铁、综合管廊、城市地下空间、能源洞库等得到爆发式的发展，中国一跃成为隧道与地下工程发展最快的国家，隧道总量居全球首位。至2017年年底，中国运营隧道（洞）总长达39882km，在建隧道总长约17000km，规划的隧道长度约25000km。隧道与地下工程呈现出向多领域应用延伸，并具有明显地向复杂山区、城市人口密集敏感区发展的趋势。可以说，21世纪，隧道与地下工程将大有作为，但面临的挑战与压力也将是史无前例的。

中铁隧道局集团为原铁道部隧道工程局，是国内隧道与地下工程建设的主力军，年隧道建设能力达500km以上，累计建成隧道（洞）约7000km。中铁隧道局自1978年建局以来，承担了我国大量的重、难、险隧道与地下工程建设任务，承建了众多具有标志性、里程碑意义的隧道与地下工程，如首次采用新奥法原理修建的衡广复线大瑶山隧道

(14.295km)——开创了我国修建长度超过10km以上隧道的先河，创立浅埋暗挖法修建的北京地铁复兴门折返线——标志着我国地铁建设由"开膛破肚"进入暗挖法时代，首次采用沉管法修建的宁波甬江隧道——标志着我国水下隧道建设的跨越，创建复合盾构施工工法建设的广州地铁2号线越秀公园—广州火车站—三元里区间隧道——标志着我国地铁建设迈入盾构时代。从北京地铁，到广州地铁，再到全国其他43座城市的地铁建设，标志着我国地铁建设技术迈入了引领行列；从穿越秦岭的西康铁路秦岭隧道(19.8km)，到兰武铁路乌鞘岭隧道(20.05km)、南库二线中天山隧道(22.48km)、兰渝线西秦岭隧道(28.24km)、成兰线平安隧道(28.43km)等众多20km以上的隧道，再到兰新铁路关角隧道(32.6km)、大瑞铁路高黎贡山隧道(34.5km)，以及引水工程的引松隧洞(69.8km)、引汉济渭隧洞(98.3km)、引鄂喀双隧洞(283km)，展示着我国采用钻爆法、TBM法技术能力的综合跨越；从"万里长江第一隧"武汉长江隧道，到首座钻爆法海底隧道厦门翔安隧道、海域第一长隧广深港高铁的狮子洋隧道(10.8km)、首座内河水下立交隧道长沙营盘路湘江隧道、内河沉管隧道南昌红谷隧道，镌刻下我国水下隧道建设技术的成熟与超越；从平原，到高山，到水下，隧道无处不在，给人们带来了便利生活与环境的改善。同时伴随着这些代表性隧道工程的建设，我国隧道施工机械装备与技术方法，也实现了一个又一个台阶的跨越，每一个台阶无不留有隧道人为人类美好生活而挑战自然、驾驭自然的智慧与创造。

"隧贯山河，道通天下"是隧道人的追求与梦想，更是我们的情怀，也是我们对美好生活向往的真实写照！中铁隧道局集团的广大技术人员，本着促进隧道技术进步、共享隧道建设成果为目的，以承建的重、难、险隧道工程为依托，计划将隧道建设中遇到的难题、形成的技术、积累的经验以及对隧道工程的思考，以专题技术的方式记录和编写一部部出版物，形成"面向挑战的隧道及地下工程"系列丛书。希望本丛书对隧道及地下工程领域的发展与进步具有一定的参考与借鉴价值，同时期待耕耘于该领域的专家、学者和同行进行批评指正，也寄望能给未来的隧道人带来启迪，从而不断地推动隧道及地下工程技术的进步，更加自信地应对社会发展对隧道的需要与建设隧道中的挑战，更好地服务于人类！

在我们策划"面向挑战的隧道及地下工程"丛书的过程中，人民交通出版社股份有限公司给予了我们极大的帮助，共同讨论丛书的架构、篇目布局等，在此致以崇高的敬意！

本系列丛书在编写过程中得到了许多基层技术人员的支持与帮助，相关单位和专家也为丛书的出版做了大量的组织和支持工作，在此一并向他们致以诚挚的感谢！

2018年12月

前言

自20世纪90年代引入TBM技术后，我国成功修建了一系列隧道工程；随着我国国民经济的发展，隧道及地下工程施工技术也日新月异，采用TBM施工的特长隧道也越来越普遍。近年来，城市化进程步伐的加快促使具有优越技术性能的TBM施工方法在水工、地铁建设中广泛使用，也涌现了一批相关科学研究成果与工程实例。相比较之下，铁路隧道采用TBM施工的始于西康铁路秦岭隧道，其后西南铁路桃花铺隧道、磨沟岭隧道、南疆新增二线中天山隧道也采用了该施工方法；TBM施工一般采用有轨矿车出渣，且掘进完成后再进行衬砌，同时TBM在铁路隧道中应用实例的著作类资料较少。

本书以兰渝铁路全线控制性重点工程西秦岭特长隧道为例，主要介绍了开敞式大直径TBM在西秦岭特长隧道中的实例应用全过程。主要内容从兰渝铁路西秦岭隧道整体与TBM施工段设计，TBM施工段前期准备、现场组装、步进、掘进、维修保养等运维全过程，到开敞式TBM洞内拆机与运输出洞；并重点介绍了开敞式TBM在西秦岭隧道应用中的创新性技术，包括快速掘进关键技术、弧形滑道步进技术、同步衬砌施工技术和连续皮带机出渣等关键技术的应用。通过以上系统介绍，力求使本书具有一定的实用性，对同行具有一定的借鉴意义。

本书是"面向挑战的隧道及地下工程"系列丛书之一。该系列丛书由中铁隧道局集团有限公司组织编写，总工程师洪开荣担任主任委员。

本书共分为10章，撰写分工为：第2、3章由熊春庚、王广宏、郭光旭、卫鹏华撰写，第4章由王庆林、陈云、丁涛、鲍鹏、王君顺撰写，第5章由李志军、石小军、桂利胜、杨涛撰写，第1、6章由马丽娜、曾勇、戴润军、刘宏、王艳波撰写，第7、8章由张学军、郑孝福、杨永强、戴斌、李楠川、申建琛撰写，第9、10章由胡必飞、徐赞、马小兵、骆保军、王建伟撰写。本书在编写过程中得到了许多专家、技术人员的支持与帮助，在此向他们致以诚挚的感谢！

限于作者的水平和能力，书中难免有错误和不妥之处，恳请广大读者批评指正。

作　者

2020年12月

目录

第1章 绪论

在日本,习惯上将用于软土地层的全断面隧道掘进机称为盾构,将用于岩石地层的全断面隧道掘进机称为全断面岩石隧道掘进机(Tunnel Boring Machine,TBM)。盾构与TBM的主要区别在于开挖面的稳定方法,盾构施工主要是在保压、稳定开挖面的前提下,由掘进及排土、管片衬砌及壁后注浆三大要素组成;TBM依靠刀盘旋转破岩推进,隧道支护与出渣同时进行,不具备泥水压、土压等维护掌子面稳定的功能。

TBM具有掘进、出渣、导向、支护四大基本功能,对于复杂地层,还配备超前地质预报设备。掘进功能主要由刀盘旋转带动滚刀在开挖面破岩,以及为TBM提供动力的驱动系统和推进系统完成;出渣功能一般分为导渣、铲渣、溜渣、运渣四部分;导向功能主要包括确定方向、调整方向、调整偏转;支护功能分为掘进前未开挖的地层预处理、开挖后洞壁的局部支护,以及全部洞壁的衬砌或管片拼装;超前地质预报系统一般由超前钻机和自带的物探系统组成。

现代的TBM采用了机械、电气和液压领域的高科技成果,是运用计算机控制、闭路电视监视、工厂化作业,集掘进、支护、出渣、运输于一体的成套设备。采用TBM施工,无论是在隧道的一次成形、施工进度、施工安全、施工环境、工程质量等方面,还是在人力资源的配置方面都比传统的钻爆法施工有质的飞跃。

1.1 常见TBM形式

TBM主要分为以下三种类型,分别适应不同的地质条件。

(1)开敞式TBM:常用于硬岩,配置了钢拱架安装器和喷锚等辅助设备,以适应地质的变化,当采取有效支护手段后,也可应用于软岩隧道。

(2)双护盾式TBM:对地质具有较为广泛的适应性,既能适应软岩,也能适应硬岩或软硬岩交互的地层,但因其护盾较长,在围岩变形较大的情况下容易造成卡盾。

(3)单护盾式TBM:常用于软岩,推进时要利用管片作为支撑,其作业原理类似于盾构,与双护盾式TBM相比,掘进与安装管片两者不能同时进行,施工速度较慢。

随着TBM技术的进步以及TBM适应复杂地质的需要,除了上述三种类型,目前还有通用紧凑型 TBM、双护盾多功能 TBM 以及双模式 TBM 等类型。

1.1.1 开敞式 TBM

开敞式 TBM 的主要结构为刀盘后方的主梁,其上装有可以沿主梁长度方向移动的横向支撑。TBM 推进时,横向支撑伸出,通过撑靴压紧洞壁来获得支撑,使 TBM 主体前进;主体行程到位后,横向支撑缩回,位于主机前部和后部的两组撑脚伸出,使机体保持平稳,缩回的横向支撑沿主梁移动至起始位置,然后开始下一个循环。TBM 主梁的前方为刀盘,刀盘上布满滚刀,通过刀盘的挤压和转动将掌子面前方的岩石压碎,压碎的岩石落入刀盘后由铲斗送至刀盘后方的皮带输送机,再运出隧道。

开敞式 TBM 最主要的特点是盾壳短,普遍在 6 ~ 8m,主机及后配套设备完全敞开在隧道区间内;刀盘不具备挡土、挡水功能;刀盘推力依靠撑靴支撑在洞壁上提供反力;适用于强度高、自稳性强的稳定岩层。此外,因开敞式 TBM 护盾短,遇小段落不良地质地段时脱困能力强。

开敞式 TBM 基本结构如图 1-1 所示。

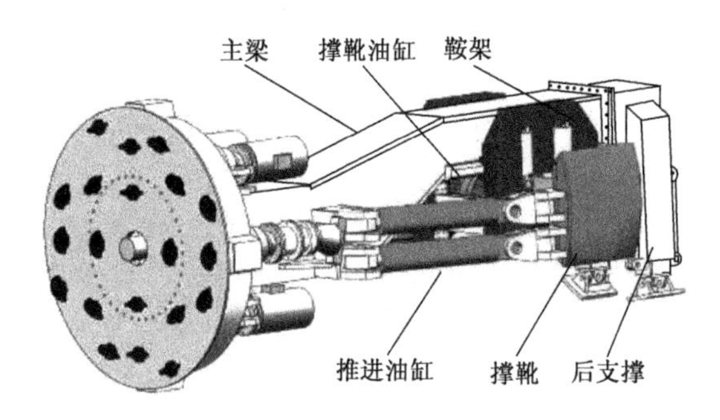

图 1-1 开敞式 TBM 基本结构

1.1.2 护盾式 TBM

护盾式 TBM 包括单护盾式 TBM 和双护盾式 TBM。为了避免开敞式 TBM 在断层破碎带中的掘进困难,同时也为了改变掘进过程中的掘进反力的提供方式,可以近似地认为在开敞式 TBM 的基础上增加一组护盾即成为单护盾式 TBM。其开挖对象主要为软岩或夹有破碎带的硬岩。由于开挖对象的特殊性,单护盾式 TBM 掌子面的稳定主要依靠岩体(或土体)间的摩擦力来维持,支护结构为预制管片,推进方式类似于土压平衡式盾构,因此施工效率与土压平衡盾构基本一致,在长距离硬岩地层中不具优势。

双护盾式 TBM 按照开敞式 TBM 配上软土盾构功能进行设计,常用于混合岩层掘进,既可用于硬岩,又可用于软岩,尤其能安全穿过断层破碎地带。护盾式 TBM 具有两种掘进模式,在围岩稳定性较好的地层中采用撑靴紧撑隧道洞壁、为刀盘和前护盾提供反力的主支撑掘进模式;在软弱围岩地层中采用辅推油缸提供支撑反力掘进模式或单护盾掘进模式。

在不同的工况下可以选择单护盾或双护盾掘进模式,其掘进原理如下:

(1)单护盾掘进模式原理。

护盾式 TBM 在软弱围岩地层中掘进时,支撑系统与主推进系统不再使用,伸缩护盾处于

收缩位置。刀盘掘进时的反扭矩由辅助油缸支撑在管片的摩擦反力提供,刀盘的推力由辅助推进油缸支撑在管片上提供,护盾式 TBM 掘进与管片安装不能同步。此时单护盾式 TBM 作业循环为:掘进→辅助油缸回收→安装管片→再掘进,具体见图 1-2a)。

(2)双护盾掘进模式原理。

护盾式 TBM 在围岩稳定性较好的地层中掘进时,撑靴紧撑洞壁为主推进油缸提供反力使护盾式 TBM 向前推进,刀盘的反扭矩由两个位于支撑盾的反扭矩油缸提供,掘进与管片安装同步进行。此时双护盾式 TBM 作业循环为:掘进与安装管片→撑靴收回换步→再支撑→再掘进与安装管片,具体见图 1-2b)。

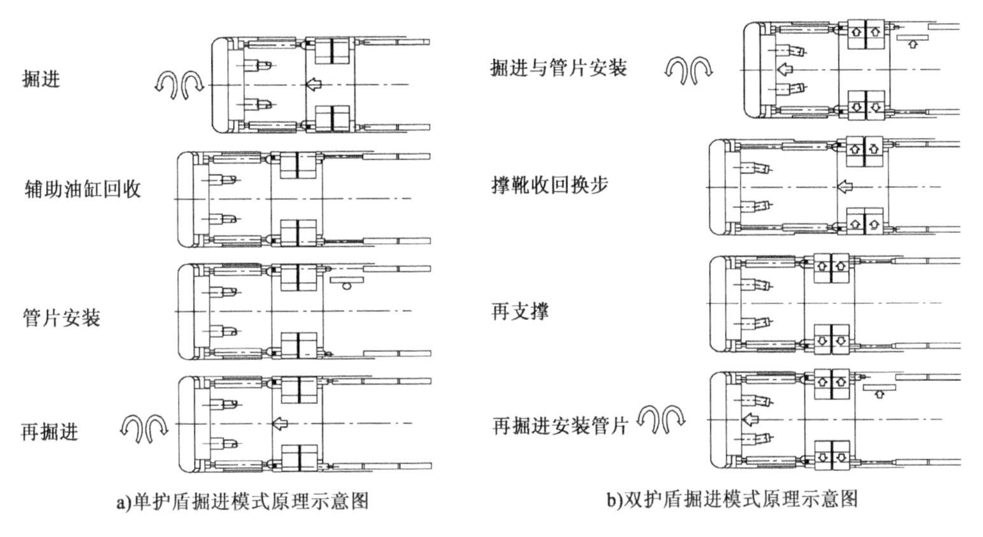

图 1-2　单、双护盾掘进模式原理示意图

1.1.3　其他形式 TBM

1)改良护盾式 TBM

根据对国内常规全断面隧道掘进机的研究,结合工程实际情况,若能在现有全断面掘进机的基础上改良出一款既能适应地铁区间隧道特点,又能保证全断面隧道掘进机优点,同时又不改变区间隧道与其他相关专业接口关系的全断面硬岩隧道掘进机,这是各方的共同目标。

在对复合式土压平衡盾构、开敞式 TBM 和护盾式 TBM 进行深入调查后,为选择一款能够最大限度适应工程水文地质条件和周边环境的全断面隧道掘进机,提出了在既有全断面隧道掘进机的基础上进行改良的思路,改良的全断面隧道掘进机应融合土压平衡盾构及 TBM 的原理和优点,适合软、硬交错地层隧道施工,该机械以双护盾式 TBM 为基础,改进过程中融合复合式土压平衡盾构机的特点,取名为“双模 TBM”。

对于地铁区间隧道工程,双模 TBM 主要具有如下特点:

(1)整机全长约 105m(12m 主机 +93m 后配套),比常规 TBM 短。

(2)两种掘进模式,中、微风化地层采用开敞式掘进模式,主机出土采用输送带出渣;土砂、强风化、破碎及含水地层采用土压平衡式掘进模式,主机出土采用螺旋输送机出渣。

(3)为达到较短时间内皮带输送机和螺旋出土器互换的目的,保障机械始发、起吊、转场、掉头的灵活性,机身分块质量小于100t。

(4)施工场地与常规地铁盾构相当,并且可同常规盾构一样,利用车站施工空间或预备隧洞始发、到达和掉头。

(5)对目前双护盾式TBM进行诸多改进,如护盾机体设计成较大段差的“锥形”结构,增加地层观察孔,护盾机体间增加“铰接”设置等。

针对含有大量地下水的破碎带和中风化岩(中硬岩)及微风化岩(硬岩)的实际情况,双模TBM具有以下特定功能:

(1)对伴有地下水的破碎带等脆弱地质及强风化岩(软岩)进行处理的功能

①在破碎带、强风化岩中切削的土体不只是岩块,还会有砂土化的情况,因此为使切削土体能够高效地从面板被传送到土仓内,刀盘面板的开口延伸至面板中央。

②特别是在由于地下水的因素而含有水分的破碎带、强风化岩掘进时,切削土体会因较难自开挖面排至土仓内,而导致无法正常掘进。因此,将面板的开口率合理地扩大。

③土体自开挖面排至土仓内时,除开口结构外,为促进土体的流动,也在结构上配置了泥浆、泡沫等注入机构。

④附加了流动性的切削土体,由于皮带输送机的关系,可能会产生无法向土仓内排土的情况,因此配置了可以更换为螺旋输送机的机构。

⑤采用螺旋输送机排土时,不需要用到掘进硬岩时用的土仓内的铲斗,因此将该铲斗做成折叠式,大幅缩短了更换螺旋输送机及折叠铲斗等的时间。

⑥在破碎带等脆弱地质中,可能会发生开挖面及坑壁的变形、塌陷、岩片岩渣掉落等导致面板、机体发生夹紧,进而引起无法掘进的情况。为尽可能消除这种可能,配置了减少岩体及机体摩擦的泥浆、泡沫注入等结构,并安装多处可监视及去除此状态的人孔。

⑦为解除刀盘锁紧导致的刀盘无法正常旋转的情况,配备了较高刀盘扭矩。

⑧为解除由岩体引起的机体夹紧情况,对TBM机体的前盾、中盾、后盾设置了合理的直径差,使机体能够较容易地从岩体中脱离。

⑨机体内同时具备可探测坍塌性脆弱地质情况的探钻功能,可在机内靠最近开挖面的位置进行探查。

⑩在距开挖面最近的位置观察上方土体情况,并且为排除自上方坍塌的岩块、土体,配置了可满足人员出入的液压开闭滑门。在这些滑门处,还可以对脆弱地质的土体进行加固。

⑪常规TBM不带防水结构,但双模TBM具有同土压盾构一样的防水结构。

⑫在土仓隔板机内一侧设置了闸门,因此双模TBM具备同土压盾构一样的密闭性能。

⑬在TBM本体的撑靴无法从周围岩体取得反力时,可以同土压盾构一样拼装管片,通过其取得反力而实现正常推进。

(2)对中风化岩(中硬岩)及微风化岩(硬岩)进行处理的功能

①双模TBM可掘进开挖面及岩壁变形较小、塌陷发生较少的稳定坚硬地质条件下的隧道;同时可对岩体情况进行监控,并配备了足够的能力以安全且高效的掘进及排土,实现高速掘进。

②采用19in❶(483mm)刀具,可实现高速施工。

③刀盘具备高扭矩、高速回转的性能,可实现在硬岩中的高速施工。

④设置了延伸至面板中央的刀盘开口,因此切削的岩块可以迅速由刀盘被吞入土仓内,面板前不易堆积土体,有利于提高掘进速度,减少刀具磨损。

⑤土仓内留有足够空间,可安全高效地更换磨损的刀具。

改良型护盾式TBM两种掘进模式刀盘构造如图1-3所示。

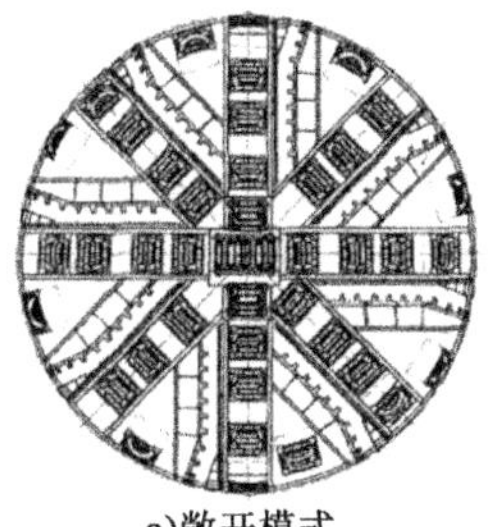

a)敞开模式

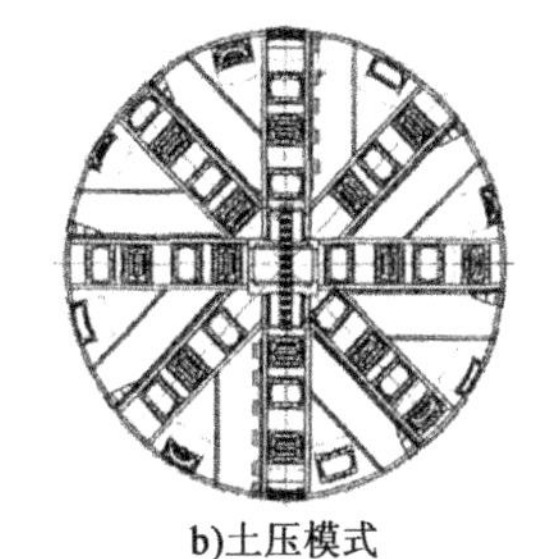

b)土压模式

图1-3 改良型护盾式TBM两种掘进模式刀盘构造图

2)DSUC型双护盾式TBM特点及工程适应性分析

改良型护盾式TBM具有两种掘进模式,可根据地层特点进行适时模式转换,转换时间约需2个月。目前国内地铁区间隧道长度一般为1.0~2.0km,同时建设工期要求也较高,因此掘进模式的转换将影响工程工期,并且两种配置的设备同一时间必然有一种是富余配置。

通用紧凑型双护盾式TBM(Double Shield Universal Compact TBM,简称DSUC型双护盾式TBM)可克服以上弊端,其设计过程中结合地铁区间隧道具体特点,在保留传统开敞式TBM步进方式、支护手段等特点的前提下也保持了双护盾式TBM的优点。目前它有两种设计理念:第一种同时满足对应复合式衬砌结构和预制管片结构的功能配置;第二种针对性满足对应复合式衬砌结构或预制管片衬砌结构的功能配置,与相同配置的常规TBM设备相比,具有较短的设备总长度,精简的台车数量,对主驱动、推进和撑靴系统等进行特殊的防护设计,可360°超前地质取芯,可超前排水泄压孔,可在岩石初露位置及时进行钢拱架安装,设备安装拆卸更加快速简洁等特点。如由中铁隧道局集团有限公司施工的青岛地铁2号线项目就采用了DSUC型双护盾式TBM掘进区间隧道。该设备的主要配置情况如下:

(1)整机综述。

DSUC型双护盾式TBM是传统开敞式TBM的升级产品,针对性进行了设备优化,护盾、后配套系统更紧凑,结构更灵活,能更好地满足工程地质条件的需要。该设备的主要优势有:

①地质适应性强,无论是对岩石完整性较好的Ⅱ、Ⅲ级围岩,还是对破碎的Ⅳ、Ⅴ级围岩,DSUC型双护盾式TBM均适用。

②主机长度12m,整机长度仅为135m,降低了TBM对始发洞长度及组装场地大小的要求。

③采用撑靴前置,避免了钢拱架以及应急喷射混凝土被踩踏变形、破坏而无法起到应有的支护效果的问题。

④设备主机采用阶梯圆柱形设计,整体呈倒锥形,支撑护盾与前盾直径可以大幅度减小,避免岩石收缩卡机。

⑤全方位进行超前地质钻布置,能够有效进行超前地质分析。

⑥主机内施工空间布局合理,安全性强,各种设备及人员在护盾的保护下工作。

❶ 1in=0.0254m。

(2)刀盘。

由中铁隧道局集团有限公司施工的青岛地铁2号线项目,采用的DSUC型双护盾式TBM的刀盘为面板式箱形结构,如图1-4所示。刀盘正面面板采用整钢,与传统TBM刀盘相比,适应性更强,在温度高、扭矩大、长时间振动、恶劣地质(如掌子面塌方)作用下也不会产生变形,非常适合开挖破碎的岩石,能有效对抗TBM施工中的振动、大扭矩和磨损,避免发生形变和开裂。刀盘的设计选用了19in(483mm)楔形锁块背装式滚刀,共41把(正滚刀20把,中心滚刀8把,边滚刀13把),平均刀间距为80mm,单把滚刀额定承载力为300kN。通过使用超挖刀,刀盘的径向扩挖量可增加50mm(直径方向100mm),并能连续扩挖150m以上。

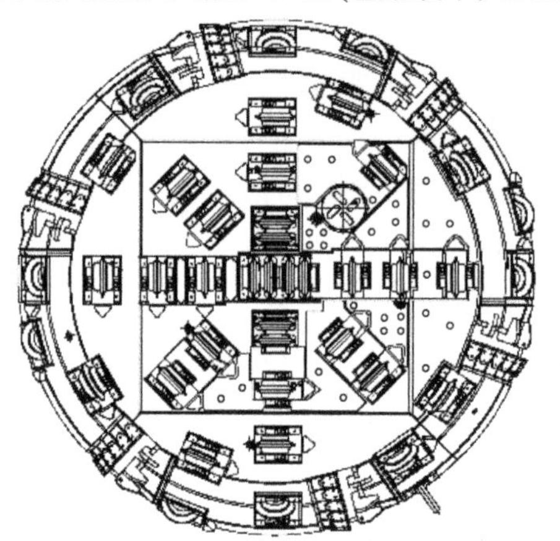

图1-4 DSUC型双护盾式TBM刀盘

(3)前护盾。

前护盾上安装了2个稳定器和2个辅助撑靴。2个稳定器在掘进时能防止刀盘振动,2个辅助撑靴在换步时能起到稳定前护盾的作用。其行程分别为185mm和95mm,其最大接地比压为2.5MPa,在TBM换步时,能够提供锚固力。前护盾通过主推进油缸与支撑护盾相连接,主推进油缸分成上下左右四组,有利于操作人员轻易调整TBM的方向,使得TBM对掘进方向以及自身的姿态方向有更好的适应性。

(4)伸缩护盾。

伸缩护盾连接前护盾和支撑护盾,其功能是在掘进时前护盾前移的情况下保护设备免遭落石的损坏。伸缩护盾包括内伸缩盾和外伸缩盾,内伸缩盾与外伸缩盾之间预留的间隙方便它们的相对运动,如图1-5所示。

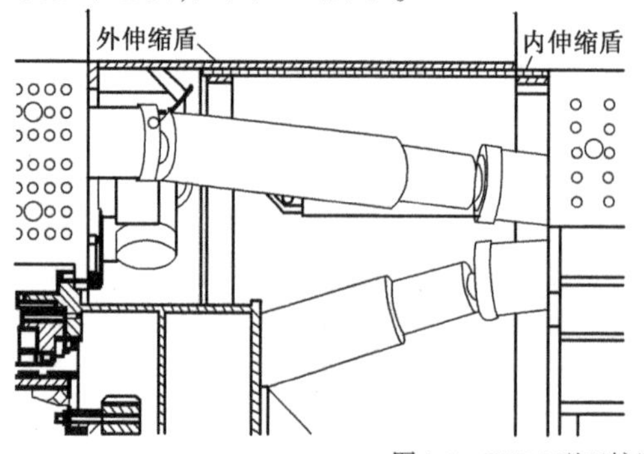

图1-5 DSUC型双护盾式TBM伸缩护盾

(5)支撑护盾。

支撑护盾为高强度焊接结构件,其两端分别连接着内伸缩盾和指形护盾,且安装了撑靴油缸,如图1-6所示。在支撑护盾的周边布置导向套管,是为了钻机打超前钻使用。该超前钻孔外倾角7°~10°,以便有效了解机器前方的地质情况,或对前方开挖区域进行有效的地质预处理、打排水孔和加固围岩;所有的套管都配有常闭阀门。

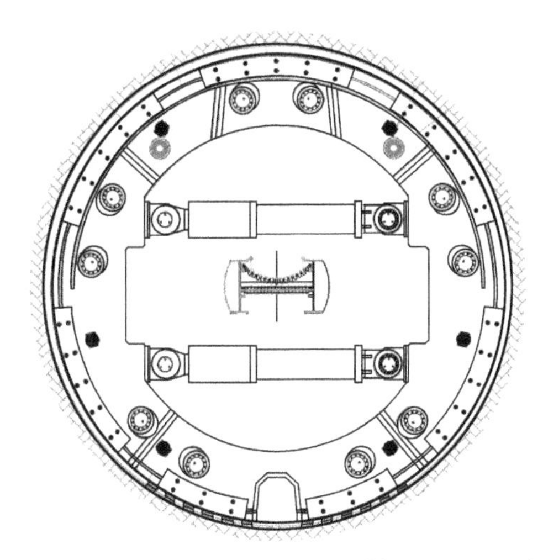

图1-6 DSUC型双护盾式TBM支撑护盾

(6)尾盾。

尾盾是为初露岩石下工作的人员提供安全保障的关键保护体。通过指形护盾之间的间隙可以对岩石状况进行初步判断,指导支护。尾盾的刚性、弹性最佳,并配置耐磨材料,通过焊接与支撑盾相连。护盾内设置管片拼装机,如图1-7所示。

图1-7 DSUC型双护盾式TBM尾盾

(7)主驱动系统。

主驱动系统由8台功率为315kW、防护等级为IP67的变频水冷电机驱动,如图1-8所示。主驱动系统可实现五级调速,并有具备扭矩过载保护功能,调速范围为0~9r/min,额定扭矩3360kN·m,脱困扭矩6720kN·m。在硬岩和完整性好的岩石条件下,可使用尽可能高的转速,使掘进速率最优;在破碎地层,可使用较低的转速,以获得最大的扭矩。刀盘在正常掘进时为单向旋转,同时出于在某些情况下脱困的考虑,刀盘可以双向旋转,但出渣方向为单向。

图 1-8　DSUC 型双护盾式 TBM 主驱动系统

(8)推进系统。

推进系统由主推进系统和辅助推进系统组成。主推进系统由 10 根油缸组成,连接前护盾和支撑护盾,如图 1-9 所示。在正常模式掘进时,主推进油缸为刀盘开挖提供推力。

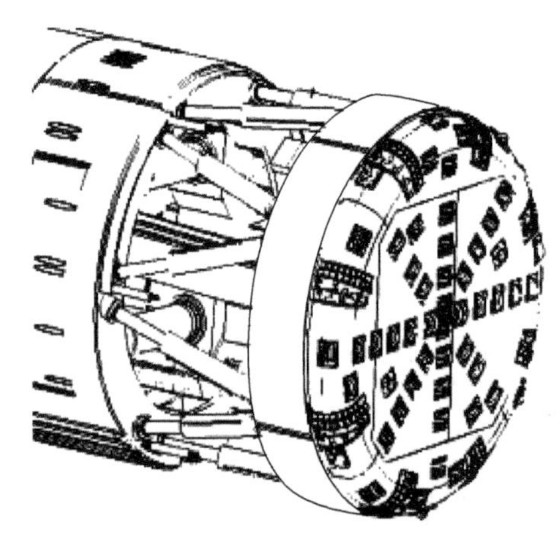

图 1-9　DSUC 型双护盾式 TBM 主推进系统

图 1-10　DSUC 型双护盾式 TBM 辅助推进系统

辅助推进系统由布置在支撑护盾的辅助推进油缸组成,如图 1-10 所示。初始布置的 4 根辅助推进油缸,用于 TBM 的始发和空载步进。当设备遇到不良围岩条件时(如围岩破碎不足以提供有效的支撑力),或为了避免破坏洞壁而不使用撑靴时,可另外增加 6 根辅助推进油缸(共 10 根油缸)。利用辅助推进油缸顶住管片或其他反力装置,从而提供 TBM 向前掘进的反力。该方式也可用于 TBM 卡机时的脱困操作。

1.1.4 TBM适用性分析

地质条件对TBM的影响主要表现在围岩可掘性。可掘性主要体现在掘进速度和刀盘磨损上。地质条件是影响双护盾式TBM掘进效率的决定性因素。大量的工程实践表明,影响双护盾式TBM掘进效率的主要地质因素包括岩石的单轴抗压强度、岩石耐磨性和硬度、岩体的完整程度等。

1)岩石的单轴抗压强度

TBM是利用岩石的抗拉强度和抗剪强度明显小于其抗压强度这一特征而设计的。目前,通常采用岩石的单轴抗压强度 R_c 来判断TBM工作条件下隧道围岩开挖的难易程度。研究表明,TBM比较适合在 $30\text{MPa} < R_c < 150\text{MPa}$ 的中等坚硬—坚硬的地层中掘进。

2)岩体的完整程度

岩体的完整程度是影响TBM工作效率的又一重要地质因素。岩体结构面越发育,完整性系数越小,TBM掘进速度就越高。但当岩体结构面特别发育,岩体完整性系数很小时,岩体已呈碎裂状或松散状,岩体强度极低,作为隧道工程岩体已不具自稳能力,在此类围岩中进行TBM施工,其掘进速度非但不会提高,反而会因为对不稳定围岩进行大量的加固处理而导致掘进速度大大降低。

3)岩石耐磨性

岩体的耐磨性是影响掘进效率的重要指标,岩石的耐磨性越好,施工过程中刀具、刀圈等的磨损越严重,越不利于掘进速度的提高。

4)岩石的硬度

国内外大量的实践表明,刀具、刀圈及轴承的磨损,对TBM掘进机的使用成本产生决定性的影响。一般来说,岩石的硬度越高,岩石的耐磨性越好,对刀具等的磨损越大,TBM的掘进效率也越低。图1-11表明了岩体NCB锥体硬度计指数与刀具磨损的相关性。

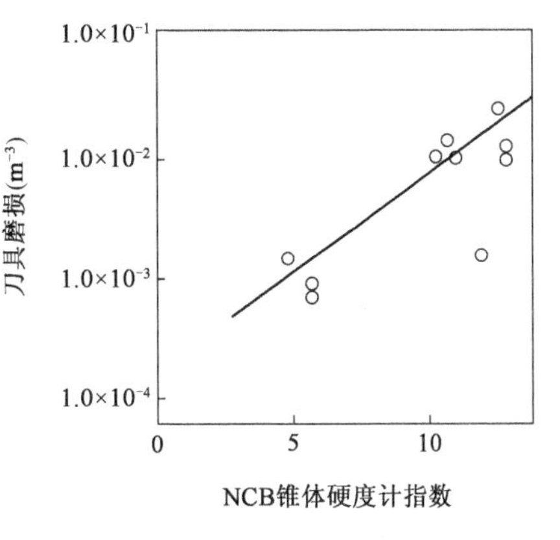

图1-11 岩石NCB锥体硬度计指数与刀具磨损的相关性

岩石的硬度可采用由凿击试验测定的凿碎比功 a 来评定,岩石的硬度与凿碎比功对应关系见表1-1。

岩石的硬度分级 表1-1

级 别	岩石凿碎比功 a[(N·m)/cm³]	岩 石 硬 度
Ⅰ	≤190	极软
Ⅱ	200~290	较软
Ⅲ	300~390	软
Ⅳ	400~490	硬
Ⅴ	500~590	较硬
Ⅵ	600~690	很硬
Ⅶ	≥700	极硬

《铁路隧道全断面岩石掘进机法技术指南》依据单轴抗压强度、完整性系数、耐磨性、硬度给出了 TBM 围岩可掘性分级方式,将围岩可掘性分为 A、B、C、D 四类(A-工作条件好;B-工作条件一般;C-工作条件差;D-不适宜采用),见表 1-2。

围岩的分类分级指标 表 1-2

围岩分级	分级主要参数指标				TBM 工作条件下的围岩等级
	岩石单轴抗压强度 R_c(MPa)	岩体完整性系数 K_v	岩石耐磨性指数 A_b(0.1/mm)	岩石凿碎比功 a [(N·m)/cm³]	
Ⅰ	80~200	0.75~0.85	<5	<700	ⅠB
		>0.85	—	—	ⅠC
	≥200	>0.75	—	—	
Ⅱ	80~200	0.55~0.75	<5	<600	ⅡA
			5~6	600~700	ⅡB
			≥6	≥700	ⅡC
	≥200		—	—	
Ⅲ	60~120	0.45~0.65	<5	<600	ⅢA
			5~6	600~700	ⅢB
			≥6	≥700	ⅢC
	≥80	≤0.45	—	—	
Ⅳ	30~60	0.40~0.45	—	—	ⅣB
	16~60	0.25~0.40	—	—	ⅣC
Ⅴ	<15	<0.25	—	—	ⅣD

1.2 TBM 的国内外发展及使用工程

1.2.1 TBM 的国内外发展历程

1)国外 TBM 发展

1846 年,世界上第一台 TBM[当时称为片山机(mountain-slicer)]是由比利时工程师 Maus 发明的,当时为了修建连接法国和意大利的一条铁路,后来由于资金中断只能作为艺术品放在室内供人参观,未进行实践。

此后不久,1851 年和 1856 年美国人查理士·威尔逊和赫尔曼·豪普特在花岗岩中进行了 TBM 的开挖,但都因掘进距离太短而未成功。此后 30 年,工程师设计试制了各式各样的 TBM 共 13 台,比较成功的是 1881 年波蒙特开发的压缩空气式 TBM,曾成功应用于英吉利海峡隧道(直径为 2.1m、长 4828m)的勘探导洞。

1881—1926 年,一些国家又先后设计制造了 21 台 TBM,但由于当时技术条件的限制,TBM 的开发基本处于停滞状态。

1952 年,从事采矿业 20 多年的采矿咨询工程师詹姆士·罗宾斯(Robbins)受隧道承包商

F. K. Mittry 委托制造了一台用于“皮尔页岩”隧道开挖的机器。1953 年机器研制成功，直径 7.85m，该机器使用了当时采矿业中的非爆破开掘技术，在“皮尔页岩”中开挖速度达到每天 49m，约为同时代钻爆法施工速度的 10 倍，这也是第一台能在软岩中高效工作的 TBM。基于这样的成功实践，罗宾斯创办了世界上第一家专门研究制造 TBM 的公司——S. Robbins&Associates 公司（后来的罗宾斯公司），陆续开发了多台适用于不同岩层隧道开挖的 TBM。

目前，全世界范围内的 TBM 生产商有 30 余家，其中最具实力的是美国罗宾斯公司、德国维尔特（Wirth）公司、德国海瑞克（Herrenknecht）公司等（参考《2018 年全球与中国市场隧道掘进机 TBM 深度研究报告》进行数据修改和更新）。国外 TBM 应用典型工程案例见表 1-3。

国外 TBM 应用典型工程案例表 表 1-3

项目时间	名 称	用途	TBM 掘进长度（km）	地 质	TBM 直径（m）	TBM 类型	国家
1990 年至今	南非莱索托南水北调工程	输水隧道	200	玄武岩、砂岩、软弱泥岩、黏土岩	4.95	开敞式 TBM	南非
1995—1999 年	瑞士弗莱娜铁路隧道	铁路隧道	19	沉积岩、岩浆岩、花岗岩	7.64	开敞式 TBM	瑞士
2002—2003 年	格鲁吉亚卡杜里水电站引水隧洞工程	引水隧道	6.5	砂岩、页岩、石英岩、石英砂岩	3	单护盾式 TBM	格鲁吉亚
2002—2007 年	西班牙 Guadarrama 高速铁路隧道工程	铁路隧道	28.4	片麻岩、沉积岩、变质沉积岩	9.45	双护盾式 TBM	西班牙
2003—2016 年	瑞士 Gotthard 铁路隧道工程	铁路隧道	56.3	硬岩、两端角砾破碎岩体	8.83 ~ 9.53	开敞式 TBM	瑞士
2005—2010 年	西班牙 Pajares 铁路隧道	铁路隧道	30.4	硬质砂岩、板岩	双护盾 10.16，单护盾 9.90	双护盾式 TBM、单护盾式 TBM	西班牙
2006—2013 年	加拿大尼亚拉加大瀑布水电站工程隧洞工程	引水隧道	10.4	硬岩、玄武岩	14.4	开敞式 TBM	加拿大
2008—2009 年	瑞士 Choindez 安全隧道	安全逃生隧道	3.2	硬岩、磨砾层灰岩	3.63	开敞式 TBM	瑞士
2008—2016 年	瑞士 N. D. 德朗斯抽水蓄能电站	引水隧道	5.6	片麻岩、硬砂岩、花岗岩	9.4	开敞式 TBM	瑞士
2009—2011 年	美国南科布隧道	排污隧道	8.7	硬岩、片麻岩、花岗岩	8.3	开敞式 TBM	美国
2013 年	奥地利 Bärenwerk 水电站引水隧道	引水隧道	2.8	硬岩、千枚状板岩、石英岩	3.8	开敞式 TBM	奥地利

2)我国 TBM 发展

我国的 TBM 技术起步相对较晚。长期以来,由于缺少大型施工机械,我国地下工程岩石隧洞的施工速度缓慢,耗资较大,施工方法一直沿用传统的钻爆法,掘进机未能得到普遍推广。

1966 年我国生产出第 1 台直径 3.5m 的 TBM,由上海勘测设计院机械设计室、北京水电学院机电系分别进行方案设计,以上海勘测设计院机械设计室为主,集中在上海水工机械厂进行现场设计,用于云南西洱河水电站引水隧道施工。1966—1984 年,国产 TBM 投入使用共计 10 余台,工程项目 20 余个,掘进总长度约 20km,但掘进能力与国外同类 TBM 相比有较大差距。改革开放以来,我国开始引入国外大型 TBM 进行隧道施工,并取得了极大成功。

1985—2012 年,为我国 TBM 技术发展的引进消化期。这一时期的代表性工程如表 1-4 所示。

我国 TBM 技术发展引进消化期代表性工程案例列表 表 1-4

项目时间	名称	制造商	TBM 类型及台数(台)	TBM 直径(m)	地质
1985—1992 年	天生桥二级水电站引水隧洞工程	美国罗宾斯公司	开敞式 TBM/1	10.8	
1991—1992 年	甘肃省引大入秦工程 30A 号和 38 号输水隧洞	美国罗宾斯公司	双护盾式 TBM/1	5.53	前震旦系结晶灰岩、板岩夹千枚岩、砾岩、砂砾岩、泥质粉砂岩、砂岩
1993—2000 年	引黄入晋工程	美国罗宾斯公司、法国 NFM 公司	双护盾式 TBM/6	4.82 ~ 4.94	
1998—1999 年	秦岭 I 线隧道	铁道部引进	开敞式 TBM/2	8.8	
2000—2002 年	桃花铺 1 号隧道				
2003—2004 年	云南掌鸠河引水隧洞	中国第二重型机械集团公司、美国罗宾斯公司	双护盾式 TBM/1	3.65	砂质板岩、泥质板岩、白云岩等
2005—2009 年	大伙房引水隧洞	美国罗宾斯公司、德国维尔特公司	开敞式 TBM/3	8.03	
2006—2010 年	新疆八十一达坂引水隧洞	德国海瑞克公司	双护盾式 TBM/1	6	
2007—2015 年	青海引大济湟工程	北方重工、德国维尔特公司	双护盾式 TBM/1	5.93	泥质夹砂岩、泥质粉砂岩、花岗闪长岩、石英岩
2008—2014 年	甘肃引洮工程	北方重工、法国 NFM 公司	双护盾式 TBM/1、单护盾式 TBM/1		
2008—2011 年	锦屏二级水电站(引水隧道)	德国海瑞克公司、美国罗宾斯公司	开敞式 TBM 各 1 台	12.4	大理岩
2008—2014 年	西秦岭隧道工程	美国罗宾斯公司	开敞式 TBM/2	10.2	砂质千枚岩、灰岩、千枚岩、变砂岩、断层角砾岩
2010—2011 年	重庆轨道交通 6 号线一期	美国罗宾斯公司	开敞式 TBM/2	6.36	泥质砂岩、砂砾岩
2014—2018 年	引汉济渭工程	美国罗宾斯公司	开敞式 TBM/2	8.02	花岗岩、石英岩

自2013年起，我国开始设计制造具有完全自主知识产权的TBM，进入了TBM的自主创新期，其发展的主要案例如表1-5所示。

我国自主知识产权的TBM应用工程及案例　表1-5

时间(年)	应用工程	案例
2013	新街台格庙煤矿斜井工程	铁建重工双模TBM：施工中采用由中国铁建重工集团、神华集团、中国铁建十三局联合研制的双模TBM，该TBM开挖直径为7.62m，具有土压平衡盾构和单护盾式TBM两种模式
2013	洛阳故县引水工程1号隧道	中信重工小直径TBM：国内首台直径5m开敞式TBM在中信重工下线
2013	—	中铁装备购买德国维尔特TBM及竖井钻机相关知识产权
2015	青岛地铁2号线一期工程	中船重工双护盾式TBM：工程中采用4台由意大利SELI公司与中船重工(青岛)轨道交通装备有限公司联合生产的DSUC型双护盾式TBM，开挖直径为6.3m
2014	引松供水工程	铁建重工开敞式TBM：分别由中铁装备与铁建重工自主研制，实现了开敞式TBM的国产化，解决了“长距离、大埋深、高地应力、高水压、高地温、大涌水、易岩爆”的技术难题
2015	吉林引松工程	中铁装备自主研制的用于吉林引松工程的“永吉号”开敞式TBM，直径8.03m
2015	重庆轨道交通环线工程	铁建重工自主研制的单护盾式TBM用于重庆高轨道交通环线工程，直径6.88m
2015	重庆轨道环线体育公园—冉家坝区间	中铁装备与重庆建工集团联合研制，直径6.85m的双模TBM
2015	神东补连塔煤矿2号副井	铁建重工研制具有自主知识产权的单护盾式TBM，直径7.6m
2015	兰州市水源地建设工程项目	铁建重工自主研制的直径5.49m的双护盾式TBM
2016	兰州市水源地建设工程项目	中铁装备研制的直径5.48m的双护盾式TBM
2016	黎巴嫩大贝鲁特供水隧道和输送管线建设项目	中铁装备研制的2台直径3.53m TBM(世界最小直径)在郑州成功下线
2016	新疆某重大输水隧洞工程	铁建重工研制“大埋深、可变径”TBM，开挖直径在6.53～6.83m之间调整
2016	—	北方重工并购美国罗宾斯公司
2016	深圳地铁施工	深圳地铁10号线梅林东站—创新园站为深圳市首次选用双护盾式TBM设备进行地铁施工项目，由中铁装备自主研制，直径为6.5m
2017	高黎贡山隧道	中铁隧道局与中铁装备联合研制的大直径开敞式TBM，直径为9.03m
2020	长春市城市轨道交通6号线01标段	中铁十六局集团有限公司“振兴一号”盾构机，该盾构机由中国铁建重工集团生产

1.2.2　TBM的国内施工典型案例

1)典型案例一

2003年，由中国第二重型机械集团公司和美国罗宾斯公司合作的新一代$\phi3.65$m双护盾掘进机在四川德阳二重集团公司内制造完工。这台 ϕ3.65m 双护盾掘进机为新一代全断面掘进机,是集机械、电气、液压、自动控制于一体的用于地下隧道与其他地下工程开挖的智能化大型成套施工设备,曾用于云南省昆明市掌鸠河 22km 长的引水隧洞施工。该机为适应我国西南地区地质不确定性大、破碎地带较多等特点,采取了许多特殊的设计,如脱困力矩和脱困推进力都特大,用于脱困的辅助推进缸的液压系统压力最高可达 50MPa,充分体现了新一代掘进机地质适应能力更强的特点。该掘进机的成功研制是我国重大装备制造业取得的一项重要成果。

2)典型案例二

在甘肃引洮引水隧洞工程建设中,由于国外厂商不了解中国的地质情况,其设计生产的单护盾式 TBM 每当施工遇到饱水疏松砂岩地层时,掘进机便出现刀盘卡机、低头倾斜等故障,工程进度陷入停滞状态。中铁隧道局集团与中铁装备公司合作,量体裁衣,对刀盘和盾体进行改造,对主驱动、推进及铰接油缸进行修复,创下月掘进 1868m 的纪录,同时刷新单护盾式 TBM 世界纪录。

3)典型案例三

尽管 TBM 在我国得到了推广应用,但在城市地铁中应用 TBM 进行施工的情况并不常见。除重庆地铁 6 号线一期工程采用了 2 台单护盾式 TBM 以外,其余城市的地铁区间隧道均采用的是适合于软岩、复合地层及土质条件的盾构机。

(1)重庆轨道交通 6 号线。

重庆轨道交通 6 号线一期 TBM 试验段为五里店—山羊沟水库段,全长 12.122km,泥质砂岩和砂砾岩,岩石的抗压强度约 30MPa,施工过程中采用 2 台美国罗宾斯公司生产的直径 6.36m开敞式 TBM,这是我国首次在城市地铁中采用 TBM,施工最高日掘进 46.8m,最高月掘进 862m。

开敞式 TBM 的主要结构为刀盘后方的主梁,其上装有可以沿主梁长度方向移动的横向支撑。TBM 推进时,横向支撑伸出,通过撑靴压紧洞壁来获得支撑,使 TBM 主体前进;主体行程到位后,横向支撑缩回,位于主机前部和后部的两组撑脚伸出,使机体保持平稳,缩回的横向支撑沿主梁移动至起始位置,然后开始下一个循环。TBM 主梁的前方为刀盘,刀盘上布满滚刀,通过刀盘的挤压和转动将掌子面前方的岩石压碎,压碎的岩石落入刀盘后由铲斗送至刀盘后方的皮带输送机,再运出隧道。

开敞式 TBM 最主要的特点是刀盘无环形护盾保护,所有结构都敞开在隧道区间内,不具备挡土、挡水功能,同时横向支撑只能适用于强度高、自稳性强的稳定岩层。由于地层特殊性,因此采用开敞式 TBM 施工的隧道一般只采用喷射混凝土等方式对围岩进行加固即可。

(2)重庆地铁 2 号线区间隧道。

重庆地铁 2 号线区间隧道采用开敞式 TBM 施工,主要存在以下不足:

①开敞式 TBM 无环形护盾,需在完整性较好的硬岩地层中掘进,且对拱部完整基岩覆盖层厚度有一定要求,在过破碎岩层前需对地层进行预加固处理。

②由于开敞式 TBM 一次性连续开挖区间隧道的合理长度约为 8km,因此较多的相关专业(如车站、线路、限界等)需按照“先隧后站”工序进行修改;同时开敞式 TBM 设备体量较大(重庆地铁 6 号线开敞式 TBM 整机长 195m、主机长 25m),因此对施工条件的要求较高(重庆地铁

6 号线每台开敞式 TBM 拼装场地约需 4000m²,矿山法始发洞长度约 200m)。

③开敞式 TBM 始发、起吊、掉头、转场等的要求高,TBM 过站时对车站施工干扰大、工程筹划难。图 1-12、图 1-13 分别为重庆地铁 6 号线开敞式 TBM 始发场景以及国外某开敞式 TBM 始发场景。

图 1-12 重庆地铁 6 号线开敞式 TBM 始发场景

1 号、2 号 TBM 隧洞穿越大小破碎带约 20 条(最大宽度达 100m),主要破碎带有 PS-GM01、PS-GM03、PS-GM02、F-XH-01 等;3 号、4 号 TBM 隧洞穿越大小破碎带 5 条(最大宽度 8m),主要破碎带有 FTL1、FTL2、FLJ1、FYZ1、FYZ2。TBM 通过断层破碎带时很容易造成刀盘前面和拱部坍塌,严重时可能造成刀盘被卡的被动局面。同时,在城区不能提供开阔的施工场地;并且单个区间长度约 1000m,单次独头掘进距离短,与车站施工干扰大,工程筹划难。因此,不宜采用开敞式 TBM 施工。

图 1-13 国外某开敞式 TBM 始发场景

4)典型案例四

引汉济渭工程属于陕西境内南水北调前期工程,2012 年开工,总长度 98.3km。该工程岭南段由中铁隧道局集团采用美国罗宾斯公司生产的开敞式 TBM 施工,长 18km,2015 年 2 月 17 日试掘进,主要以花岗岩和石英岩为主,抗压强度较高(100 ~ 240MPa),刀具磨损严重,且存在岩爆和突涌水。岭北段由中铁十八局集团使用德国海瑞克公司开敞式 TBM 施工 16km,2014 年 6 月 15 日试掘进,2015 年 8 月 11 日首段 7272m 贯通;两台 TBM 开挖直径均为 48.02m。

1.3 TBM 的发展趋势

南水北调、西部开发、高铁及高速公路、城市轨道交通工程(地铁)、输送管道(水、油、气)、海峡隧道、城市深部共同管沟开发和深部矿山采掘等多元化市场,一方面为 TBM 提供充足的发展空间,为国内形成巨大的 TBM 产业提供“深厚土壤”;另一方面要求 TBM 制造商能够提供具有多样化功能的设备和整套解决方案,以满足不同客户需求。针对 TBM 初期投入大和关键部件国产化率低的问题,TBM 制造商应对关键部件的材料、工艺和制造等技术难点进行突破,进而取代国外进口;同时要不断降低设计和制造成本,缩短设计和制造周期,增强与其他工法对比优势。

TBM 施工长期存在工期与合同价格制定不合理、项目管理和施工粗放、应对不良地质灾害能力不足及项目信息化水平低等问题,这些问题的出现往往是相辅相成的。因此,要提升TBM 施工水平,一定要规范市场环境,科学合理地设置工程价格和工期要求;同时,施工企业要加强内部培训,提升管理和施工精细化水平,整个行业要重视施工信息保存和深入发掘,提升施工理论水平。

TBM 的发展趋势主要表现在以下几个方面:

(1)系列化、标准化。TBM 设计和制造的周期缩短,设备的售后服务及维护更加方便。

(2)基本性能提高。刀具负载能力、刀盘推力、转速与力矩、有效掘进比率、掘进速度普遍提高。

(3)形式多样化。开发异形截面、特大和特小直径、适用于矿山隧道、综合管廊、导洞扩挖、深埋长大隧道及跨海隧道 TBM 等新设备。

(4)适用范围增大,地质适应能力增强。TBM 从单纯的掘进机发展为集超前钻探、超前灌浆、超前支护等技术为一体的综合装备,极大增强了适应复杂地质情况的能力。

(5)施工技术提高。建立稳定高素质的施工队伍,规范工作流程,实现精细化管理。

(6)信息化及智能化程度提高。实现 TBM 数据保存和远程传输,防止 TBM 施工过程信息丢失。建立 TBM 施工信息平台,实现一定范围数据共享和发掘,研究岩机相互作用关系。TBM 智能控制,解决了完全依靠人为经验操控的问题,提高掘进效率。设备自施工状态诊断和报警,提高设备利用率。

第2章　整体设计与TBM施工段设计

兰渝铁路是“一带一路”渝新欧国际铁路的重要组成部分，与渝黔铁路、贵广铁路相连接，构成兰州至广州的南北快速铁路大干线，是西部地区连接珠三角、长三角地区的重要通道，是我国铁路网的重要组成部分。兰渝铁路的修建大大缩短了区域间客、货运输的距离和时间，大幅度提高了输送能力和运输质量。该项目建成通车后，兰州至重庆的铁路运输距离将由原来的1466km缩短至855km，客车运行时间由原来的22.5h缩短至6.5h，是连接中国西南、西北之间最便捷、最快速的通道。

西秦岭隧道为全线的控制性工程，采用TBM施工。多年来，我国在隧道建设实践中针对地质复杂的特长隧道摸索出了一套完整的技术体系，成功建成了乌鞘岭、新关角等特长隧道。自20世纪90年代开始，我国引进了TBM技术，先后成功修建了秦岭、磨沟岭、桃花铺2号、中天山等隧道，促进了隧道修建技术水平的提高。如何在复杂地质特长隧道中采用TBM施工目前还没有成功的先例，尤其是如何实现TBM的长距离、快速掘进仍是一个未经探索的领域。到目前为止，虽然引进TBM施工技术已20年，但我国在大直径(10m以上)TBM关键装备的研发、制造领域与国际水平仍存在较大的差距。

兰渝铁路西秦岭隧道采用了“TBM+钻爆法”修建，其具有两个重要的工程意义：一是作为项目控制性工程，其顺利建成可实现全线早日通车运营；二是我国采用TBM修建复杂地质特长隧道实现了又一次的技术跃升，推动了TBM产业的发展和隧道施工机械化水平的提升，进一步提高了我国特长隧道修建的总体技术水平。

2.1　工程概况

西秦岭隧道位于新建铁路兰渝线中段，地处甘肃省陇南市武都区境内。隧道线路北起武都区外纳乡，向南经月照、洛塘止于武都区枫相乡，隧道走行于秦岭高中山区，线路整体呈西北—东南走向(图2-1)，地势总体趋势西高东低，山体陡峭，沟谷深切多呈“V”字形。高程多在1000~2400m，相对高差约1400m，隧道最大埋深约1400m，是目前国内铁路建设史上的第二长隧道，也是国内采用TBM施工断面最大、距离最长的铁路隧道。

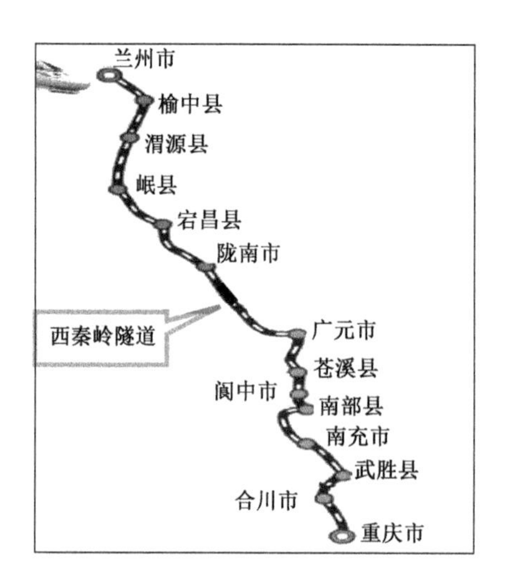

图 2-1　兰渝铁路走向及西秦岭隧道位置示意图

西秦岭隧道全长 28.236km,为两条单线隧道,洞身设置 3 座斜井,总长 6.088km。斜井及进口段采用钻爆法施工,出口左右线各采用一台 TBM 施工,TBM 刀盘直径为 10.23m,左右线 TBM 合计掘进 32km。相关图片如图 2-2 ~ 图 2-4 所示。

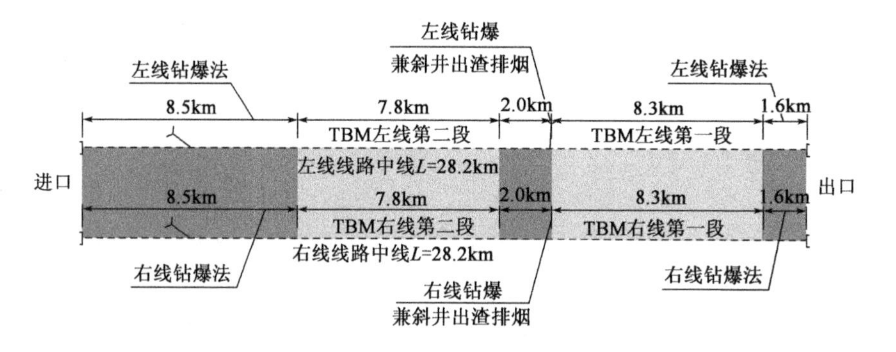

图 2-2　西秦岭隧道 TBM + 钻爆法施工图

图 2-3　TBM 整机图

图 2-4　TBM 刀盘图

西秦岭隧道于2008年10月正式开工,2016年年底正式建成通车(图2-5)。

2.1.1 地质概况

西秦岭隧道所处线路走行于秦岭高中山区,山体陡峻,地势总体趋势北陡南缓。在隧道范围有一系列平行的断裂和褶皱,且处于高地应力段落;通过区域的不良地质有湿陷性黄土,泥石流、岩溶、高岩温等,隧道通过全新活动断裂F6,处于抗震不利地段。

图2-5　西秦岭隧道建成图

2.1.2 水文地质特征

地下水的分布、埋深与含水层(体)的富水性受控于地形地貌、地层岩性、地质构造和气候条件。该地区出露的地层岩性主要有结晶灰岩及浅变质作用千枚岩、变质砂岩、板岩组合体,岩层走向N60°~75°E,倾角40°~65°,有利于地下水的入渗及储存,同时隧道区植被茂密,地表水发育等也为地下水入渗创造了有利条件。隧道内涌水量大,存在岩溶裂隙水和断裂构造脉状裂隙水中等富水区,突水突泥可能性较大。

2.1.3 特殊地质及气象

1)特殊岩土

黏质黄土,分布于西秦岭特长隧道进口山坡表层,进口段黄土厚2~12m,具有Ⅰ级非自重湿陷性,对工程影响不大。

2)不良地质

(1)滑坡。

在进口左侧发育一处滑坡,为碎石土滑坡,滑坡具多期活动的特点,滑坡呈不规状,滑坡体及滑坡边缘发育冲沟。该滑坡目前处于极限平衡状态,对线路影响不大。

(2)岩溶。

在进口潘家沟上游约1.5km处,调查发现有一小型溶洞泉水,溶洞发育在泥盆系薄层灰岩节理密集带中,节理密集带宽3~5m,垂直层面节理发育,泉水从高20~30cm、宽2m的裂隙中流出,涌水量$5000m^3/d$,岩溶发育于泥盆系灰岩(灰质千枚岩)和架子石下元古界灰岩中,局部地区可见溶蚀地貌,岩溶发育规模较小。

(3)全新活动断裂。

地震动峰值加速度为0.20g。

(4)高岩温。

隧道区地下水发育,预测隧道区属地热正常带。根据其他铁路经验资料推测,岩温随隧道埋深增加而增加,每千米增温约15.8℃,因此隧道埋深大于900m且进入洞内5km以内地段,初步推断岩温可达28.8℃。

3)气象

隧道及其两侧引线工程处于陇南市武都区境内,属北亚热带湿润向暖温半湿润过渡的季风气候,受境内高山深谷地形的影响,在气候上有明显的区域特征,气候差异悬殊,垂直分带的差异性明显,河谷炎热,山地寒冷。最高气温38.6℃,最低气温-8.6℃,年降水量(471.9mm)远小于蒸发量(1897.5mm),以东南风为主,土壤最大冻结深度13cm。

2.1.4 地震动参数区划

西秦岭隧道属于南北向展布的武都—马边地震带。该地震带具有地震活动频率高、复发期短、强度大的特点。据记载,1897年7月11日武都发生过7.5级地震,近期多次发生5.0级地震,但无地震活动引发活动断裂的记载。而2008年5月12日发生的汶川特大地震对本工程的影响有限,目前已基本对工程主体无影响。

根据《建筑抗震设计规范》(GB 50011—2001)、《中国地震动参数区划图》(GB 18306—2001),工程所属区地震动峰值加速度为0.20g,动反应谱特征周期为0.40s,地震烈度八度。

2.1.5 施工重难点分析

(1)工程规模大,工期紧,应用工法多,施工组织难度大。

隧道全长28.236km,为全线控制工期的重点工程,采用ϕ10.2m的TBM与钻爆法联合施工,工程规模大。项目总工期为61.5个月,仅设两条斜井进行辅助施工,TBM掘进需与衬砌同步施工才能保证工期,所以本工程工期紧,施工干扰大。

(2)隧道埋深大,线路长,洞径大,地质条件复杂。

隧道最大埋深约1400m,埋深较大。隧道全长28236m,在国内尚属少见的特长隧道。隧道洞径为ϕ10.2m,开挖直径大,地质条件相当复杂。

(3)洞口施工场地狭小,场内施工干扰大,协调工作量大。

隧道出口段TBM掘进机施工场地狭小,TBM掘进机主机拼装、仰拱预制等场地,均考虑洞外拼装及预制,隧道出口位于洛塘河畔,紧临206省道,坡陡弯急,隧道洞口高于河床约25m,TBM拼装场地、仰拱块预制厂等洞口施工场地需填渣修筑;主机拼装场地仅有6400m^2,且为左右线的两台TBM共用。在如此狭小的场地进行两台TBM的组装和掘进施工将造成很大的施工干扰。施工期间协调和配合要求高,难度大。

TBM施工需要大型的起重运输设备、各种专用工具、技术熟练的设备安装人员和合理的组装计划来完成组装和调试工作。掘进机最大部件设计时应充分考虑运输条件,在洞内拆卸是本工程的特点之一。

由于TBM段采用连续皮带输送机出渣,将与衬砌台车同步衬砌造成施工干扰;且到达罗家理斜井后,皮带输送机将转场从罗家理斜井出渣,这样出渣和通风将造成很大干扰,将增加两条线的协调难度。

隧道进口段的店子坪斜井为左、右线共用,隧道内左右线的各工序穿插,出渣、运输、通风、排水等,各工种之间协调工作量大。

(4)隧道位于新建铁路兰渝线中段,是兰渝铁路全线控制性工程,TBM刀盘直径为10.23m,TBM掘进长度约为13km,大直径TBM长距离掘进中不同围岩条件下TBM快速掘进的参数控制是本工程的重点之一,是工程能否快速、顺利进行的关键,也是保证设备的利用率和完好率的关键。

(5)隧道出口在围岩好的地段分两段采用TBM掘进,共长约15km,步进长度共计达6838m,该施工步进长度在国内属于超长距离步进长度。如何快速步进通过预备洞,减少产值空窗期,对加快施工进度及效益有重要的意义。因此TBM步进施工是本工程的重难点之一。

(6)TBM掘进出渣采用连续皮带输送机出渣,皮带输送机最长运输距离达到13km,特别是第二掘进段皮带输送机通过罗家理斜井直接出渣至洞外弃渣场内,除TBM本身的转载机构外,另需设置3次转载机构,来保证多个连续皮带输送机顺序无缝衔接,同步运行,顺利出渣。长大距离连续皮带输送机出渣运输是本工程的重点之一。

(7)TBM掘进、连续皮带输送机出渣和衬砌同步施工是本工程的重难点。为确保本工程总工期目标,本工程西秦岭隧道TBM掘进需与衬砌同步施工,采用连续皮带输送机出渣的TBM掘进与衬砌同步国内外尚属首次,是本施工领域目前尚待完善的施工技术难题,其科技含量高、施工技术难度大。施工过程中连续皮带输送机支架、风水管线、高压电缆与衬砌台车、台架干扰,同时衬砌台车、台架下部还要预留够双线有轨运输的空间,要保证衬砌台车、台架向前移动时不能影响皮带输送机正常运行出渣及TBM的正常掘进,台车移动时还要相应拆除前方的皮带输送机支架,恢复后方空出位置安装皮带输送机支架,其施工干扰大、施工组织难度大、工期风险高。在保证施工安全的前提下,如何减少相互干扰,既保证TBM快速掘进施工,又保证衬砌同步施工是本工程的难点,也是本工程能否安全、保质、按期完成的最大难点。

2.2 整 体 设 计

隧道设计进口位于透防乡潘家沟,出口位于洛塘镇老盘底,隧道最大坡度为13‰。

2.2.1 主要技术标准及设计原则

1)主要技术标准

隧道主要设计技术标准表见表2-1。

主要设计技术标准表　　表2-1

序号	项目	技术标准
1	铁路等级	国铁Ⅰ级
2	正线数目	双线
3	限制坡度(‰)	13
4	旅客列车速度目标值(km/h)	200
5	最小曲线半径	一般地段3500m,困难地段2800m
6	牵引种类	电力
7	机车类型	货机初、近期采用SS7型机车,远期采用交流传动HXD3型机车;客机采用电动车组、SS7E型机车
8	牵引质量(t)	4000
9	到发线有效长度(m)	850

续上表

序　号	项　目	技术标准
10	闭塞类型	自动闭塞
11	建筑限界	满足双层集装箱运输的要求

2)设计原则

(1)建筑限界及衬砌内轮廓。

建筑限界按“电力牵引铁路 KH-200 桥隧建筑限界”设计并满足通行双层集装箱的运输要求。西秦岭隧道进口端钻爆法施工段轨面以上净空面积按 50m² 设计;出口端 TBM 施工,根据接触网简链高度要求,隧道轨面以上净空面积按 56m² 设计,开敞式 TBM 直径采用 1020cm;范家坪隧道轨面以上净空面积双线段按 87.13m² 设计。进一步优化接触网及隧道断面结构设计,减少隧道断面开挖量及工程投资。

(2)隧道洞口位置及洞门形式。

遵循“早进晚出”的原则,严格控制边仰坡开挖高度,保证边仰坡稳定。洞口位置应尽量避开岩堆、危岩落石、错落体等不良地质体。无法绕避时,应采取合理的防护措施。洞门形式应结合地形地貌、洞口地质和环境条件、施工场地布置等因素,按照“确保安全、因地制宜、保护环境、适度美观”的原则确定。

(3)暗洞采用复合式衬砌,明洞采用明洞衬砌。Ⅱ级围岩钻爆法施工地段采用曲墙底板结构形式,其他钻爆法施工地段采用曲墙仰拱结构形式。

系统锚杆拱部采用带排气装置的普通中空锚杆,边墙采用全长黏结砂浆锚杆。洞口浅埋、偏压,抗震设防、国防设防段及双线Ⅳ、Ⅴ级围岩段和单线Ⅴ级围岩段二次衬砌采用钢筋混凝土。

辅助坑道衬砌支护设计应根据辅助坑道的功能和作用统筹考虑。仅作为施工辅助坑道时,以网喷射混凝土为主,井底、洞口段和Ⅴ级围岩段采用模筑衬砌。

(4)拱墙、仰拱二次衬砌采用 C30 混凝土或 C35 钢筋混凝土,底板采用 C35 钢筋混凝土,仰拱填充采用 C20 混凝土;初期支护采用 C25 喷射混凝土。TBM 施工段仰拱预制块采用 C40 钢筋混凝土。

(5)隧道防排水遵循“防、排、截、堵结合,因地制宜,综合治理”的原则;因排水可能影响环境的地段,采取“以堵为主,限量排放”的原则。防止因排水引起水环境恶化,影响隧道围岩稳定或造成农田灌溉和居民生产生活用水困难。隧道防水等级满足《地下工程防水技术规范》(GB 50108—2001)规定的一级防水标准。

二次衬砌混凝土抗渗等级不低于 P8;隧道初期支护与二次衬砌间铺设拱墙 EVA 防水板、环纵向盲管,防水板厚度不小于 1.5mm;施工缝、变形缝按规定采取复合防水构造措施。

2.2.2　隧道围岩分级情况

隧道左右线各级围岩所占比例统计表见表 2-2、表 2-3,TBM 掘进段各级围岩所占比例见表 2-4。

西秦岭隧道左线各级围岩所占比例统计表　　表2-2

围岩级别	Ⅲ	Ⅳ	Ⅴ	合计
长度(m)	19013	6226	1296	26535
百分比(%)	71.7	23.4	4.9	100

西秦岭隧道右线各级围岩所占比例统计表　　表2-3

围岩级别	Ⅲ	Ⅳ	Ⅴ	合计
长度(m)	1338	725	676	2739
百分比(%)	48.8	26.5	24.7	100

西秦岭隧道 **TBM** 施工段各级围岩所占比例统计表　　表2-4

围岩分级	Ⅲ	Ⅳ	Ⅴ
长度(m)	13557	2590	0
百分比(%)	83.96	16.04	0

2.2.3　初期支护及二次衬砌

西秦岭隧道出口方向采用TBM施工，出TBM施工段采用圆形断面，轨面以上净空面积为56.54m^2；其他钻爆法施工段采用马蹄形断面，轨面以上有效净空面积为50.23m^2。

1）进口钻爆法段断面形式

进口端轨面以上有效净空面积按50.23m^{2}设计，见图2-6。

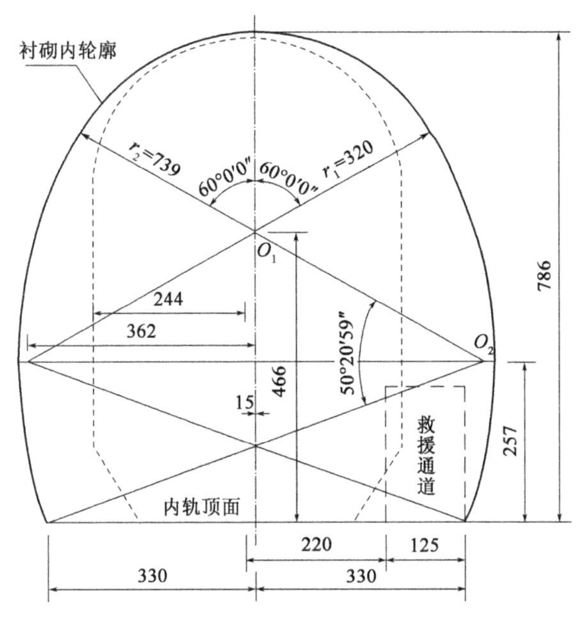

图2-6　进口段钻爆法隧道限界及内轮廓（尺寸单位：cm）

2）TBM段断面形式

出口TBM施工地段（包括TBM预备洞段及TBM掘进段）轨面以上净空面积为56.54m^2，见图2-7。

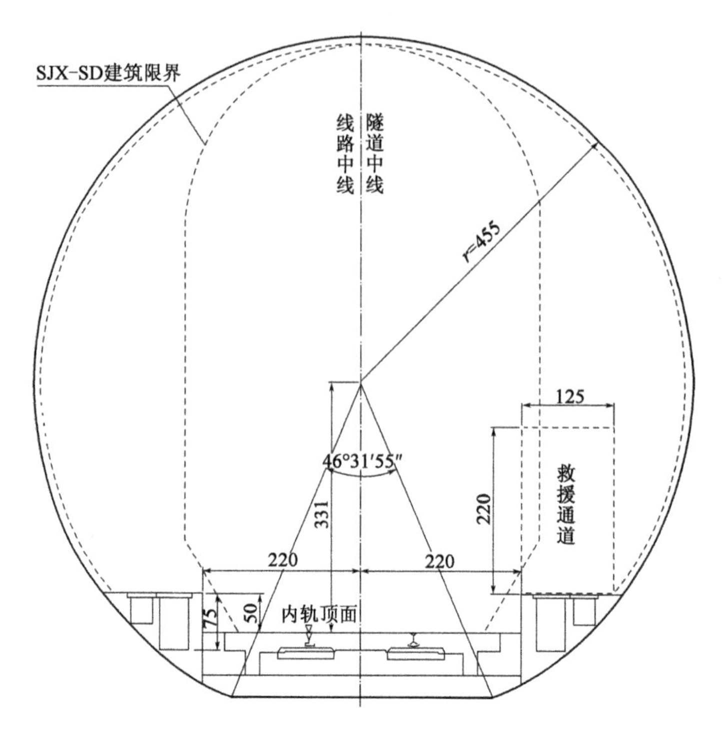

图 2-7 全断面 TBM 隧道限界及内轮廓(尺寸单位:cm)

3)TBM 段初期支护及衬砌设计

根据整体道床形式,中心水沟及各种管沟、设备的布置及接触网采用简链悬挂等,确定隧道直线段基本内轮廓直径为 890cm 的圆形断面。

采用 TBM 施工,考虑到其具备通过局部较破碎岩层地段的能力,TBM 直径由岩层破碎地段支护参数推得,在两岩层较破碎地段支护参数为:施工误差 10cm,二次衬砌采用钢筋混凝土,厚 30cm,预留变形量 10cm,初期支护采用喷、锚、网、钢架联合支护,全环采用 H150 钢架,喷层厚 15cm(喷射混凝土中掺加 0.9kg/m^3 的聚丙烯微纤维)。

由此得出,本隧道开敞式 TBM 开挖断面直径为 10.20m = 8.90m + 2 × 0.1m(预留施工误差) + 2 × 0.30m(衬砌厚度) + 2 × 0.1m(预留变形量) + 2 × 0.15m(喷射混凝土),采用复合式衬砌。

全断面 TBM 复合衬砌类型与围岩级别对应见表 2-5。出口全断面开敞式 TBM 施工段复合衬砌参数见表 2-6。

全断面 TBM 复合衬砌类型与围岩级别对应表 表 2-5

饱和抗压强度(MPa)	单位体积节理数(条/m^3)	节理发育程度	围岩级别					
			Ⅴ	Ⅳ	Ⅲ		Ⅱ	
					一般地段	局部岩爆地段	一般地段	局部岩爆地段
<30			A-1	A-2				
30 ~ 60	>16	很发育		A-2				
	10 ~ 16	发育		A-2				

续上表

饱和抗压强度（MPa）	单位体积节理数（条/m^3）	节理发育程度	围岩级别					
			V	IV	III		II	
					一般地段	局部岩爆地段	一般地段	局部岩爆地段
>60	>16	很发育		A-2	A-3	A-3		
	10~16	发育		A-2	A-4	A-3	A-5	A-5
	6~10	较发育			A-4	A-3	A-6	A-5
	<6	不发育					A-6	A-5

出口全断面开敞式TBM施工段复合衬砌参数表　　表2-6

支护类型	预留变形量（cm）	初期支护											超前支护			二次衬砌
		喷射混凝土		*R*25中空注浆锚杆			ϕ22全螺纹砂浆锚杆			ϕ8钢筋网		H150钢架				
		施作部位	厚度*d*（cm）	位置	长度（m）	环×纵间距（m×m）	位置	长度（m）	环×纵间距（m×m）	位置	间距（cm×cm）	纵距（榀/m）	支护种类	设置部位	环向间距（m）	（cm）
A-1	10	全断面	15	半圆以上	3.5	1.0×0.8	边墙	3.5	1.0×0.8	全断面	20×20	1榀/0.9m	小导管	拱部	0.4	30*
A-2	10	全断面	15	半圆以上	3.5	1.0×1.0	边墙	3.5	1.0×1.0	全断面	20×20	1榀/（0.9~1.8m）	小导管	拱部	0.4	30
A-3	10	全断面	12	半圆以上	3.0	1.2×1.2				半圆以上	20×20					30
A-4	10	全断面	8	半圆以上	2.5	1.2×1.5				半圆以上	20×20					30
A-5	10	全断面	8	局部	2.5					半圆以上	25×25					30
A-6	10	全断面	6	局部	2.5					局部						30

注：1. 二次衬砌栏中上角标*表示钢筋混凝土，无角标表示模筑混凝土。

2. A-1断面适用于V级围岩破碎及富水地段，拱部范围设超前小导管，注水泥浆液；A-2断面适用于IV级围岩较破碎地段，拱部范围设超前小导管。

仰拱预制块的长度按TBM一个掘进行程1.8m设计。仰拱预制块顶面宽度满足施工期间铺设四轨双线（轨距900mm）施工轨道的要求。在仰拱预制块上预留中心水沟、泄水孔、注浆孔、起吊杆、螺栓孔、承轨槽以及安装止水带所需的凹槽等，每节仰拱预制块之间采用凹凸面连接方式。仰拱预制块设计为两种形式：初期支护设置钢架地段采用底部开槽式仰拱预制块；不设钢架地段采用不开槽式仰拱预制块。仰拱预制块采用C40钢筋混凝土现场预制。

铺设仰拱预制块后，仰拱预制块底部与围岩尚有5cm间隙，可利用两侧空隙向底部注入C20细石混凝土回填密实，然后再通过注浆孔补充注浆，以保证隧底密实。

2.3 TBM段选型与制造

2.3.1 TBM选型原则

1)TBM选型原则

TBM的性能及其对地质条件和工程特点的适应性是隧道施工成败的关键,所以TBM的选型显得尤为重要。在设计TBM时其各系统、各部件的选型按照性能可靠、技术先进、经济适用相统一的原则,依据地质资料,并参考国内外已有TBM工程实例及相关的技术规范进行,一般遵循如下原则:

(1)根据工程特点选取合适类型的TBM。TBM按适用的工程地质大致分为软岩TBM和硬岩TBM,不同生产商生产的同类的TBM在结构上也有很大差别,各有优缺点,要根据工程特点对照选型。

(2)优先选用有丰富施工经验、产品质量过硬、信誉高的TBM制造商。并了解其生产能力和企业状况,确保其能按时、保质完成TBM生产,交付使用。

(3)选用的TBM要性能可靠。TBM是个非常复杂的施工设备,集机、电、液于一身,要完成掘进、出渣、支护、地质预测预报、测量等重多方面的工作。TBM由成千上万个部件组成,只要其中任何一个部件或系统出现问题就会造成整个施工的停顿,所以各系统和部件在选用时优先选用产品质量可靠的国际知名厂商的产品。

(4)选用的TBM功能要完善。在选用TBM前要详细了解TBM将要施工的工程对TBM的功能有哪些要求,TBM能否达到这些要求,各系统工作能力是否匹配,各性能参数是否符合工程要求。任何一个系统的能力不匹配都会影响总的生产能力。

(5)选用TBM的技术要先进。随着科学技术的发展,许多先进技术都已应用在了TBM上,先进技术是提高TBM设备质量的保证。先进技术能够使TBM具有可靠的性能、快速的施工能力,这是TBM快速施工所必需的。但是在采用先进技术时要考虑其适用的条件,不能盲目追求先进。

2)TBM选型和来源

根据本工程对TBM的功能要求,结合施工单位TBM施工技术和施工经验,参照国际类似工程TBM选型和施工经验,与国际上著名的TBM制造商进行了技术交流,针对西秦岭隧道的具体情况,在目前的边界条件下,认真进行TBM的选型方案研究。

综合考虑本工程条件、TBM设计方案、同类工程业绩,本工程选用全新的欧美地区生产的开敞式TBM、连续皮带输送机出渣系统投入本工程施工。

整机(图2-8)主要分为三个部分:主机、连接桥和后配套。主机主要负责完成隧道的开挖施工和初期支护;连接桥主要完成二次支护和对整机的控制操作;后配套为主机的施工提供风、水、电等保障,并完成其他辅助施工。

用于西秦岭隧道施工的全断面硬岩隧道掘进机(TBM),刀盘(图2-9)直径10.23m,整机全长179m,采用美国罗宾斯公司拥有全球专利的19in滚刀技术,减少了换刀频率,提高了换刀速度,可以极大提高掘进机的使用效率。

图 2-8　选用 TBM 整机

图 2-9　选用刀盘

3）TBM 设计的功能及技术参数

拟投入本工程的 TBM、连续皮带输送机、斜井皮带输送机的主要参数分别见表 2-7 ~ 表 2-9。

TBM 主要参数表　　表 2-7

主部件相关参数	细目部件名称	技 术 参 数
刀盘	主机长	26m
	整机长度	172m
	整机质量	1800t
	最小转弯半径	500m
	最大部件质量	100t
	最大部件尺寸（长 × 宽 × 高）	7500mm × 6600mm × 1000mm
	刀盘形式/材质	A588 和 A36
	分块数量	6 块
	质量	275t
	开挖直径	ϕ10.2m
	中心刀数量/直径	4 把/432mm
	正滚刀数量/直径	50 把/483mm

续上表

主部件相关参数	细目部件名称	技术参数
刀盘	边滚刀数量/直径	10把/483mm
	刀具额定荷载	311kN
	扩挖刀(最大扩挖量)	≥50mm
	换刀方式	前/背
刀盘驱动	驱动形式	变频
	功率	4410kW
	转速	0~8.05r/min
	额定扭矩	10332kN·m
	脱困扭矩	15500kN·m
	主轴承寿命	≥17200h
	主轴承密封形式	内外唇密封
		3个内密封
		3个外密封
推进系统	油缸数量	4个
	油缸行程	1800mm
	最大伸出速度	100mm/min
	最大回缩速度	500mm/min
	总推力	25500kN
撑靴	油缸数量	2个
	油缸行程	635mm
	总的有效支撑力	55000kN
	最大接地比压	2.95MPa
主机皮带输送机	皮带宽度	1370mm
	皮带输送机长度	24m
	皮带运行速度	2.5m/s
	出渣能力	1000m^3/h
仰拱块安装机	起吊质量	1.6t
锚杆钻机系统	规格型号	CANNONCH38
	数量	2套
	钻孔范围	360°
	冲击功	15kN
	控制方式	液压
混凝土喷射系统	混凝土输送泵的型号/数量	2台
	机械手数量	1个

续上表

主部件相关参数	细目部件名称	技 术 参 数
混凝土喷射系统	喷射范围	180°
	移动行程	1800mm
	混凝土罐的容量	6m³
	变压器容量	2×3000kV·A
电气系统	变压器容量	1×2000kV·A
	功率因数修正	>0.95kvar
	变压器防护等级	IP55
	初级电压	20kV
	次级电压	690V/400V/230V
	应急发电机容量	285kW
	电缆卷筒存储能力	400m
	刀盘驱动	14×330=4620(kW)
装机功率	主轴承润滑脂泵	75kW
	推进系统	225kW
	仰拱块安装机	50kW
	仰拱块拖拉系统	10kW
	锚杆钻机	110kW
	喷射系统	44kW
	后配套皮带输送机	150kW
	主机皮带输送机	75kW
	除尘器	184kW
	二次通风机	310kW
	空压机	150kW
	供水系统	30kW
	污水泵	25kW
	污水外排	157kW
	其他设备	300kW
	合计	5862kW
有毒有害气体监测报警系统	规格型号	感应式
	监测气体种类	瓦斯、硫化氢、一氧化碳、粉尘、二氧化碳、氧
	探测器数量	6
测量导向系统	型号规格	PPS
	精度	2″
	有效距离	300m
电视监视系统	摄像机数量	4个
	显示器形式、数量	24in显示器,1台

续上表

主部件相关参数	细目部件名称	技术参数
后配套拖拉油缸	数量	2个
	拖拉力	150t
	曲线半径	500m
后配套台车	拖车的结构形式	封闭平台式
	拖车数量	3节桥架+8节台车+斜坡段
	允许列车通过尺寸(长×宽×高)	4500mm×1600mm×3000mm
后配套皮带输送机	皮带宽度	1100mm
	皮带输送机长度	桥式皮带输送机45m+后配套皮带输送机50m
	功率	75×2kW
	出渣能力	$1000m^3/h$
	运行速度	3.0m/s
除尘系统	除尘器数量	1个
	形式	干式
	过滤装置精度	$<1mg/m^3$
	能力	$1200m^3/min$
二次风机	功率	1×160kW(加力)+2×75kW(除尘风机)
	风管直径	1500mm
	风量	$1842m^3/min$
空气压缩系统	空压机数量	2台
	能力	$14.7m^3/(min·台)$
	最大压力	7bar[1]
	储风罐	$5m^3/个$
供排水系统	新鲜水水箱容量	$5m^3$
	新鲜水水管卷筒储存能力	60m
	污水水箱容量	$30m^3$
	回水水管卷筒储存能力	60m
	污水泵	$0.3m^3/s$
超前支护钻机	规格型号	Atlas Copco1838
	冲击功	15kN
	功率	15kW
	钻孔直径范围	43~1000mm

[1] $1bar=10^5Pa$。

连续皮带输送机参数表　　表2-8

名　　称	参　　数
运输材料	TBM运行过程中的废渣,废料
长度	11634m(左线)
圆弧半径	4500m(仅左线)
圆弧长度	603m(仅左线)
系统整体坡度	下坡0.3%
运渣能力	$600m^3/h$
皮带宽	914mm
皮带速度	183m/min
驱动功率	1200kW(4个300kW的驱动)
辅助驱动功率	600kW(2个300kW的驱动)
皮带仓容量	457m
槽形托辊	直径102mm滚轮,以2.29m为中心
回程托辊	直径102mm滚轮,以4.58m为中心

斜井皮带输送机参数表　　表2-9

名　　称	参　　数
运输材料	TBM运行过程中的废渣,废料
长度	2689m
弯曲半径	不适用
弯曲长度	不适用
系统整体坡度	上坡10%
运渣能力	$600m^3/h$
皮带宽度	914mm
皮带速度	183m/min
驱动	1200kW(4个300kW)
辅助驱动	600kW(2个300kW)
槽形托辊	直径102mm滚轮,以1.53m为中心
回程托辊	直径102mm滚轮,以3.06m为中心

2.3.2　TBM适应性分析

1)对地质的适应性分析

(1)刀盘刀具及刀间距对本工程的适应性。

TBM在切割不同硬度的岩石时贯入度不同,当岩石硬度较软时滚刀贯入度大,过小的刀间距,会形成粉碎状岩渣,造成开挖效率减小,机械能耗浪费;当岩石硬度较高时,同样的推力下贯入度小,过大的刀间距又影响破岩效果。虽然希望所确定的指标达到100%效率,但即使在同一隧道中地质也不可能一致。为了获得广泛的适应性,选定的刀间距大约是贯入度的10~20倍,即约在65~90mm之间。拟定的为本工程专门设计的TBM采用19in盘形滚刀,同类设计在类似的大伙房TBM工程中的平均月进尺均达到600m以上,按招标文件提供的资料,是适合本工程西秦岭隧道这类围岩的切削的,能够达到设计的掘进进尺要求。

(2)TBM 超前地质预测预报设备对本工程的适应性。

采用 TBM 在软弱围岩中进行隧道开挖,对未开挖的前方地层进行准确的地质预测预报十分重要,它是制定合理可靠的支护及加固方案的前提和基础。

为了应对本工程西秦岭隧道的软弱围岩地段以及可能出现的极端地质情况,TBM 配备地质超前预报系统来进行超前地质预测预报,利用超前钻孔和掘进参数对比分析及地质素描综合地质预测预报方法,达到准确预测预报的目的。

(3)TBM 对不良地质的适应性。

通过超前管棚、超前预注浆等超前支护手段对前方的不良地质进行超前处理,使 TBM 能够安全、快速通过不良地质段。

2)TBM 对本工程长距离掘进的适应性

TBM 掘进长度超过 15km,要求 TBM 的配套设备,如运输设备、通风设备、水电供应设备达到相应的要求。通过计算拟采取相应的符合长距离环境要求的设备来满足本工程的施工。TBM 的出渣系统采用长距离连续皮带输送机系统,它具有经济、高效、环保、安全、便于维护等诸多优点,通过在大伙房工程中的成功使用这些优点呈现出来,也为施工单位积累了丰富的使用皮带输送机长距离运输经验;进料运输采用轨道运输方式,机车牵引。连续皮带输送机运输和有轨运输相互配合达到最佳的运输效果,有效缓解长距离掘进所带来的通风、运输等难题。为了缓解长距离掘进所造成的二次衬砌工期压力,配备能够使连续皮带输送机、运输车辆穿越的液压模板台车,实现同步衬砌施工。

3)对快速掘进的适用性

(1)刀盘刀具对快速掘进的适用性。

TBM 的刀具采用 19in 盘形滚刀、楔形安装,刀具轴承寿命长,刀具更换和检查时间少,纯掘进时间相对长,总掘进速度快;刀具承载力大,刀盘可承受的总推力大,在相同岩石硬度的情况下对岩石的切削力大,掘进贯入度大,掘进速度快;刀圈可磨损质量大,使用寿命长,更换次数少,纯掘进时间长,总掘进速度快。

(2)皮带出渣系统对快速掘进的适用性。

TBM 掘进所产生的石渣必须快速运出才能保证快速掘进,本 TBM 采用连续皮带输送机出渣方式,将掘进产生的石渣快速、连续不断地输出洞外。输渣能力达到 900t/h,可在半小时内完成一个掘进循环的出渣量。

(3)支护设备对快速掘进的适用性。

TMB 配备的钢拱架安装器具有快速运输、快速安装的功能,能在 25min 内完成一组钢拱架的安装工作;配备的两台阿特拉斯公司的 1838 液压钻机,每台可在 2 ~ 3min 内完成一个 3m/3.5m 深的孔,其钻孔能力与 TBM 掘进速度匹配;两套喷射混凝土机械手前后布置,工作范围达到 12m,根据以往的施工经验,每套可以在半小时内完成 $10m^3$ 左右的喷射混凝土量。

2.3.3 TBM 的针对性设计

1)整机设计功能完备,稳定可靠

TBM 设计充分考虑了在隧道施工中可能发生的各种情况,具备了 TBM 施工中开挖、出

渣、支护、注浆、导向、控制等过程所需的全部功能,包括刀盘刀具、主驱动系统、推进系统、拱架安装系统、超前地质预报预测系统、喷浆支护系统、仰拱块安装系统、油脂系统、液压系统、电气控制系统、激光导向系统及通风、供水、供电系统、出渣系统等。

TBM 的一个主要特点是结构复杂、功能齐全,各系统都能正常运行才能完成 TBM 施工作业,任何一个环节出现问题都会导致整个施工停顿,所以对关键部件如主轴承、刀盘等要求设计非常可靠。由于 TBM 在施工时荷载变化范围很大,并且往往难以得到准确的荷载值,所以在结构设计时选取了较大的安全系数,各部件的强度、刚度均留有较大余量,以满足施工时特殊的荷载要求。

TBM 各部件及液压、电气元器件均采用国际上的知名品牌产品,充分保证 TBM 的各部件质量可靠。其中,主轴承采用世界知名的轴承制造公司 SKF 公司的产品,钻机系统采用阿特拉斯的产品,液压元器件主要采用德国力士乐公司、哈威公司的产品,电气元器件主要采用西门子公司的产品。

2)良好的可操作性

TBM 的操作设计充分考虑到减轻操作者的劳动强度,提高操作者的劳动效率。司机在主控室内可以控制 TBM 掘进的大部分操作,如启动泵站、推进、调向、刀盘操作、油脂系统的注入、出渣系统的控制等,TBM 的主要状态参数如各种油压油温、各种掘进参数、TBM 的姿态等也直接反馈到主控室内。

仰拱块安装机的操作采用无线遥控的方式,可高效作业。喷浆机械手的操作也全部在一个可移动的操作面板上完成,使操作人员远离喷浆区,减小环境对人的伤害。钢拱架的运输和安装都是通过机械来完成,既安全又快捷。TBM 可操作性的另一个方面还表现在所有的刀具都可以在刀盘背后更换,避免了人员进入刀盘前面更换刀具而发生危险的可能。

3)技术先进

TBM 上大量采用变频、液压、自动控制、导向等领域的新技术。其控制系统的底端全部由 PLC 可编程控制器直接控制,上端由上位机进行总体控制。TBM 还可以通过网络系统由洞外技术部门或 TBM 厂家进行远程监控、调试及控制。TBM 的数据采集系统可以记录 TBM 操作的全过程的所有参数。

液压系统的推进系统及仰拱块安装系统大量采用比例控制、恒压控制、功率限止等先进的液压控制技术。

TBM 采用先进的激光导向系统(PPS)激光导向系统来控制隧道的掘进方向,这在隧道的方向控制上也是比较前沿的高端技术。

4)环境保护

TBM 设计充分考虑了施工及消耗材料对环境的保护要求。TBM 通过切削岩石实施掘进作业,减小对围岩的扰动;通过以电作为能源的长距离皮带输送机出渣减小油烟的排放,减轻对环境的污染;TBM 通过长距离的独头掘进大量减少长大隧道施工中斜井、竖井等辅助设施的数量,不但大大降低工程投资,也避免了这些辅助设施对环境的损害。

第3章　施工总体部署及TBM施工段前期准备

兰渝铁路西秦岭隧道施工基本目标是以合适的费用获得最好的进度、工期和施工质量，TBM 的推进过程就是施工的掘进过程。协调隧道施工的总体部署及良好组织施工段的前期准备，明确隧道施工过程的衔接关系，可以有效建立施工作业的保障系统，为隧道施工建立完备的协调、安全系统。

3.1　施工总体部署

1)总体施工安排

根据工程规模、工程量大小、工程项目分布、总工期要求等特点和均衡施工生产考虑，安排：①西秦岭隧道进口、出口及罗家理斜井、店子坪 2 号斜井同时施工；②西秦岭隧道进口段及店子坪斜井采用钻爆法，由进口工区组织施工；③西秦岭隧道出口段由 TBM 工区组织施工；④正洞右线和左线罗家理斜井段约 2km 地质较差，由罗家理斜井工区通过斜井采用钻爆法施工完成；⑤结合西秦岭隧道出口的场地条件，提前完成与西秦岭隧道出口端洞口施工场地和 TBM 组装场地相关的工程施工，满足 TBM 进场前的仰拱预制块生产与 TBM 施工相关的所有场地、设备准备工作。

2)西秦岭隧道总体施工方案

西秦岭隧道采用 TBM 法(出口段)和钻爆法(进口、斜井段)施工相结合的施工方案。施工分三个工区同时进行施工，分别设进口工区、出口工区、罗家理斜井工区。

(1)进口工区采用钻爆法施工进口方向左右线正洞各 8.5km。

(2)罗家理斜井工区采用钻爆法施工罗家理斜井段左右线正洞各 2km 的 TBM 预备洞。

(3)出口工区先用钻爆法施工出口方向左右线正洞 1.6km 的预备洞，TBM 在出口洞外完成组装后，先步进通过出口的 1.6km 预备洞后，TBM 开始始发掘进，向进口方向掘进 8.3km 至与罗家理斜井正洞段的贯通面，完成 TBM 第一掘进段；在罗家理斜井的检修洞内对 TBM 进行检修，然后重装步进机构步进通过罗家理斜井段 2km 的预备洞，TBM 开始第二掘进段施工，掘进 7.8km 后与进口钻爆法贯通；最后在 TBM 拆卸洞内完成 TBM 洞内拆卸运输出洞。

隧道进口端正洞采用钻爆法施工。Ⅲ级围岩段采用全断面;Ⅳ级围岩段采用微台阶法;Ⅴ级围岩段采用上台阶预留核心土环形开挖台阶法;断层破碎带采用上台阶预留核心土环形开挖台阶法,必要时采用CD法或双侧壁导坑法。开挖采用多功能台架湿式凿岩机打眼,光面爆破;其中Ⅴ级围岩尽可能采用机械开挖,必要时采用控制爆破。初期支护的喷射混凝土采用湿喷机湿喷。出渣运输采用挖掘机扒渣、装载机装渣、自卸汽车出渣。正洞仰拱施工采用仰拱栈桥整体施工,二次衬砌采用模板台车施工;隧道仰拱和二次衬砌适时紧跟开挖作业面同步进行。

罗家理斜井及通过该井施工的左、右线正洞施工段的隧道开挖、支护和施工运输与隧道进口端正洞施工相同。

出口端TBM预备洞、出发洞段采用钻爆法施工。其开挖、支护和施工运输与左线进口端正洞施工方案相同,开挖完成后(在TBM步进施工前)再进行TBM预备洞段的铺底和TBM出发洞的衬砌施工,满足TBM步进、试掘进要求。

出口端正洞TBM施工段采用一台的全新ϕ10.20m的开敞式硬岩掘进机施工,连续皮带输送机出渣,洞内铺设双线,编组列车进行横通道出渣、支护材料、衬砌混凝土运输。

出口端TBM预备洞和TBM第一掘进段的二次衬砌安排在TBM第一阶段掘进完成大部分时进行,采用16.5m专用模板台车施工,试验同步掘进方式;TBM第二掘进段的专用模板台车施工,滞后掘进一定距离后同步进行。

施工通风根据工程进展情况分为三个阶段:在XQLS1标段店子坪斜井与正洞贯通之前(即第一阶段)各工作面均采用压入式通风;贯通后,TBM掘进段与罗家理斜井贯通前(即第二阶段),进口段采用巷道式通风(右洞进新鲜风,污风从左洞及XQL1标段店子坪斜井排出),出口段采用压入式通风;TBM与罗家理斜井贯通后(即第三阶段)进、出口均采用巷道式通风(出口由右线进新鲜风,污风从左线及罗家理斜井排出;进口由店子坪斜井进新鲜风,污风从左、右线正洞排出)。

罗家理、店子坪斜井井底设水仓,水流顺坡排至水仓后,再通过斜井抽排至洞外;TBM反坡施工段,施工期间采用每间隔一定距离设置集水井逐级接力抽排至顺坡施工段,再顺坡排至洞外。

出口段TBM通过罗家理斜井后进行第二段TBM施工段掘进施工期间,连续皮带输送机出渣和施工通过罗家理斜井进行通风。

3.2 施工前期规划与准备

3.2.1 施工准备

1)人员进场准备

参加工程施工的人员按任务划分和施工进度安排陆续进场,根据本工程特点及施工要求,在充分考虑合同条件及工作规范的基础上,结合工程技术特点进行相关人力资源的优化配备,投入的现场管理人员及技术人员、TBM操作人员主要从长期从事TBM硬岩掘进机施工队伍和从事复杂地质长大隧道施工的队伍中调集,施工人员根据进度要求分阶段进场。

2)技术准备

(1)设计图纸复核。

接到设计图纸后,组织全体技术人员进行图纸复核,认真阅读设计文件,了解设计意图,熟悉设计内容;结合前期施工调查,准确掌握设计要求,对设计图纸有疑问时主动与设计部门联系,求得明确答复。据此制订工作计划和工作标准,为编制实施性施工组织奠定基础。

(2)导线控制网复核。

进场后,即派精测队根据业主提供的工程定位资料和测量标志资料会同设计单位赴现场进行线路控制桩点交接,形成交接记录;对整个线路进行复测;将完整的测量资料,报监理工程师审查、批准后,据此完成施工放样定位工作,并进行测量资料技术交底。

(3)建立中心试验室。

根据工程特点及工程项目分布情况,在西秦岭隧道建一座工地中心试验室负责试验和检验工作,在西秦岭隧道进口和罗家理斜井各建一座试验分室。试验室配备具有丰富试验经验的检测工程师负责全面工作,配备足够的试验、检验人员,配备符合要求的检测试验设备。

3)设备与材料准备

(1)设备准备。

根据设备配备及工程进展情况及时组织所需机械设备进场。机械设备采用火车运输至略阳,再通过汽车运至工地。

(2)材料准备。

根据施工进度进行材料采购招标,考虑到现场交通条件及气象条件,施工现场须有一周的材料储备量。

(3)TBM 准备。

西秦岭隧道左右线各采用一台刀盘 ϕ10.20m 的全新全断面开敞式硬岩掘进机进行的西秦岭隧道出口段的掘进施工。根据一般新 TBM 建造周期约为 1 年的经验,项目部进场后及时确定 TBM 采购厂家及采购合同,开始 TBM 设备制造。

(4)施工现场准备。

施工现场准备本着“两短一快”的原则进行,即前期人员设备进场时间短、准备工作时间短、形成正常生产能力快。

现场准备的主要项目是:导线网复测、临时租地、办公生活生产场地及设施、临时供水、临时供电、临时通信、临时便道、试验室建设、试验设备安装调试、洞口加固、洞口挖方施工等。及时安排精干、熟练的负责地亩工作的工程人员专门负责征租地工作,配合业主尽快和地方政府有关部门取得联系,根据有关国家土地政策,协商解决,争取在开工前对主要的永、临用地项目达成一致意见并签订协议。生产、生活设施全部布置在设计规划的场地内。

3.2.2 临时工程

1)布置原则

因地制宜,满足生产、生活需要,充分考虑防洪、防泥石流、防寒、防风要求,合理布置,满足安全文明施工、环保要求。

2)施工便道

(1)修建标准。

便道宽度:按山区标准,干线地段宽5.5m;引入线,一般地段宽4.5m;困难地段宽4.0m。每200m设会车道一处,宽6.5m;视线不良地段不大于150m设一处。弃渣线为双车道宽7.0m,泥结碎石路面。一般最小曲线半径30m。TBM运输主干道的修建标准必须满足大件设备运输(250t拖车)的需要。最大坡度:一般情况下为8%,极困难条件下为10%。道路设单侧排水沟,沟底宽和深度不小于30cm,土边坡处视现场情况设下挡和护坡;陡岩地段设置防护墩,路边按规定设各种道路标志。

(2)施工便道布置。

省道S206姚渡至西秦岭隧道出口段约48km,此段为砂石路面,平整度较差;道路宽4~6m不等,局部错车困难;TBM运输需对此段道路进行整修拓宽,对小弯道地段进行扩挖加大,对不能满足承载能力的桥涵进行加固处理。

姚渡摆渡段约400m,需架设便桥1座,需满足运输TBM等大型设备的要求。

在通往出口、斜井和弃渣场需要新建进场道路1.2km和整修既有道路19.5km。

(3)养护维修。

因为施工便道较长,正常施工后,为保证施工便道的正常使用,配备必要的机械、工具和材料,组织专人对施工便道进行养护,做到"晴天不扬尘、雨天不泥泞",并保证路况完好,无坑洼、无落石、排水通畅,保证正常天气情况下的不间断运输需要。

3)施工用电

现以西秦岭隧道左线为例介绍西秦岭隧道施工用电布置,用电负荷及配置均为单洞配置,右线的施工用电布置同左线。

(1)前期施工用电。

为保证工程前期用电,采用临时农电过渡方案:隧道进口接武都供电所10kV·A农电线路,容量为630kV·A+100kV·A:630kV·A供施工用电,100kV·A供生活用电。罗家理斜井接洛塘供电所10kV·A农电线路,容量为630kV·A供生产生活用电。隧道出口接洛塘供电所10kV·A农电线路,容量为800kV·A供生产生活用电。店子坪斜井采用2台250kW发电机发电。

(2)永临结合用电方案。

①隧道进口及罗家理斜井用电。

两水至西秦岭隧道出口设35kV贯通线向沿线钻爆法施工负荷供电,在进口和斜井设35kV/10kV临时变电所向进口和斜井进行施工供电,进口容量1500kV·A,斜井容量1000kV·A。为确保电网停电时隧道通风、排水及照明等正常用电,施工进口及斜进工区计划各配置2台250kW发电机组。

②隧道出口钻爆段及洞外用电。

两水至西秦岭隧道出口设35kV贯通线向沿线钻爆法施工负荷供电,在出口设35kV/10kV临时变电所向出口钻爆段及洞外进行施工供电,见图3-1。

③TBM施工用电方案。

利用姚渡至武都220kV电源,在西秦岭隧道出口新建220kV/35kV、35kV/20kV临时变电所一座,向TBM施工负荷供电。

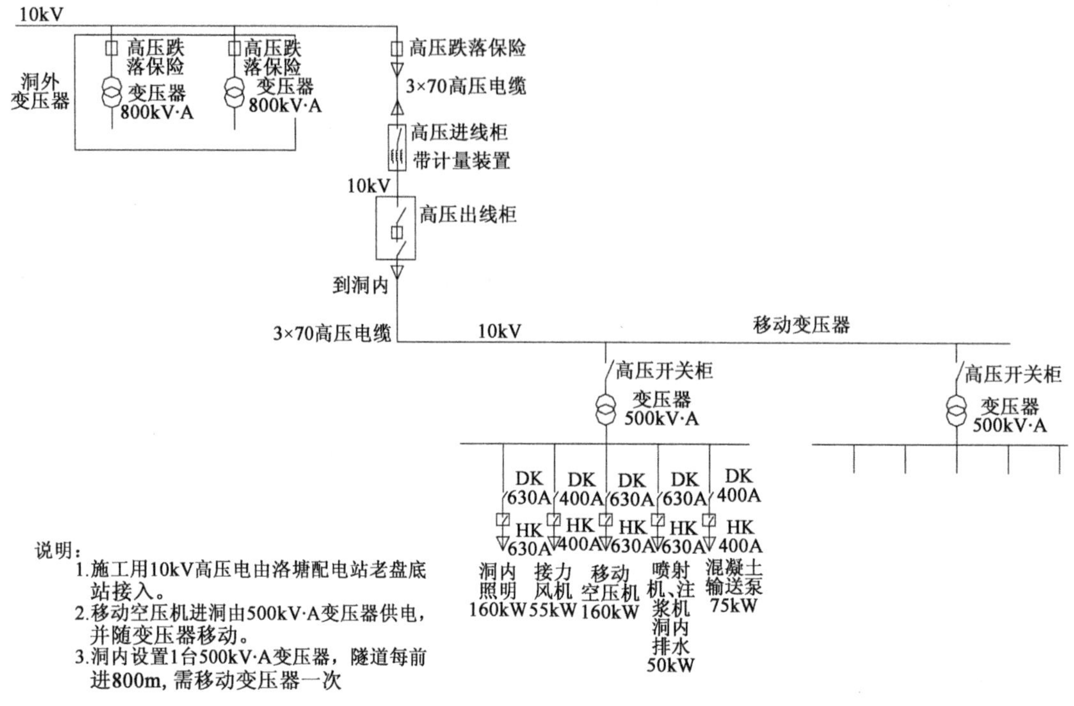

图 3-1　隧道出口钻爆段施工用电图

为确保电网停电时隧道通风、排水及照明等正常用电，出口工区配置了 3 台 250kW 发电机组。TBM 施工机械设备功率见表 3-1。

TBM 施工机械设备功率计算表　　表 3-1

序号	设备名称	规格、型号	数量	单台功率(kW)	总功率(kW)	备注
1	轴流通风机		2	110	220	
2	拌和站	700L/min	1	140	140	
3	洞内照明		400	0.4	160	
4	机加工用电		10	32	320	
5	抽水机		2	45	90	
6	TBM 主机		1	7700	7700	
7	TBM 抽水泵		1	160	160	
8	TBM 回水泵		1	5.5	5.5	
9	供料门吊		1	35	35	
10	拌和站	500L/min	1	100	100	
11	皮带运输机		1	1600	1600	
12	洞内接力风机		1	55	55	
13	洞内污水处理		1	20	20	
14	预制厂		1	800	800	
15	充电机		5	57	285	

续上表

序号	设备名称	规格、型号	数量	单台功率(kW)	总功率(kW)	备注
16	刀具修理车间		1	80	80	
17	混凝土输送泵		2	75	150	
18	备用		1	160	160	
19	合计				11907.5	

a.高压选配计算。

原设计按10kV配置，经计算并根据其他TBM工地施工经验，隧道掘进超出8km后TBM施工用电电压下降过大，无法满足正常的施工需求。其计算过程如下：

根据TBM用电配置，采用3×70mm的高压电缆，铜的电阻率为$\rho=0.0175\Omega\cdot mm/m$，根据公式$r=\rho l/s$，可以计算出导线每千米的电阻是0.083Ω，电抗是0.166Ω，则线路阻抗为：

$Z\times Z=r\times r+x\times x=(0.083\times10)\times(0.083\times10)+(0.166\times10)\times(0.166\times10)=0.6889+2.7556=3.4445$，故$Z=1.856\Omega$；

当功率因数为$\cos\varphi=0.85$时，8000kW的负荷电流为：

$I=P/(1.732\times U\times\cos\varphi)=8000/(1.732\times10\times0.85)=543.388(A)$

则导线压降为：$\Delta U=I\times Z=543.388\times1.856=1008.5(V)$，即该线路在8000kW负荷下将有1008.5V的线路压降。

电压降值占10kV的比例为：$\Delta U\%=\Delta U\times100\%/U_e=1008.5\times100\%/10000=10.09\%$。

根据“供电营业规则”的规定，10kV电压降合格标准是±7%，故不能满足要求。

故采用20kV的高压线经高压配电柜直接引入洞中，然后再分接到TBM及洞内各变压器，其用电配置图见图3-1。

b.TBM施工段高压进洞配电方案。

洞内照明及施工用电，前800m采用洞外S9-800kV·A变压器直接供电，在800m处设置S9-500kV·A变压器以满足800~1600m洞内二次衬砌及照明设备等机械设备和机具的用电需求。以后，隧道每延伸800m都需要新增加S9-500kV·A变压器一台，以满足施工需求，其用电配置见图3-2。

TBM主机施工用电，直接由20kV的高压电接入TBM主机自带的变压器。

4)施工用水

本段施工用水可取自白龙江支流及洛塘沟等支流的地表水和泉水。出口施工用水可取自洛塘河，隧道进口施工用水可取自白龙江。

5)临时通信

进场后，施工单位将立即与移动公司联系，在斜井增设移动信号发射塔，在隧道进出口设信号增强器，以确保无线通信畅通。

与建设单位联合安装网络设备，达到与业主、监理、内部进行视频通信及视频监控的能力，并形成网络办公的能力。

6)临时房屋

生产房屋修建标准：生活房屋及办公用房均采用彩钢板结构；料库、水泥库、加工车间、修理

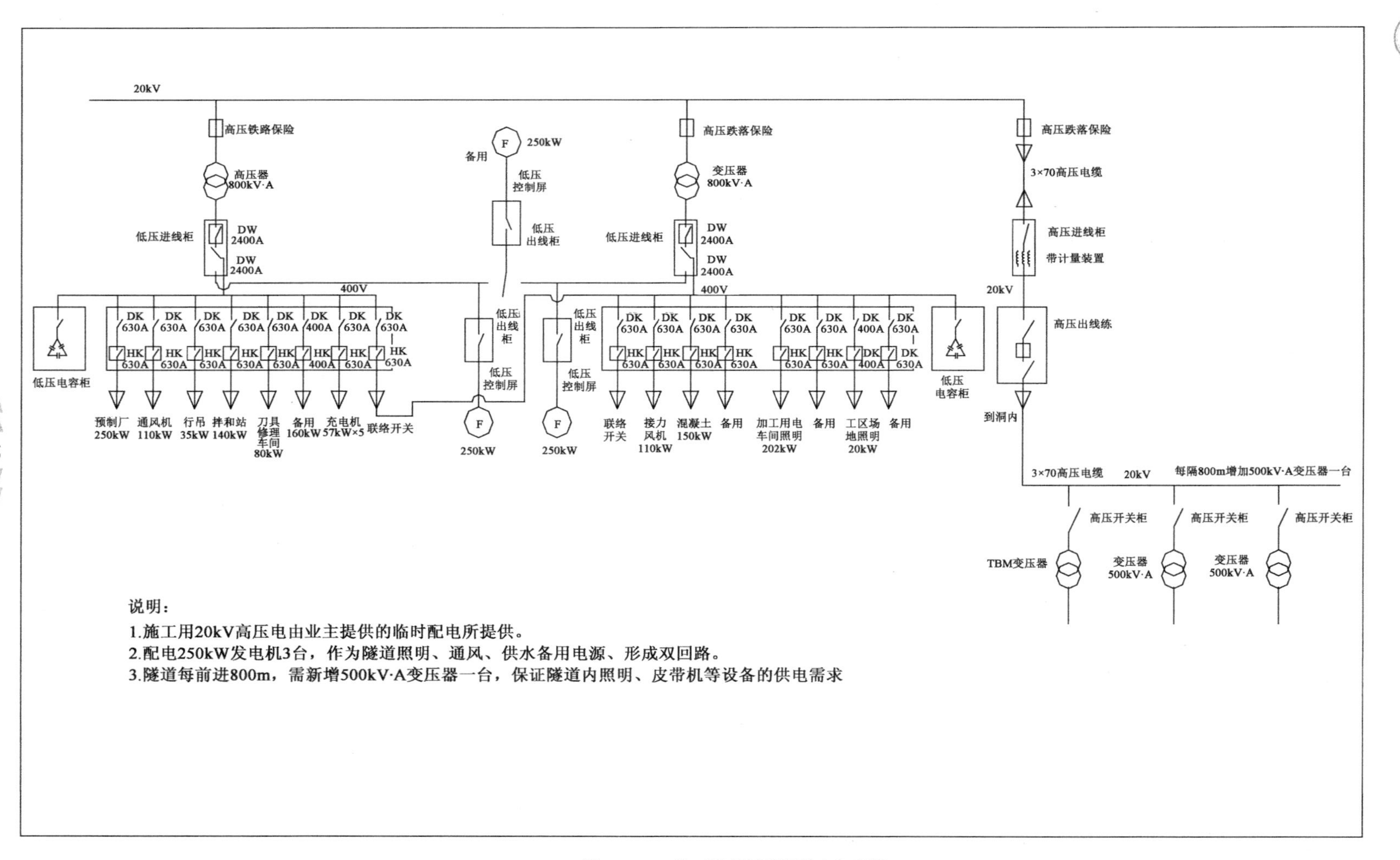

图3-2　TBM施工段高压进洞配电方案图

车间等生产用房采用单层砖木结构或彩钢板结构、红瓦盖顶；机械用房面积要求满足机体距墙距离不小于 1m，机体间距不小于 1.5m；火工品库为砖墙混凝土预制板结构。住房按 $4m^2$/人，办公按 $5m^2$/人，公用生活服务设施按 $1.5m^2$/人标准修建。

7）工地试验室筹建

在西秦岭隧道进、出口及罗家理斜井分别建一座工地试验室。其中西秦岭隧道出口试验室为中心试验室，兼顾洛塘河大桥及路基工程试验，出口及罗家理斜井为分试验室。

8）混凝土生产系统

混凝土均采用集中供应，混凝土罐车运输。在西秦岭隧道进口设 1 处 $75m^3$/h 全自动混凝土拌和站，用于混凝土衬砌；设 1 处 JS500 全自动混凝土拌和机，用于喷射混凝土。在罗家理斜井设置 2 处 JS500 混凝土集中拌和站用于斜井喷射混凝土、正洞喷射混凝土及斜井二次衬砌，设置一处 2HZS35 简易拌和站用于铺底混凝土。在西秦岭隧道出口设置 1 处 750L/min 混凝土集中拌和站，供洞内喷射混凝土；设 1 处 750L/min ×2 拌和站生产仰拱预制块，设置一处 900L/min 拌和站用于二次衬砌及桥梁施工。

9）TBM 施工及组装场地布置

TBM 组装场地位于西秦岭隧道出口洛塘镇老盘底 S206 旁边，洛塘河畔，主机拼装场地大小为 80m ×80m（长 × 宽）。因场地布置需改移 S206 省道约 1km，并在前期先行施工完洛塘河大桥和特大桥的 1 号、2 号桥墩，利用隧道出渣回填后（沿河侧和周边设置挡墙）作为 TBM 拼装场地，拼装场地填筑时分层碾压以确保密实度，在离洞口高程还有 1m 时，要确保场地的平整度。

根据施工组织设计要求，现场地理位置，地形分布情况，结合 TBM 组装、调试的占地面积，依据场地的实际情况现将 TBM 施工场地布置及前期规划安排如下。

（1）施工场地布置。

整个施工场地布置按照现场施工规划，可分为四大部分，分别为：仰拱块预制车间及存放区、拌和站、TBM 组装场、材料及 TBM 大件存放场。各场地规划如下：

①仰拱块预制车间及存放区。

仰拱块生产车间位于洛塘河大桥右下方，占地 $100 \times 40m^2$；仰拱块存放区和淋养区在洛塘河大桥尾部正下方，占地 $114.8 \times 25m^2$；龙门吊跨度为 20m（根据仰拱块长度 3.880m，按 4 列摆放，两个仰拱块间距为 0.5m，考虑龙门吊自身宽度及安全距离设置龙门吊跨度，根据场地的大小，仰拱块存放区可摆放两层，两车间共摆放 1600 多块，能够保证掘进所需仰拱块的存放数量）。

为方便混凝土的运输，拌和站设置在预制场西侧；为满足施工要求设置三套拌和系统，分别向隧道、预制场供料。

②拌和站供料说明。

900L/min 拌和站一套，提供隧道内二次衬砌所需混凝土用料，占地 $45 \times 16m^2$。

750L/min ×2 简易拌和站一套，提供洞内初期支护所需混凝土用料，占地 $26 \times 14m^2$。

750L/min 拌和站一套，提供仰拱块生产所需混凝土用料，占地 $26 \times 14m^2$。

三套拌和站系统互相联络；运输混凝土时考虑会车要保证便道宽度为 8m，能够满足会车需求。

(2)TBM 组装场地。

TBM 组装场地分主机和后配套两大部分,整个场地占地面积为 $160 \times 80m^2$,包括高压配电房、材料堆放场地、机料库、修理间、大件堆放场地等。

①主机拼装场地。

TBM 组装时,主机配件经 206 省道,从便道运输到洞口,后配套经便桥运送到岛上进行组装,因 TBM 刀盘质量为 275t,主机拼装采用 150t × 2 的行吊(行吊需增加相应的辅钩,起重量需讨论)。TBM 主机拼装场地为 $80 \times 60m^2$。

TBM 拼装场地内具体尺寸布置如下:

机料库:$20 \times 8m^2$;

材料库:$10 \times 10m^2 + 10 \times 6m^2$;

修理间:$10 \times 6m^2$;

高压配电房:$10 \times 5m^2$。

②后配套组装场地。

TBM 后配套根据组装场地的划分,占地面积为 $80 \times 60m^2$,后配套经便桥运送到岛上进行组装,根据场地实际尺寸远不能满足后配套整机组装,可选择从便道旁边运输到组装场地,因此后配套组装考虑拼装一节往前推一节通过便桥与主机连接,待整机拼装、调试完成后进行步进。

10)洞口转渣场地

在西秦岭隧道出口及罗家理斜井洞口(斜井承担正洞钻爆段完成后设置)设临时转渣场,卸渣台采用浆砌片石结构,洞内皮带输送机将弃渣卸入临时渣仓后,由装载机配合自卸汽车将渣二次倒运至弃渣场。

11)仰拱块预制场

在西秦岭隧道出口设置 2 处仰拱块预制场和仰拱块置于时存放场,分别满足出口段左右线正洞 TBM 施工的需要。

12)弃渣场地

隧道弃渣均弃于设计指定弃渣位置。为防止弃渣在雨季被冲走,在渣堆坡脚设挡墙,挡墙变化处以直线过渡,并每隔 10m 设伸缩缝一道。渣场底部埋管排水,并于渣场顶部设截水沟,挡墙外侧设水沟,形成完善的排水系统。渣堆坡面采用播草籽防护。弃渣完成后,将弃渣场整平,渣顶复垦。

13)环保与水保

在西秦岭隧道进、出口各修建一处临时污水处理厂,处理能力 $5000m^3/d$,采用沉砂→隔油沉淀→气浮工艺,隔油沉淀处理按 $5000m^3/d$ 设置,气浮设备处理按照 $20 \sim 30m^3/h$ 设置,对生产和生活区污水集中进行处理,达到国家排放标准后排放。

生产、生活垃圾定点、定期运至垃圾场。洞外采用洒水降尘措施,洞内采用水幕降尘器降尘和干式除尘机除尘。

保护白龙江支流及洛塘沟水源,确保河水不被污染。

14)主要临时工程数量

以西秦岭隧道左线隧道为例,主要临时工程数量见表3-2。右线隧道施工所需临时工程同左线。

主要临时工程数量表 表3-2

序号	项目	单位	数量					备注
			进口工区	斜井工区	TBM 工区	路桥工区	合计	
1	施工便道							
(1)	新建便道	km	0.2	0.6	0.4	0	1.2	
(2)	整修便道	km	0	0	48	0	48	
(3)	改移公路	km	0	0	0.95	0	0.95	公路等级二级
(4)	便桥	座	0	0	1	0	1	
2	供电设施							
(1)	变电站	座	1	1	1	0	3	
(2)	供电线路	km	1.2	3.8	1.5	0	6.5	
(3)	发电机	台	1	1	2	0	4	
3	供水设施							
(1)	高压水池	座	1	1	1	0	3	混凝土结构
(2)	供水管路	km	0.6	1.0	1.2	0	2.8	
4	供风系统							
(1)	供风管路	km	0.6	0.4	1.2	0	2.2	
5	污水处理系统	套	1	1	2	0	4	按规定
6	生活办公房屋	m^2	1800	1730	2620	0	6150	活动板房
7	生产房屋							
(1)	混凝土拌和站	m^2	1200	1200	1600	0	4000	
(2)	砂石存放场	m^2	450	400	1600	0	2450	砖混结构
(3)	材料库	m^2	240	270	1640	0	2150	砖混结构
(4)	维修车间	m^2	120	140	1000	0	1260	砖混结构
(5)	火工品库	m^2	120	120	80	0	350	按规定
(6)	其他生产用房	m^2	2050	1980	13160	0	17190	砖混结构
8	预制厂	m^2	0	0	1600	0	1600	
9	通信线路	km	5.5	10	16.7	0	32.2	

3.2.3 机械设备配备

以下以西秦岭隧道左线隧道为例,介绍各工区机械设备配置情况,右线隧道配置同左线。

1)西秦岭隧道左线进口机械设备配置(表 3-3)

进口机械设备配置表(含店子坪斜井)　　表 3-3

设备分类		设备名称	规格、型号	额定功率(kW)	数量	用于施工部位及用电负荷(kW)							
						洞内		洞外		备用		合计	
						量	负荷	量	负荷	量	负荷	量	负荷
一	开挖设备	挖掘机	PC220		3	3						3	
		装载机	ZL50C-162kW		6	3		2		1		6	
		自卸汽车	15t	213	18	18						18	
		空压机	P950E	160	5	5	800					5	800
		空压机	ZL3.5-20/8	112	8	8	996					8	996
		作业台架	2		6	6						6	
		农用车	3t		6	6						6	
二	支护	湿喷浆机	TK500	15	8	6	90			2	30	8	30
		搅拌机	JS500	18.5	2			2	37			2	37
		拌和站	HZS75-75m^3/h	80	1			1	80			1	80
三	混凝土设备	模板台车	12m	15	4	4	60					4	60
		混凝土输送泵	HBT60	55	3	2	110			1	55	3	55
		混凝土运送车	8m^3	247	6	6						6	
四	通风	通风机	SDF-55kW×2	110	3	2	220			1	110	3	330
		通风机	SDF-75kW×2	150	1	1	150					1	150
五	电力	发电机组	BF358-250kW	250	2					2		2	
		变压器	S11-800kV·A/10/0.4		2	1		1				2	
		变压器	S11-630kV·A/10/0.4		5	1		4				5	
		变压器	S11-1600kV·A/35/0.4		2			2				2	
		变压器	S11-630kV·A/35/0.4		2			2				2	
六	抽水	抽水机	$H=150m, Q=50m^3$	55	2			1	55	1	55	2	110
七	加工设备	车床	CY6140	7.5	1			1	7.5			1	
		摇臂钻床	Z3032×10	6	1			1	6			1	6
		电焊机	BX-500	30	10	2	60	4	120	4	120	10	300
		弯曲机	H200	6	1			1	6			1	6
		锻钎机	PYZ-12	7.5	1			1	7.5			1	7.5
		钢筋加工	G40、Q40 等	109	1			1	208			1	3
八	后勤	指挥车			1			1				1	
		生活车	皮卡/客货车		2			2				2	
		生活区							200				200
合计					113	74	2486	27	727	12	370	113	3583

2）西秦岭隧道罗家理斜井机械设备配置（表3-4）

罗家理斜井机械设备配置表　　表3-4

设备分类		设备名称	规格、型号	额定功率（kW）	数量	用于施工部位及用电负荷（kW）							
						洞内		洞外		备用		合计	
						量	负荷	量	负荷	量	负荷	量	负荷
一	开挖设备	挖掘机	PC220	118	3	3						3	0
		装载机	ZL50C	162	6	3		1		2		6	
		自卸汽车	15t	247	8	6						8	
		空压机	P950E	160	6	6	960					6	960
		空压机	ZL3.5-20/8	112	9	9	1008					9	1008
		作业台架	6		6	6						6	
		农用车	3t		6	6						6	
二	支护设备	湿喷浆机	TK500	15	6	5	75			1	15	6	90
		混凝土喷射机	PZ-6t	5.5	3					3	16.5	3	16.5
		搅拌机	JS500	18.5	2			2	37			2	
		搅拌站	JS750×2	30	2			2	60			2	
		配料机	PL1200	7.5	2			2	15				
三	混凝土设备	模板台车	12m	15	1	1	15					1	15
		混凝土输送泵	HBT60	55	1	1	55					1	55
		混凝土输送车	$8m^3$	247	3	3						3	
四	通风	通风机	SDF-55kW×2	110	1	1	110					1	110
		通风机	SDF-75kW×2	150	2	2	300					2	300
		通风机	SDF-132kW×2	264	2			2	528			2	528
五	电力	发电机组	BF358-250kW	250	2					2		2	
		变压器	S11-800kV·A/10/0.4		2			2				2	
		变压器	S11-2500kV·A/35/0.4		1			1				1	0
		变压器	S11-630kV·A/10/0.4		3	3						3	0
六	排水	抽水机	$Q=160\sim192L/s, H=150m$	110	2	2	220					2	220
		抽水机	$Q=155\sim190L/s, H=214m$	160	2	2	320					2	320
七	加工设备	车床	CY6140	7.5	1			1	7.5			1	7.5
		摇臂钻床	Z3032×10	6	1			1	6			1	6
		电焊机	BX-500	30	12	4	120	6	180	2	60	12	300
		弯曲机	H200	6	1			1	6			1	6
		锻钎机	PYZ-12	18	1			1	18			1	
		对焊机	UN1-75	100	1			1	100			1	100
		钢筋加工	G40、Q40等	9	3			2	6			1	3
八	后勤	指挥车			1			1				1	
		生活车	客货车		2			2				2	
		生活用电							200				
合计					103	63	3183	28	1163		682	103	4045

3）西秦岭隧道左线出口机械设备配置（表3-5）

西秦岭隧道出口机械设备配置　　表3-5

设备分类		设备名称	规格、型号	额定功率（kW）	数量	用于施工部位及用电负荷（kW）							
						洞内		洞外		预制厂		合计	
						量	负荷	量	负荷	量	负荷	量	负荷
一	开挖设备	TBM	ϕ10.20		1	1							
		皮带输送机	1000mm	1600	2	2	800						
		牵引机车	25t	171	10	10							
		人车			4	4							
		挖掘机	PC220	118	2	2							
		装载机	ZL 50C	162	4	2		1				1	
		自卸汽车	15t	213	15			15					
		空压机	P950E	160	2	2	320	4	528				
		作业台架	2		2	2							
		农用车	3t		2	2							
二	支护	湿喷浆机	TK500	15	3	3	45					3	45
		混凝土喷射机	PZ-6t	5.5	3	2	11	1	5.5			3	16.5
		搅拌站	HZS50-60m³/h	40	1			1	40				
		拌和站	HZS75-90m³/h	90	1			1	90				
三	混凝土设备	模板台车	14.5/16.3m	15	3	3	45						
		混凝土输送泵	HBT60	55	3	3	165					1	55
		混凝土输送车	6m³		5	5							
		平板车			5	5							
		仰拱块车			9	9							
四	通风	通风机	315kW×3	315	3	3	945						
		通风机	SDF-110kW×2	220	2	2	440						
五	电力设备	发电机组	BF358-250kW		2			2					
		变压器	S11-2000kV·A/10/0.4	1	1								
		变压器	S11-1600kV·A/10/0.5	1	1								
		变压器	S11-800kV·A/10/0.6	2	2								
		变压器	S11-630kV·A/10/0.6	2			2						
		变压器	S11-400kV·A/10/0.7	1			1						
		变压器	S11-250kV·A/10/0.8	1			1						
		变压器	S11-200kV·A/10/0.9	3	3								
六	排水	抽水机	100D45×7	75	4	2	150					2	150
七	后勤	指挥车			1			1					
		生活车	客货车		2			2					
合计					58		1500		701		901		2696

3.2.4 出口TBM施工现场平面布置图

西秦岭隧道出口工区TBM施工场地布置见图3-3。相关场地见图3-4、图3-5。

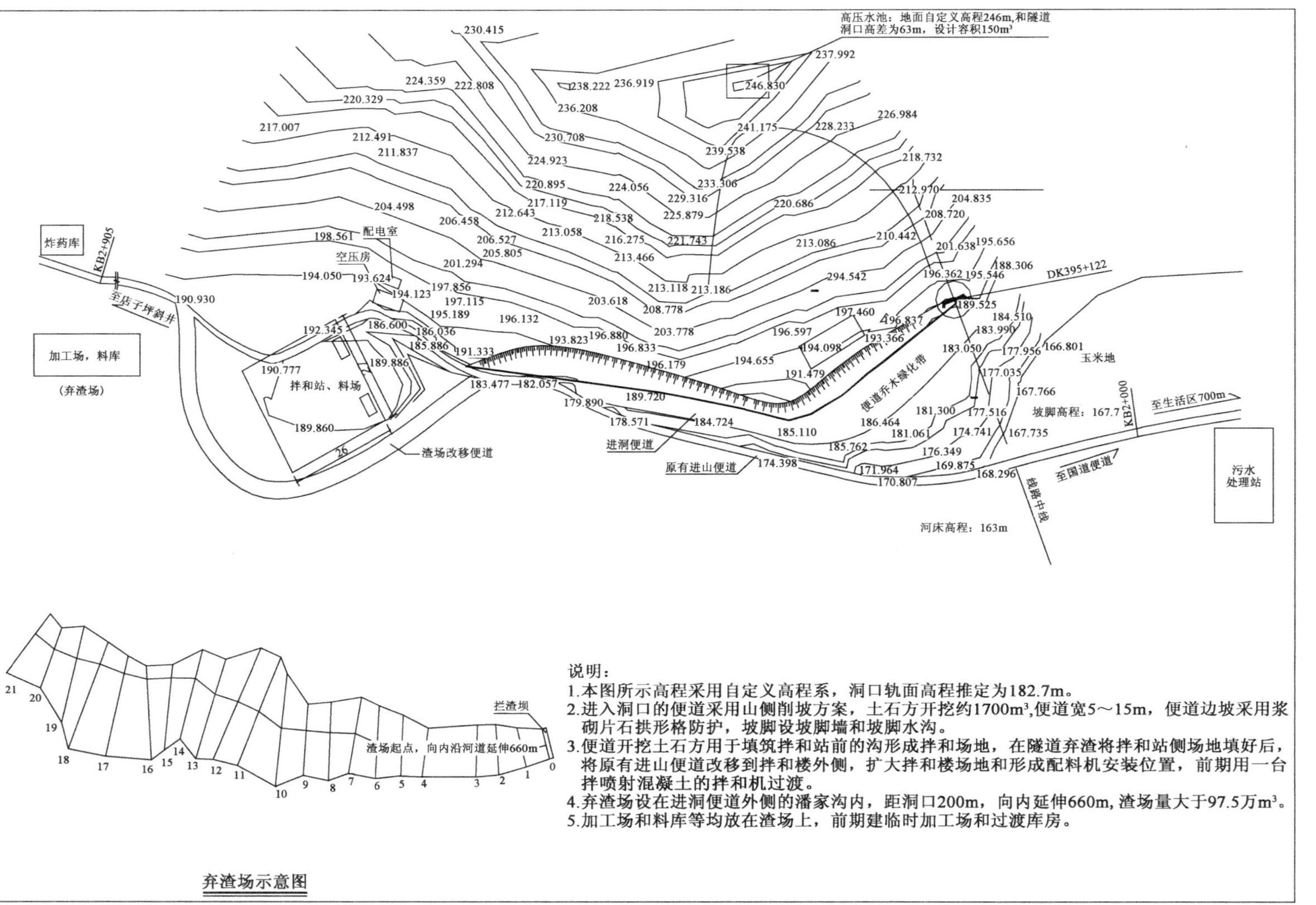

图3-3　出口工区TBM施工场地布置图

图 3-4　西秦岭隧道左右线 TBM 拼装场地实景图

图 3-5　西秦岭隧道左右线仰拱预制场及辅助场地实景图

3.3　TBM 段施工专项措施及重难点

TBM 施工段 TBM 掘进、连续皮带输送机出渣和同步衬砌施工是本工程的重难点。

由于本工程隧道连续掘进距离长、工期紧张，为提高施工作业效率，采用连续皮带输送机出渣，同时，在 TBM 掘进期间需要配置两个衬砌工作面同步衬砌施工。施工过程中，在掘进的同时，台车如何顺利穿越出渣皮带输送机及相关管线，如何减少相互干扰，既保证掘进速度，又保证衬砌施工质量是本工程的重点，也是本工程能否安全、保质、按期完成的重大难点之一。

1）施工专项措施

连续皮带输送机出渣、同步衬砌作为本施工领域目前尚待完善的施工技术难题，施工技术难度大、施工干扰大、工期风险大，因此施工拟采取主要措施如下。

（1）结合西秦岭隧道模板台车的技术成果，针对本项目的具体要求，做好科研攻关，主要解决衬砌台车的施工配套设计、皮带输送机通过台车的设计、TBM 通风管通过设计、电缆电线通过设计、可靠的运输系统设计。

（2）为了保持 TBM 运输组织顺畅并保证混凝土连续灌注，在台车前后设置渡线道岔和菱形道岔，降低车辆调度难度，确保混凝土浇筑占道时 TBM 施工运输不受影响。

(3)优化施工组织,强化调度职能,切实抓好TBM掘进施工的运输组织,确保施工运输顺畅,杜绝衬砌和掘进的车辆运输干扰。

(4)加强施工过程管理,做好过程跟踪调研,不断优化模板台车的结构和功能设计,完善施工工艺。由于TBM同步作业台车施工无现成的施工经验可以借鉴,将在施工初期详细观察和记录每一个施工工序出现的事先未曾预料到的新情况和新问题,及时加以总结和完善。

2)TBM掘进、连续皮带输送机出渣和衬砌同步施工是本工程的重难点之一

为确保本工程总工期目标,西秦岭隧道TBM掘进需与衬砌同步施工,采用连续皮带输送机出渣的TBM掘进与衬砌同步,当时在国内外尚属首次(中天山隧道施工时采用矿车出渣),是本施工领域目前尚待完善的施工技术难题,存在科技含量高、施工技术难度大、施工过程中干扰大、施工组织难度大、工期风险大挑战。在保证施工安全的前提下,如何减少相互干扰,既保证TBM快速掘进施工,又保证衬砌施工质量是本工程的难点,也是本工程能否安全、保质、按期完成的重大难点之一。

3)大直径TBM长距离掘进,设备管理是重点

西秦岭隧道施工采用的TBM直径达10.2m,且TBM独头掘进距离超过15km;为确保总工期,采用连续皮带输送机出渣与衬砌同步施工方案,做好设备管理工作,保证设备的利用率和完好率是确保本工程顺利实施的重点。

(1)建立完善的TBM管理组织机构。

对于大型施工机械设备的管理必须制定详细、规范、科学的组织管理体系,实行系统化管理。实行以设备物资部长为主的设备管理体系,“点、线、片、面相结合,整体管理,逐层负责”。机械主管工程师对TBM设备管理全过程负责,对各系统实行工程师负责制,机械工程师、电气工程师、刀具工程师、状态检测工程师共同组成TBM设备管理体系,并成立主机组、电气组、液压组、后配套组、刀具组和状态检测组,负责TBM机的管、用、养、修工作。并根据职责和岗位分工,进一步完善和规范机械设备管理制度和技术细则。

(2)制定详细的TBM的管、用、养、修制度。

①根据TBM施工的特点,制订如下制度:

a. TBM综合管理制度。

b. TBM使用安全操作规程。

c. TBM维修保养制度。

d. TBM油水管理制度。

e. TBM状态检测制度。

f. TBM配件管理制度。

g. TBM刀具维修保养管理制度。

②对TBM的使用及维修保养人员进行培训,经考试合格后持证上岗,实行岗位责任制,实行“二定三包”,即:定人、定岗,包保管、包使用、包维修保养。

③建立TBM履历簿、运转记录、状态监测记录、维修保养记录,实行TBM的表格化管理。

④对TBM进行成本管理,详细记录和考核油料消耗、配件消耗、电力消耗、设备完好率考核、设备利用率考核等工作,总结和积累TBM的使用成本分析。

(3)使用合格的操作、维修、保养人员,进行技术培训。

①选派施工单位具有丰富TBM管理、操作经验的人员参与本工程的施工,并根据工程需要派TBM管理和操作人员赴国外TBM制造商处进行理论和技术培训。

②对TBM操作、维修、保养人员进行培训,使其做到"三懂四会"(懂构造、懂原理、懂性能,会使用、会保养、会检查、会排除故障)。

③对TBM操作司机,使用具有相应资格技术人员担任。

(4)采用TBM状态检测技术。

通过对TBM状态监测与故障诊断,结合铁谱、光谱分析对设备故障及故障发展趋势做出诊断及预报,中铁隧道集团已在十余年来TBM、盾构施工中,建立了比较合理的企业诊断标准;对旋转机械故障的诊断和油液的磨粒研究也具有一定的经验,特别对电机轴承的振动频谱监测、液压油的污染磨损分析具有一定的成效。

通过对TBM各设备的润滑油、液压油进行铁谱、光谱、污染度、黏度、水分、斑点等的分析,可以有效监控机械部件和液压元件的磨损情况,对旋转机械进行的振动频谱分析、噪声、温度等的监测,对液压设备进行的压力、流量监测,可以对设备的运转状况进行比较快速、准确的现场判断,避免了机械设备维修的盲目性,延长TBM设备的使用寿命。

在西秦岭特长隧道施工中,持续开展TBM状态监测与故障诊断技术工作,并在原有的基础上更上一个台阶,为TBM的正常施工"保驾护航"。开展的具体工作如下:

①运用TBM设备检测技术成果,推广和运用"TBM状态监测和故障预报专家系统"。

②完善状态检测体系,配合指导维修保养工作。

(5)确保TBM的维修保养及监督。

①除施工特别原因外,每日都安排一定时间对TBM进行维修保养工作,主要是检查、清洁、润滑。

②实行日常保养及定期保养相结合的维修保养体系。

③依据TBM制造商提供的TBM维修保养说明书进行维修保养。

④推广TBM维修技术成果,积极推行现代维修新工艺、新技术,提高零部件的维修质量和维修精度。

⑤每月对TBM各系统进行评审,特别是对盾尾密封系统进行详细的评估;对设备的管、用、养、修各环节的状态进行充分评审,总结当月设备管理状况,提出相应措施,将下月维修计划和生产计划一并下达。

(6)做好配件管理工作。

①建立和完善"TBM配件管理制度"。

②建立高效完备的TBM配件供应系统。

③安排工程师进行TBM配件管理工作。

4)隧道掘进距离长,斜井施工段需穿插施工,施工通风是重点

西秦岭隧道出口段TBM掘进距离超过15km,隧道进口店子坪斜井工区的左右线正洞需多次穿插施工,且为不同施工单位同时施工,在确保施工安全的前提下,如何有效做好施工通风,保证施工环境条件,达到快速施工是本工程施工的重点之一。

(1)通风方式选择。

西秦岭隧道第一、二阶段施工通风均采用压入式通风,第三、四阶段施工通风均采用压入

式与巷道式相结合的通风方式。

经计算，在正洞内一台 SSF-No16 射流风机产生的压力为 18.25Pa，在店子坪斜井内一台射流风机产生的压力为 40Pa，在平导内一台射流风机产生的压力为 45Pa，经计算，第二阶段所需射流风机为 4 台，第三阶段进出口工区所需射流风机均为 5 台。

(2)通风设备选择及配置。

轴流风机的选择主要由所需风量和所选风管参数计算的风压确定，射流风机的选择主要是由轴流风机所需要的总风量及总风量所经路程的总阻力确定；风管全部采用中铁隧道局集团研制并获国家专利的新型软风管，通风设备及管材参数见表 3-6。根据各工区独头通风的长度及采用压入式与巷道式相结合通风时其风流所经路程的长度，可得各工区的主要通风设备数量见表 3-7。

主要通风设备及管材参数表　　表 3-6

名称	型号	技术参数			
		速度(r/min)	风压(Pa)	风量(m^3/min)	功率(kW)
轴流通风机	SDF(C)-No12.5	高速	1378 ~ 5355	1550 ~ 2912	110 × 2
		中速	629 ~ 2445	1052 ~ 1968	34 × 2
		低速	355 ~ 1375	840 ~ 1475	16 × 2
射流风机	SSF-No16			3727.6	55
拉链式软风管	ϕ1500mm、ϕ1800mm、ϕ2200mm	平均百米漏风率 0.015，摩阻系数 0.01 ~ 0.02，风管单节长度 100m			

各工区所需通风设备及风管数量表　　表 3-7

名称	风机型号	数量(台)	风管型号	数量(m)
进口工区	SDF(C)-No12.5	2 台，另备用 1 台	ϕ1500mm	3665
			ϕ1800mm	6750
	SSF-No16	5 台，另备用 1 台		
出口工区	SDF(C)-No12.5	3 台，另备用 1 台	ϕ2200mm	9300
	SSF-No16	5 台，另备用 1 台		

(3)通风布置。

通风布置如图示，共分三个阶段。

第一阶段：在施工前期，进口、出口、斜井施工通风均采用压入式通风，其通风布置见图 3-6。

第二阶段：当左线进口与店子坪斜井贯通后，进口采用压入式与巷道式相结合的通风方式，新风通过射流风机由正洞引入，然后由轴流风机通过风管送到各作业面，污风由各作业面经店子坪斜井排出洞外；出口与罗家理斜井工区作业面用压入式通风。

第三阶段：当 TBM 与罗家理斜井贯通后，进口、出口采用压入式与巷道式相结合的通风方式，新风通过射流风机由正洞引入，然后由轴流风机通过风管送到各作业面，污风由各作业面经店子坪斜井、罗家理斜井排出洞外。

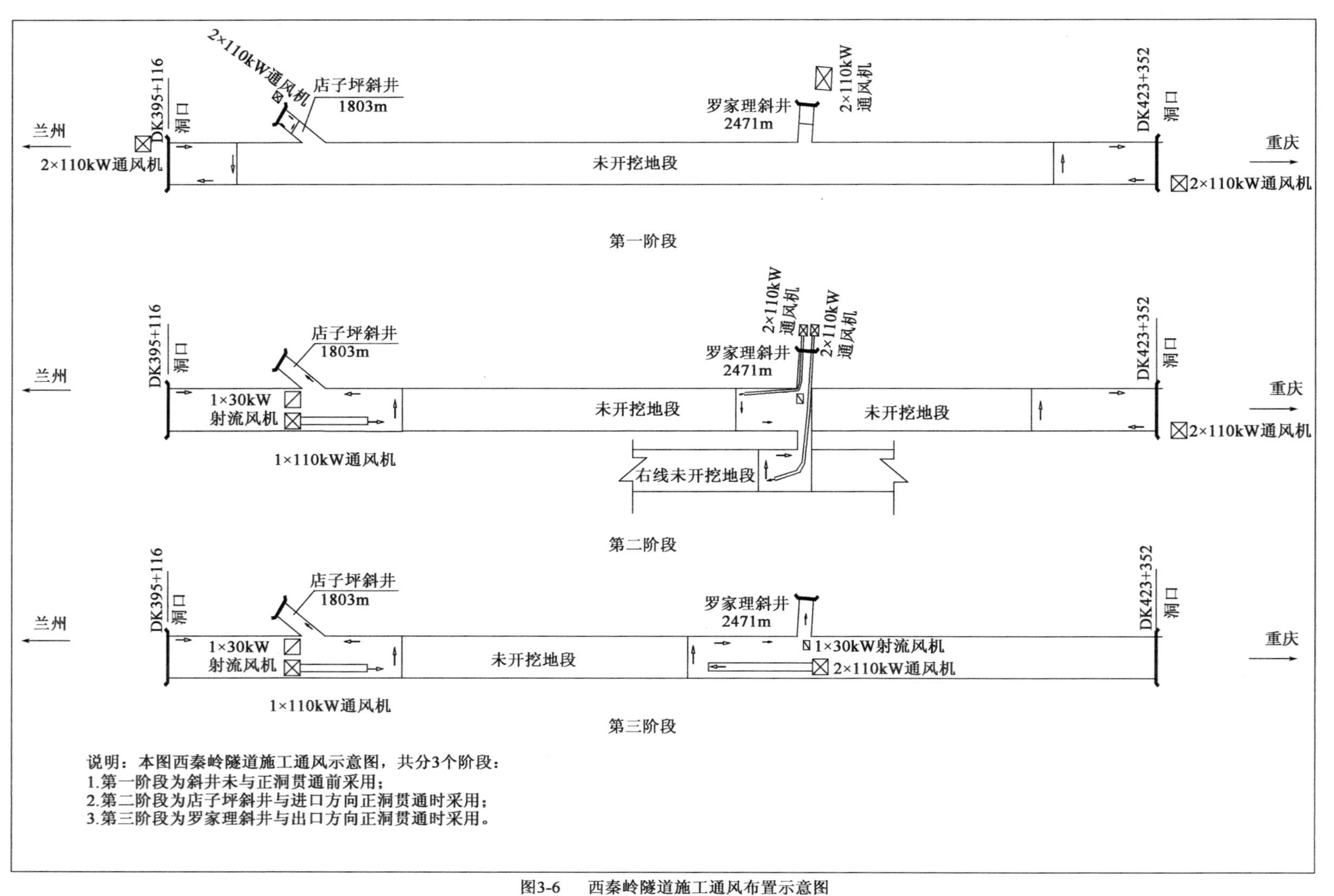

图3-6　西秦岭隧道施工通风布置示意图

(4)施工通风管理。

①由专业队伍进行现场施工通风管理和实施,风管安装必须平、直、顺,通风管路转弯处安设刚性弯头,并且弯度平缓,避免转锐角弯,以减小管路沿程阻力和局部阻力,并且要加强日常维修和管理。

②必须配有专业技术人员对现场通风效果进行检测,根据检测结果及时优化通风方案。

③必要时可以根据检测结果及时对通风系统做局部调整,必须保证洞内气温不得高于28℃,一氧化碳(CO)和二氧化氮(NO_2)浓度在通风30min后分别降到30mg/m^3和5mg/m^3以下,以满足施工需要。

④风机必须配有专业风机司机负责操作,并做好运转记录,上岗前必须进行专业培训,合格后方可上岗。

⑤电工定期检修风机,及时发现和解决故障,保证风机正常运转。

⑥不用的横通道要及时封闭,设有风门的横通道要加强风门的管理,以减少污风循环对通风效果的影响。

5)隧道不良地质段的隧道防坍是重点

由于本工程地质条件复杂,隧道通过1条区域性断裂和3条次级断裂,不良地质主要有泥石流、岩溶、涌(突)水、高地温等,不良地质段施工和隧道防坍是本工程的重点之一。

6)施工区域环保要求高,隧道施工工作面多,环境保护是重点

隧道施工地区有国家自然保护区、甘肃省自然保护区、国家重点文物保护单位、甘肃省一级水源保护区和国家一、二级野生动植物保护区,环保、水保要求很高,也是本工程施工管理的重点之一。

3.4　TBM施工的辅助工程

主要内容:洞外场地布置原则和建设要求、预制厂建设及管片、预制块生产要求,TBM施工用电(包括TBM专线、TBM辅助设施供电)、供水、通风和常规排水要求等。

3.4.1　洞外场地布置原则和建设

1)洞外场地布置原则

(1)洞外施工场地宜集中布置在洞口附近位置,洞口周边场地不足时,可分区布置。多工点共用的拌和站、加工厂、预制构件厂等辅助工程应结合运输条件、场地条件合理布置。

(2)采用有轨运输时,供料应确定洞外备料线、编组线和其他作业线的布置,出渣应确定洞外出渣线、翻渣设施的位置及存渣场地。

(3)采用连续皮带输送机出渣时,应确定洞外分渣设施的位置及存渣场地。

(4)施工场地应尽量采用混凝土硬化,场地内功能区域划分明确。合理布置行车道路,方便场地内运输调度。

(5)场地施工前将场地内各构筑物及管线位置及结构进行仔细设计,形成详细的场地布置图,统筹规划好洞外施工场地。已有施工图的应提前进行图纸会审,不满足施工要求的应提前进行变更。

2)场地建设要求

(1)场地建设应因地制宜,面积应满足施工生产需要。

(2)场地地基应具有一定的地基承载力,满足在其上修建结构物的承重要求,不满足要求时要进行地基处理。施工场地内应设置截、排水设施,防止场地内积水。

(3)场地内特殊结构厂房应根据结构功能进行单独设计,按照设计进行基础及房屋结构施工。有特殊要求的应对场地地基基础进行加固处理,如龙门吊走行基础、TBM 洞外组装场地组装区基础处理及结构设计等。

(4)若场地内有桥涵工程,根据施工组织确定墩台施工时间,场地与墩台有冲突时应制定墩台防护措施,并应验算通过。

(5)场地范围的供电、供水管路尽量采用直埋方式埋于场地下,并按一定距离设置检查维修井,做好防冻措施。有条件的应设置管沟,将供水供电线路布设于管沟内,方便检查维修。

(6)单台掘进机施工场地规模应根据施工现场洞口地形条件、工程工期要求及造价、设备尺寸及工作条件等因素综合确定,可按表 3-8 选择。

单台掘进机施工场地规模 表 3-8

序号	辅助工程	规模	是否设置厂房	备注
1	拌和站(含料仓)	10000m^2	是	
2	加工厂	4000m^2	是	
3	维修车间	500m^2	是	
4	配件库房	600m^2	是	
5	刀具修理、存储车间	400m^2	是	
6	中心试验室	1200m^2	是	
7	材料库房	2000m^2	是	
8	转渣场地	1000m^2	否	皮带输送机
		2400m^2	否	有轨编组出渣
9	锅炉房	200m^2	是	
10	变配电站	1000m^2	是	
11	洞外组装场地	3200m^2	否	整体组装
12	高位水池	300 ~ 600m^3	否	
14	构件预制厂	6000m^2	是	仰拱块
15	构件存放区	5000m^2	否	
16	有轨运输编组区、备料区	2000m^2	否	
17	油库及火工品库房	1200m^2	是	
18	设备充电区	800m^2	是	
19	办公、生活区	10000m^2	是	

3.4.2 仰拱预制厂建设

采用开敞式硬岩掘进机掘进施工，且仰拱采用预制方式，根据掘进速度及工程规模提前建设仰拱块预制厂，以满足 TBM 步进和掘进时铺设仰拱块的进度要求。

1)功能区域设置

仰拱预制厂按照功能不同，划分为钢筋加工区、预制块生产区、室内静养区和配套设施 4 个部分。根据各功能区域承担的施工任务不同，为便于各个工序的紧密连接，仰拱预制厂各功能区域布置如图 3-7 所示。这种平面布置形式按生产流程安排，各功能区之间没有交叉施工，避免了相互之间的干扰，有利于流水作业。

2)钢筋加工区

钢筋加工区主要承担钢筋的进场与储存、切断、弯曲、弯弧、半成品分类堆码存放、钢筋网片焊接、钢筋笼组装、成品堆放等任务。钢筋笼制作在预制厂钢筋加工区内统一下料加工，加工时在组装胎模上拼装并焊接成形。

钢筋加工区按照钢筋原材料存放区、钢筋加工及半成品存放区、钢筋网片焊接及钢筋笼组装区、待检钢筋笼存放区、已检钢筋笼存放区及钢筋边角料存放区进行分区管理，各区之间采用标线分隔，各分区均采用标识牌醒目标识。原材料存放区应满足重载汽车进出的要求，装卸区应采用标线与其他区域醒目分隔。加工区应配备小型吊装设备 1 套，配合钢筋进场下车直至加工成形投入生产使用。

钢筋加工区布置见图 3-8。

3)室内静养区

室内静养区主要功能是仰拱预制块脱模后的室内翻转和静养，夏季施工时还应进行喷淋养护，设在预制块生产区的一侧，宽度应比仰拱块宽度大 0.5m，底部坡度 10%，喷淋产生的流水汇入预制块生产区排水沟。

4)配套设施

配套设施主要有 HLS90 型拌和站、空压机房、锅炉房、变压器房、厂房外预制块存放区、燃煤存放区等，附属设施建设位置依附于主功能区，使其与主功能区能够方便连接。

5)厂房建设

(1)厂房基础要求。

根据厂房内生产及设备需求计算厂房地基基础承载力及沉降要求，特别是其中吊装设备对基础的要求，并对现场地基进行实测，不满足要求时对基础进行处理，并对厂房基础进行特殊结构设计，避免因局部沉降造成厂房基础失稳，影响厂房结构安全和设备正常运行。

(2)厂房高度确定。

仰拱预制块生产主要采用龙门吊或天车作为主要吊装设备配合仰拱块起吊转运。厂房高度确定需要考虑吊装设备尺寸、吊装物尺寸、吊具尺寸、操作空间尺寸及设备上部与厂房顶高度等因素的影响。现以兰渝铁路西秦岭隧道仰拱块厂为例，预制厂采用 1 部 25t 天车配合生产施工，预制块翻转机在作业时通过钢丝绳悬挂在天车吊钩上，通过吊钩的提升从而带动翻转机上升来完成预制块的脱模，因此在厂房建设时必须保证其建设高度能够满足翻转机作业的空间需要。

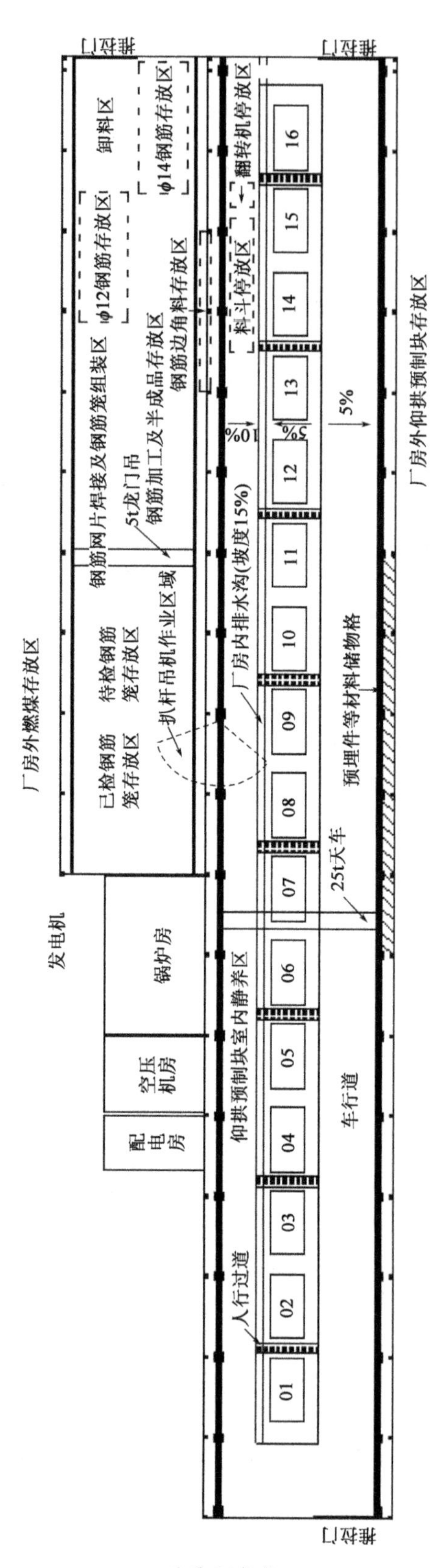

图3-7　仰拱预制厂各功能区域布置

图 3-8　钢筋加工区布置

对于采用空中翻转技术进行仰拱预制块脱模和翻转的仰拱预制块生产线厂房(图 3-9),其建设高度应满足:

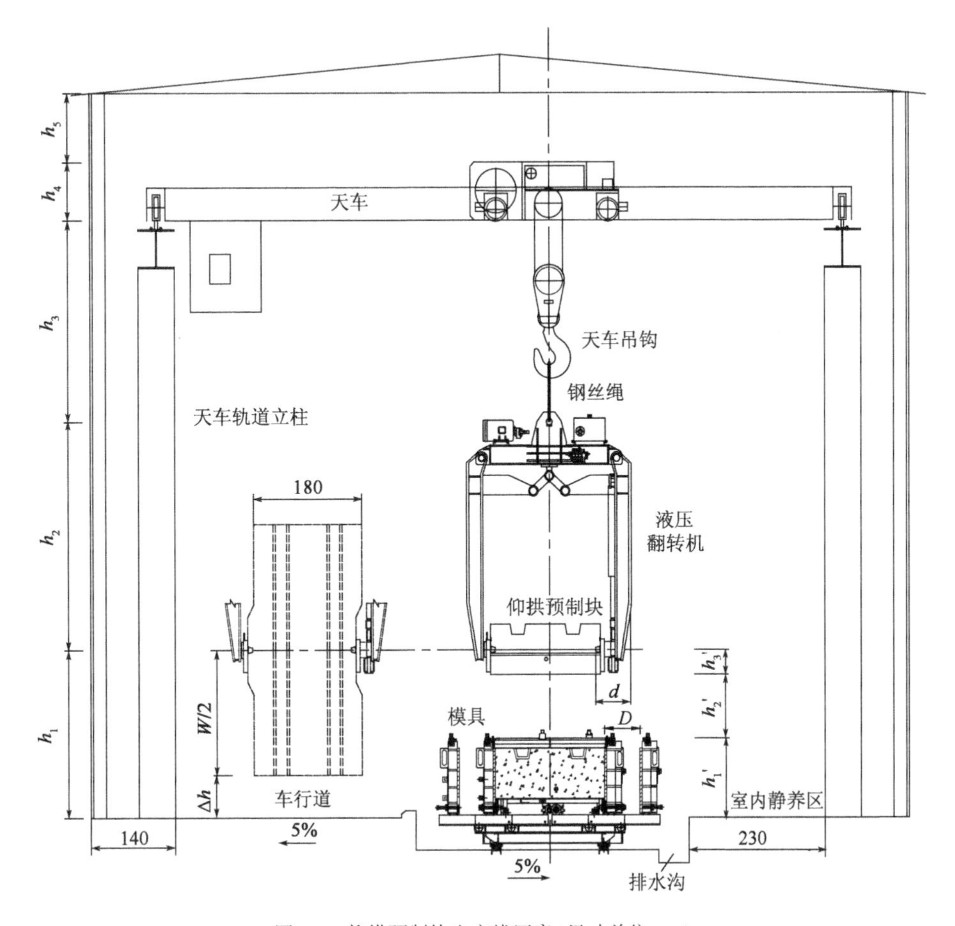

图 3-9　仰拱预制块生产线厂房(尺寸单位:cm)

$$H = h_1 + h_2 + h_3 + h_4 + h_5$$

式中：H——厂房高度；

h_1——液压起吊翻转机作业高度；

h_2——液压起吊翻转机高度；

h_3——天车吊钩及连接翻转机用钢丝绳可活动高度范围；

h_4——天车高度；

h_5——天车距厂房顶棚安全高度。

同时，还应满足：

$$h_1 = W/2 + \Delta h = h'_1 + h'_2 + h'_3$$

式中：W——仰拱预制块宽度；

Δh——液压起吊翻转机作业距地面安全高度；

h'_1——模具高出地面部分高度；

h'_2——液压起吊翻转机脱模后距模具顶部安全高度；

h'_3——1/2 仰拱预制块厚度。

(3)排水、防水、通风及应急照明系统。

在厂房设计过程中，除满足厂房的功能性要求外，还应考虑厂房的排水、防水、通风及应急照明系统，保证厂房连续正常运转。

排水系统包括厂房内排水系统和厂房外排水系统两部分。厂房内排水以预制块生产区主排水沟为中心，厂房内各功能区基础以一定坡度向排水沟汇水。厂房外排水沟沿厂房建筑外轮廓周边设计，位于厂房顶棚屋檐下方，根据汇水面积及排水要求确定排水沟尺寸，水沟顶部一般设置雨箅子，主要排放自然降雨及室内排放到厂房外排水沟内的流水。

厂房的防水工作主要是针对钢筋加工区，其内带电设备较多，且钢筋、胎膜等均为导体，如果地面渗入雨水，就只能暂停钢筋作业，以免作业人员触电。厂房外墙采用彩钢板，墙体与地面之间必定会留有空隙，因此在墙体安装完毕后，墙体与地面之间应灌入沥青并确保沥青饱满。墙体上窗户位置窗户四周也应用密封胶封紧，防止雨水较大时浇到墙面后沿缝隙渗入厂房内。

厂房顶棚的隔水性是厂房防水的重点，在建设过程中应加强顶棚的施工精度管理，确保棚板之间良好咬合并有一定的重叠。对于运输过程中出现的掉漆等情况应及时修补，以防使用过程中锈蚀穿透而造成漏水。

仰拱预制厂的厂房一般采用全封闭结构，整体保温性良好，以满足仰拱块生产需要。施工时厂房内温度可达到40℃以上，厂房内钢筋加工产生的有害气体无法向外界释放，应采取必要的通风措施。即在钢筋加工区墙体上安装换气扇，加强通风，在保证室内温度的同时，降低有害气体浓度。

应急照明系统及发电设备在厂房建设时也应一同考虑，以应对停电情况。

3.4.3 预制块生产

仰拱预制块施工生产工艺流程如图 3-10 所示。

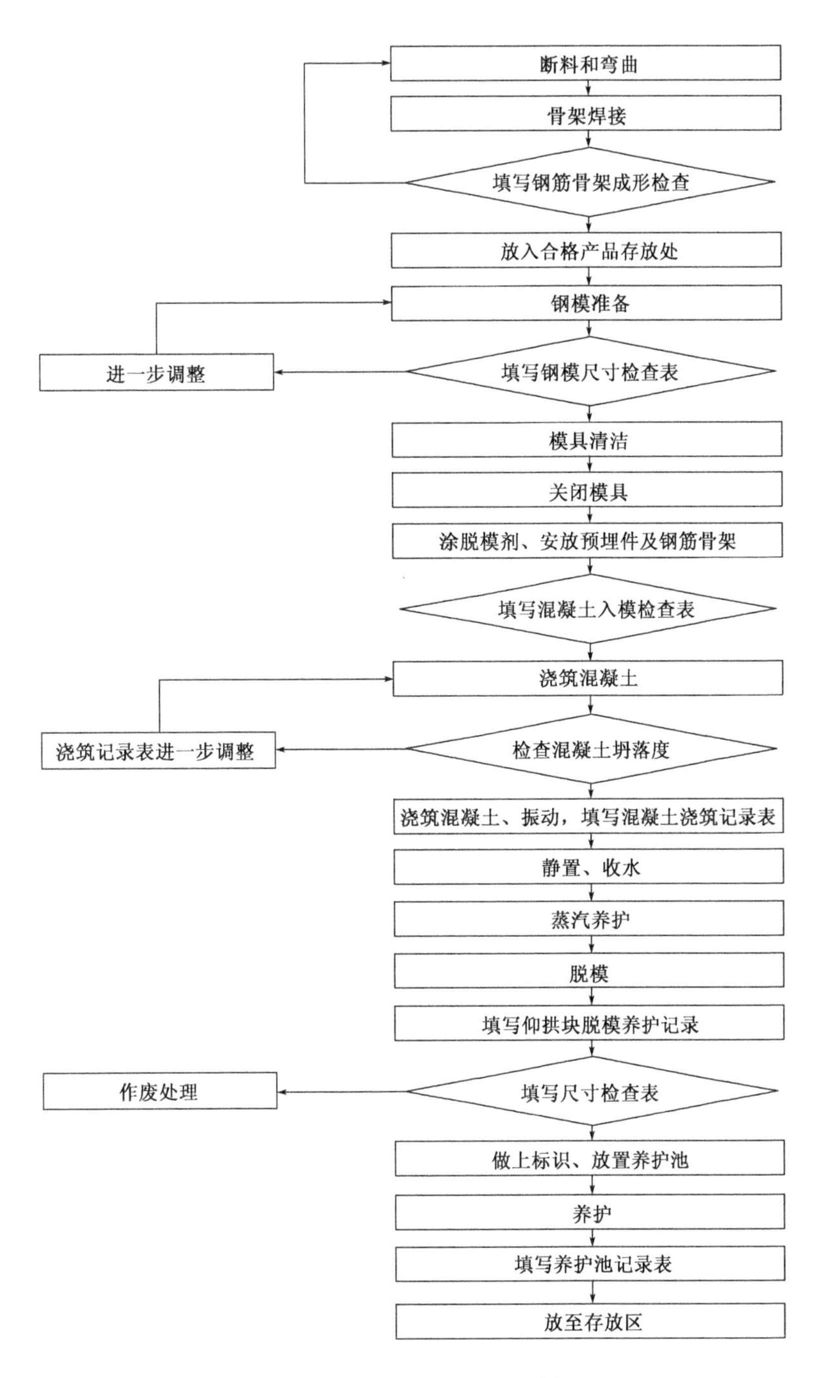

图3-10 仰拱预制块施工生产工艺流程

1)钢筋制作技术要点

(1)钢筋笼制作靠模采用钢模形式,精度更高;两端固定,使钢筋骨架在加工时两端始终处于受控状态,充分保证钢筋骨架端面在同一直线,使钢筋骨架入模后保护层均匀。

(2)钢筋骨架制作严格按图纸要求翻样、断料成形,不随意更改,半成品分类挂牌堆放。

(3)钢筋单片及骨架成形均采用低温焊接工艺或点焊,不得使用绑扎,焊接操作工经过培训,考核合格后凭证上岗。

(4)进入断料和弯曲成形阶段的钢筋必须是标识合格状态的钢筋。

(5)钢筋单片及成形骨架必须在符合设计要求的靠模上制作。

(6)钢筋骨架须焊接成形,焊缝不出现咬肉、气孔、夹渣现象,焊缝长度、厚度均符合设计要求,焊接后氧化皮及焊渣必须清除干净。

(7)利用钢筋短料时,一根结构钢筋不得有两个接头。

2)混凝土浇筑的施工技术要点

(1)模具检查。

①每只模具的配件必须对号入座(模具和配件均应编号)。

②模具彻底清理,混凝土残渣全部铲除,并用高压风吹净与混凝土接触的模具表面,清理模具时不用锤敲和凿子凿,应沿其表面铲除,严防模具损坏。

③模具清理后需涂刷高效脱模剂,脱模剂应均匀涂刷,不出现积油、淌油现象。

④在模具合拢前查看模底与侧模接触处是否干净,然后合上端头板及两侧板,拧定位螺栓,先中间后两头,打入定位销。

(2)钢筋骨架入模及安装各预埋件。

①钢筋置于模具平面中间,其骨架周边及底面按规定位置和数量安置塑料垫块,垫块符合设计规定的保护层厚度。

②安装压浆孔及拼装预埋件时,其底面必须平整密贴于底模上。

③所有预埋件按照设计要求准确到位,固定牢靠,以防在振捣时移位。

④钢筋上不得有黄油和模板油等杂物。

(3)混凝土拌和。

①上料系统计量装置,按规定定期检验并做好记录,在搅拌中若发生称料不准或拌料质量不能保证时,必须停止搅拌,检查原因,调整后方可继续搅拌。

②混凝土配合比经过试配,经建设单位或监理工程师确认后才能作为仰拱块制作的混凝土配合比。每次搅拌前,应根据含水率的变化及时调整配合比,并以调整配合比通知单进行混凝土拌制,不随意更改配合比。

③称量系统严格按规定的程序要求进行操作,并按规定要求对称量系统进行校验,确保称量公差始终控制在允许范围之内。

④按石子、水泥、砂的顺序倒入料斗后,然后一并倒入搅拌机中搅拌,搅拌时间应严格控制在1~2min。

⑤混凝土坍落度为4~7cm,坍落度在现场测试,按规范检测,并填写记录。

(4)混凝土浇捣。

①混凝土铺料先两端后中间,并分层摊铺,振捣时先振中间后两侧。两端振捣后,盖上压板,压板必须压紧压牢,再加料振捣。

②振捣过程中须观察模具各紧固螺栓、螺杆以及其他预埋件的情况,发生变形或移位,立即停止浇筑、振捣,在已浇筑混凝土终凝前修整好。

③为确保产品振捣质量,采取边浇筑边振捣的施工方法。实际操作振动时间根据混凝土

的流动性掌握，目视混凝土不再下沉或出现气泡冒出为止。

(5)收水、抹面。

①混凝土浇捣后，进行外弧面收水工序。

②外弧面收水，先用刮板刮去多余混凝土，使仰拱块弧面同模具外弧保持和顺与平整，后用拉尺抹平压实，用铁板油光，然后根据气温，间隔一定时间再施作仰拱块外弧面第二次收水。

(6)养护、脱模、起吊。

①套模具供热、供风为并联形式，各套模具养护温度，湿度实行集中及分点监测。

②预制块养护系采用加盖养护罩，蒸汽锅炉供热给模具下暖气片加热升温。预制块静停时间为1.5～2.5h；升温时间为1～2h，升温度不大于15℃/h；养护恒温确定为50～60℃，恒温时间为不低于4h；降温时间为1～2h，降温速度不大于15℃/h。

③脱模时，罩内温度与混凝土内部温度及与室内温度之差不大于15℃。

④脱模强度达到预制块设计强度的50%以上，即不低于20MPa。

⑤罩内湿度保持在90%以上，随时通过补充罩内蒸汽调控湿度。

(7)仰拱块脱模及室内外存放。

①预制块加热养护后，经试验室检查同龄期施工试件强度达20MPa即可通知拆模起吊，将预制块翻转后进行室内外存放。

②预制块出模应试吊，确认安全后，吊至室内存放线上存放。

③同班生产的预制块可两层重叠存放，并用木楔稳定，并做好整形及生产日期、时间编号工作。

④仰拱块脱模后在室内存放降温至室内、室外温差小于15℃后移至室外洒水养护。

⑤室外存放可三层叠放，并用木楔稳定。

⑥仰拱块强度经试验室检验合格，明确标识后方可运进洞内使用。

(8)盖板的生产。

预制厂在掘进完成前3个月完成仰拱块的生产，然后进行预制盖板施工。盖板施工按照设计尺寸利用模具预制，混凝土生产要保证钢筋位置和底板平整度。

相关施工图片如图3-11～图3-18所示。

图3-11　仰拱钢筋半成品标识区

图3-12　仰拱已检钢筋笼存放区

图 3-13　仰拱预制块模具组装

图 3-14　仰拱预制块模具组装完成

图 3-15　仰拱预制块混凝土浇筑

图 3-16　仰拱预制块脱模

图 3-17　仰拱预制块模具

图 3-18　仰拱预制块养护

3.4.4　TBM 施工用电、供水、通风和常规排水

1) TBM 施工用电

(1) 施工供电专项设计。

施工供电应进行专项设计，并符合以下要求：

①施工供电宜采用永临结合方式设计。

②掘进机供电电压宜采用20kV。

③TBM施工用电一般采用高压进洞方式接入供电，TBM应独立供电，与隧道内其他用电设备供电线路分开，防止隧道内其他设备故障影响TBM供电，造成TBM掘进时意外停机，影响施工安全。工作区照明、抽水设备应配置应急电源。常规供电宜采用380V/220V电压、TN-S接零保护系统。

（2）供电容量确定。

供配电容量应根据掘进机、连续皮带输送机及其他配套装备、办公生活、施工照明等用电总负荷确定。掘进机的组机总功率应按所选掘进机类型确定，当无资料时，可按表3-9选择。隧道连续皮带输送机功率可根据施工组织具体设计确定。

掘进机装机功率　　表3-9

掘进机直径（m）	掘进机装机功率（kW）	掘进机直径（m）	掘进机装机功率（kW）
6～7	5200	9～10	7800
7～8	6000	10～11	8500
8～9	7000	11～12	9300

注：掘进机装机功率不包括高地温、软岩大变形及高海拔等条件下的增设设备功率。

（3）供电施工。

①根据施工用电施工方案进行供电线路敷设及控制设备的安装，按照供电相关规范设置好安全设施。

②从变电站引入高压供电电缆，根据长度要求安装高压接头，高压电缆应用电缆挂钩挂设在洞壁上，距离隧道边墙基础1m以上，电缆铺设应平顺，并注意防水。

③每隔一段距离设置高压标识，要求施工机械及人员注意保护高压电缆。

④施工人员必须经过上岗培训，并持有电力特种作业操作证。

2）TBM施工用水

（1）TBM供水一般通过高位蓄水池通过供水管路引入至TBM后配套的储水箱内。蓄水池高度及容量需要根据TBM掘进的最高点高程及TBM施工用水量通过计算确定。

（2）洞内掘进机用水宜与其他供水分开供应。洞内供水管的直径及水压应与掘进机设备配套管路及要求相适应。

（3）隧道施工供水方案及设备配备应符合以下要求：

①水源的水量应满足施工需要，尽量采用软水，可蓄水利用。

②水池容量、高度应满足洞内供水所需储备量及最大水压的要求。

③采用水泵辅助供水时，宜采用变频恒压供水，且应配置备用水泵。

3）TBM施工用水

（1）TBM通风方案应进行专项设计，根据施工实际情况确定。通过计算确定通风机功率和风管直径。

（2）隧道施工过程中，每天应对洞内空气环境进行检测，若洞内空气环境不能满足施工需要时，应及时调整通风方案。

（3）隧道掘进机在整个施工过程中，作业环境应符合以下职业健康及安全标准：

①平原地区空气中氧气含量,按体积计不得小于20%。高海拔地区应符合有关规定。

②每立方米空气中粉尘容许浓度:含有10%以上的游离二氧化硅的粉尘不得大于2mg,含有10%以下的游离二氧化硅的矿物性粉尘不得大于4mg。

③有毒有害气体最高容许浓度应符合表3-10的规定。

有毒有害气体最高容许浓度 表3-10

项　目	最高容许浓度	备　注
一氧化碳	20mg/m³	平原地区,或短时间(15min)接触,或海拔位于2000~3000m
	15mg/m³	海拔大于3000m
二氧化碳	0.5%	
氮氧化物(换算为 NO_2)	5mg/m³	

④隧道内作业环境温度高于28℃时,掘进机应合理配置制冷降温系统。

4)施工通风

掘进机施工一次通风供给的风量应不低于二次通风的需风量。二次通风所提供的风量除应满足设备散热和环境温度要求外,还需满足以下要求:

(1)一次通风量应根据机械、人员、风速来计算最小风量,每人供应新鲜空气不应小于3m³/min,回风风速不应小于0.3m/s。

(2)二次通风量应根据工作面、除尘、散热需风量进行核算,连接桥中部处回风速度不宜小于0.5m/s。

(3)通风设备的选择应根据隧道环境条件、职业健康要求、独头掘进长度、装渣运输方式、断面大小和通风方式等因素计算确定。高海拔地区施工通风设计应考虑海拔高度对通风阻力、风量及风压的影响。

(4)通风机的安装与使用应符合以下规定:

①一次通风机安装应满足通风设计的要求。

②通风机应保持正常运转。

③通风机前后5m范围内不得堆放杂物。

④通风机应配置应急电源。

(5)通风管安装应符合以下规定:

①通风管节长度不宜小于50m,每100m平均漏风率不宜大于1%。弯管平面轴线的弯曲半径不宜小于通风管直径的3倍。

②风管布设应做到平直、少弯、少变形、少变径。

③施工过程中应定期测定粉尘和有毒有害气体浓度。

(6)TBM施工排水:

①顺坡排水。顺坡排水是TBM施工时一般常见的排水方式,在TBM主机护盾后下方的有限空间内布置小型抽水设备,将TBM前方积水抽至TBM后配套的污水箱内,然后再通过TBM配套的污水泵站将水抽排至后方仰拱块的中心水沟内,顺坡排出洞外。

②反坡排水。

a. TBM反坡排水需要进行专门的反坡排水设计。

b. 根据洞内施工用水及涌水量配备足够的抽水设备及抽水管路。

c. TBM 上自带的抽水设备不能满足要求时,应在 TBM 上加装大功率抽水设备,满足抽水要求。

d. 根据排水设计图在洞内每隔一定距离设置抽水泵站接力抽排水。抽水泵站设置一定容量的蓄水坑或集水箱。

e. 反坡抽排水设备应根据每天最大涌水量的 1.2 倍及“一用、一备、一检修”原则配备,并根据坡度和水量设置集水箱、泵站及管路。每个泵站处应派专人值守,发现故障立即抢修。

f. 反坡排水时,电力应采用双电源供应,严禁断电。

③排水水沟断面应满足隧道渗漏水、施工用水的排放需要,排水沟应经常清理。

第4章　开敞式TBM现场运维技术及过程

TBM 是一种大型施工机械,整机解体后的大件很多,如刀盘、驱动组件等,由于质量和体积较大,对制造下线到施工现场这一过程的管控也极为重要。TBM 机械对运输方式及道路、桥梁和隧道的通过能力都有相应的要求,而一般情况下,使用 TBM 进行施工的工程往往处于山岭地区,因此运输问题更为突出。TBM 的运输应提前制定详细的运输方案、采取保障运输安全的有关措施。同时,根据施工现场组装场地的总体规划和施工进度等条件,确定 TBM 组装的总体流程,一般包括准备工作、组装作业和现场调试。

TBM 正常掘进之前需要进行 TBM 的试掘进。试掘进期间,主要检查 TBM 各部件性能及相互协调情况,对各设备进行磨合,使其达到最佳状态,具备正式掘进能力。

4.1　TBM 运输进场

1)进场运输介绍

兰渝铁路西秦岭隧道左线使用的 TBM 由美国罗宾斯公司生产,但后配套设备及后配辅助设备中的一部分由南车集团资阳有限公司生产,结构复杂,组装后的总质量达 1800 余吨,总长度 172m。

图 4-1　TBM 鞍架

TBM 的进场运输,考虑到沿线路段路基,桥梁的承载能力,选择的运输路线为成都—广元—武都区洛塘镇麻柳村—中隧集团兰渝铁路施工项目部,采用汽车直接运往施工现场。根据现场勘察,部分线路和桥梁需要加固。具体运送过程中的部分照片如图 4-1 ~ 图 4-5 所示。

刀盘部分的大件尺寸、质量分别为:6494mm × 3798mm × 1622mm, 79t; 7072mm × 2288 mm × 1521mm, 28. 5t; 6494mm × 2903mm × 1622mm, 62t。

图 4-2　TBM 侧支撑

图 4-3　TBM 机头架

图 4-4　TBM 主轴承

图 4-5　TBM 刀盘

主轴承尺寸为 ϕ6975mm × 1145mm，质量为 96.09t。

刀盘支承尺寸为 ϕ6552mm × 880mm，质量为 64t。

2）TBM 进场设备的运输组织工作

为保障 TBM 进场设备的运输安全，成立 TBM 运输协调小组，负责协调 TBM 整个运输工作，并多次召集会议，与供货商一起进行阶段性的布置。

TBM 的大件运输工作采取招标的方式，对参与投标单位的综合实力、企业的信誉、资质和响应程度等进行考核。在整个运输过程中，承运单位必须做到安全、优质承运设备。

3）TBM 进场设备运输安全事项

将 TBM 大型部件安全无损、保质保量地按期运抵西秦岭隧道出口 TBM 工地，这在运输合同中加以确认，在整个运输过程中，承运方必须严格执行。承运方在投标前和中标后必须踏勘运输线路，对沿途桥、涵、路况、排障等有碍于安全运输的路段，同沿途省（自治区、直辖市）、市公路、交警等部门协商，并努力寻求沿途交警部门支持和帮助，事先拟定多套处置方案。对桥涵加固、路面排障，提前作好准备，使 TBM 大件在通过沿途省、区、市时，及时得到帮助和支持。争取当地交警主动配合，为通行路段疏通道路，保驾护航。

4.2 TBM现场组装与调试

4.2.1 TBM基本情况

1)现场组装条件

由于洞口组装场地狭小,不能进行TBM整机的组装,只能在洞口进行主机至1号桥架的组装工作,吊装设备为一台150t×2行吊以及一台50t汽车吊。该行吊的大车行走范围为50m,行吊跨度为20m,其最大提升高度为15m。2号桥架与后配套拖车将在位于出口对面的仰拱块生产场地内进行组装,吊装设备为2台20t行吊和一台25t汽车吊。主机组装场地与后配套台车组装场地之间用一座军便梁连接。

2)TBM基本参数

TBM直径10.2m,整机全长180m,整机质量为1800t。大件部件主要是刀盘和机头架(含主轴承)。刀盘直径为10.2m,质量为275t;机头架尺寸为7m×7.5m,质量为161t。

4.2.2 组装方案

1)总体组装方案

鉴于场地以及吊装设备的具体情况,并考虑步进各工序衔接,TBM总体组装方案如下:

(1)在洞口组装场地内将TBM主机和1号桥架组装完毕。由于洞口场地狭小,先将刀盘与主机部分运到工地,在刀盘安装到主机上进行焊接且主机安装基本结束时再将1号桥架运到工地。

(2)在后配套组装区域内,按从前到后的顺序组装2号桥架到7号拖车。分别用机车将2号桥架和各拖车、后部斜坡段及道岔推过军便桥与TBM主机组装连接。

(3)在军便桥上进行TBM上各管路和线路的连接。连接、调试完成后,TBM整体步进。

2)TBM主机组装

(1)刀盘前支撑安装。

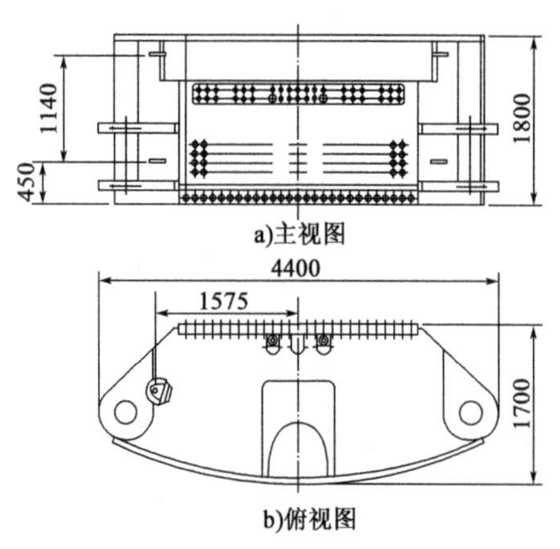

图4-6 前支撑结构(尺寸单位:mm)

将步进用弧形钢板吊至指定位置,然后将刀盘垂直前支撑吊运到弧形钢板上,并在两侧加支撑焊接固定。在吊装垂直前支撑之前,需将刀盘放置在垂直前支撑安装位置之前,且必须保证刀盘始终在龙门吊的吊装范围之内。同时,开始刀盘保温棚的搭建以及刀盘焊接工序的准备工作。刀盘焊接方案由中国南车集团公司提供。前支撑结构见图4-6。

(2)吊装机头架。

用龙门吊将机头架吊装至前支撑上,并用螺栓将机头架与前支撑连接,紧固连接螺栓。机头架以及主轴承结构尺寸见图4-7。

(3)安装主梁前段。

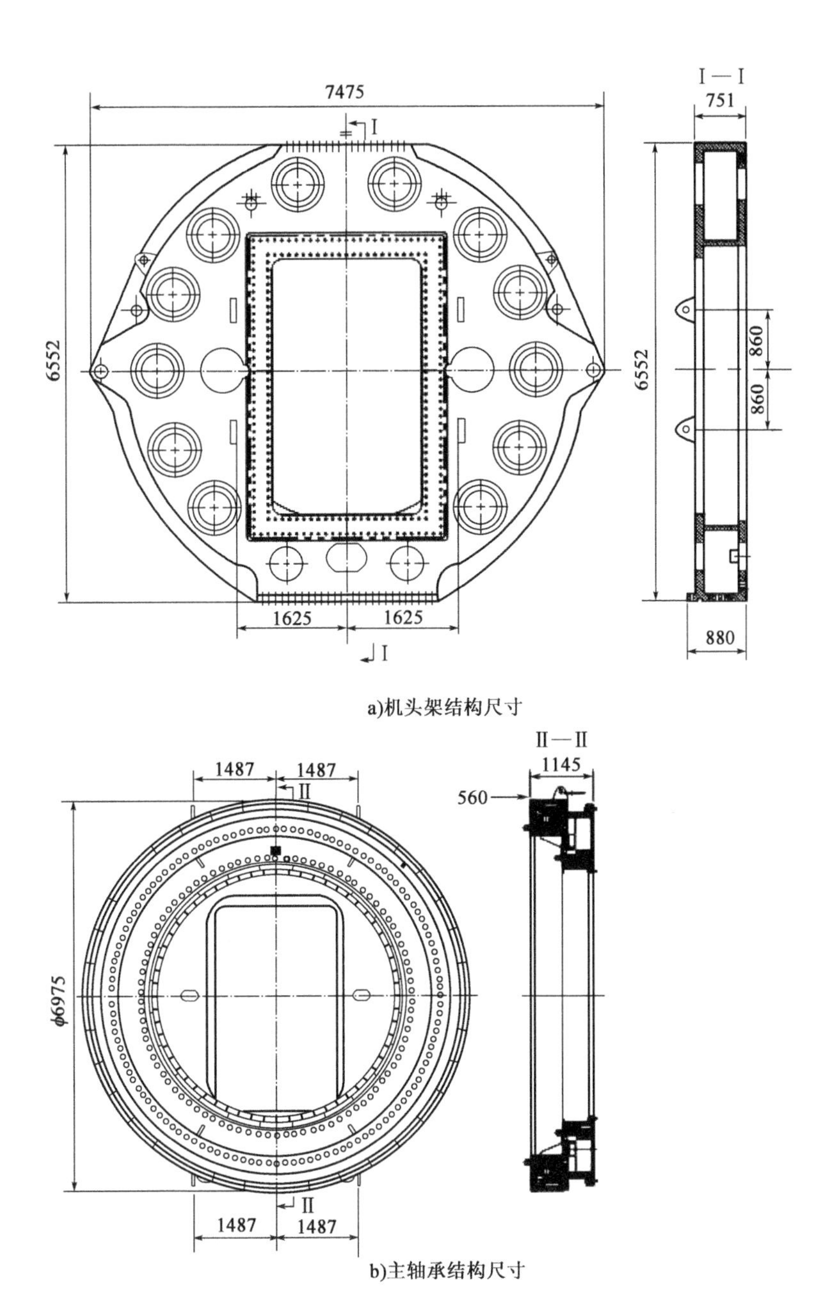

图4-7 机头架以及主轴承结构尺寸(尺寸单位:mm)

用龙门吊将主梁前段水平吊装至机头架后侧,安装并紧固其连接螺栓。同时在主梁下安放预先制作的支撑,确定支撑牢固可靠后才能退出龙门吊。主梁前段结构尺寸如图4-8所示。

(4)吊装主梁后段。

其方法与吊装主梁前段相同。在吊装主梁后段前先将下部撑靴油缸以及中心块吊至主梁后段安装位置的下方。主梁后段结构尺寸见图4-9。

(5)吊装后支撑。

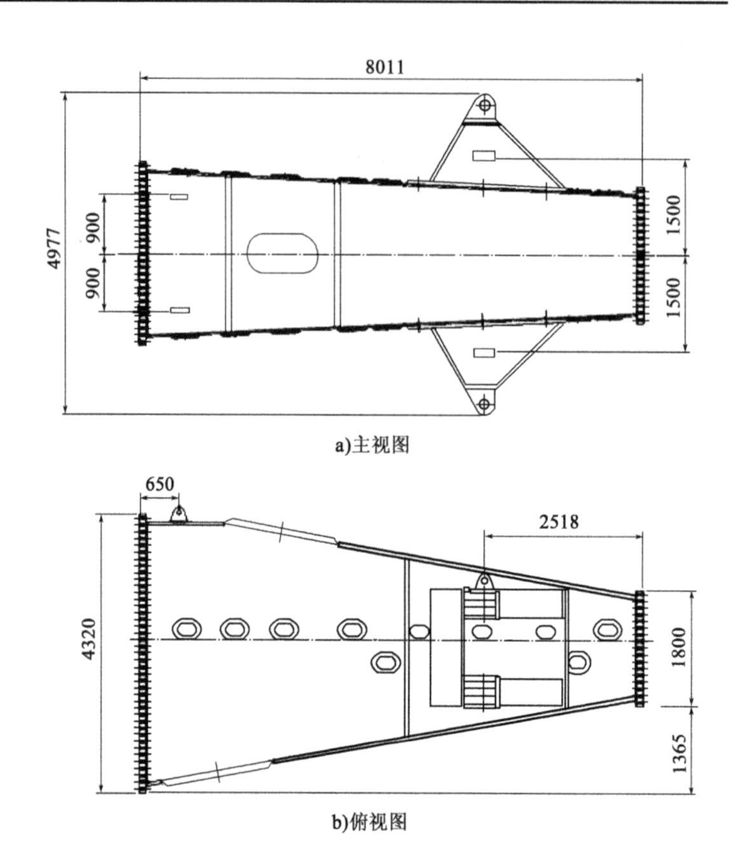

图 4-8 主梁前段结构(尺寸单位:mm)

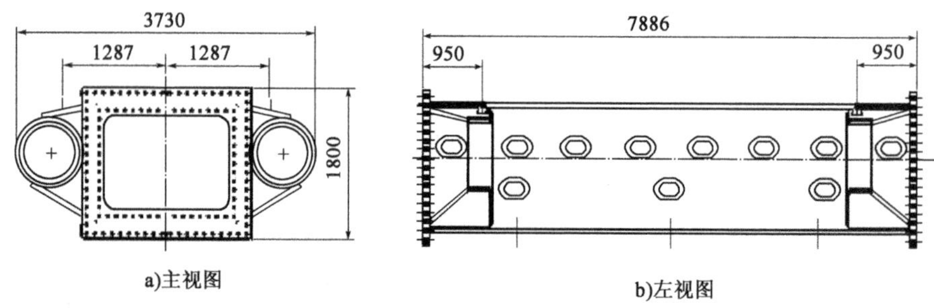

图 4-9 主梁后段结构(尺寸单位:mm)

首先将后支撑油缸与后支撑进行装配,然后将后支撑部分吊运至主梁末端,调整后支撑位置并进行螺栓的连接与紧固,在退出行吊之前必须在后支撑下放置预先制作的支撑件,最后进行后支撑靴的装配。后支撑结构尺寸如图 4-10 所示。

(6)吊装卸料斗。

将卸料斗吊至机头架前方安装位置,安装其连接销。

(7)吊装左右侧支撑。

吊装侧支撑之前先将楔块以及楔块油缸安装至侧支撑。最后进行侧支撑油缸的安装工作。侧支撑结构尺寸如图 4-11 所示。

(8)吊装主驱动电机以及小齿轮。

吊装小齿轮将采用特殊吊装工具,需提前制作完毕。

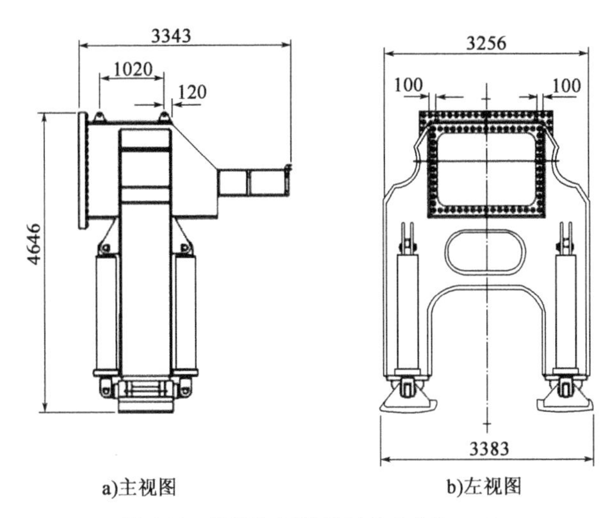

图4-10　吊装后支撑结构(尺寸单位:mm)

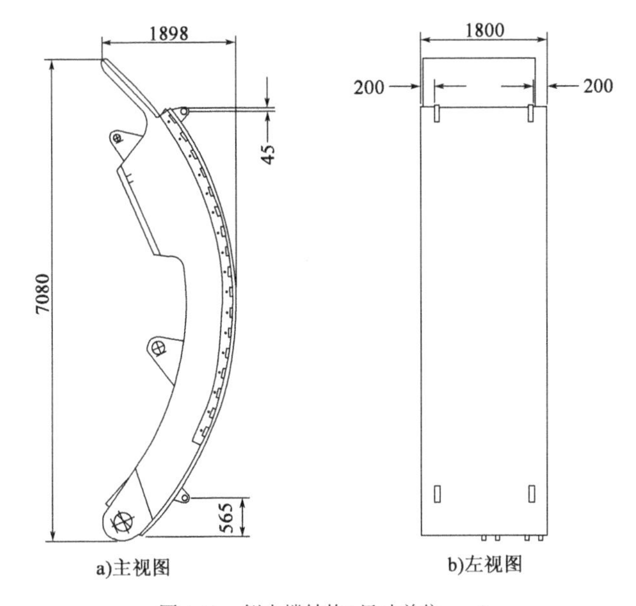

图4-11　侧支撑结构(尺寸单位:mm)

(9)1号桥架a与b部分安装。

将1号桥架a与b部分在地面进行连接,紧固螺栓后进行整体吊装。退出行吊之前需在桥架下安放可靠的支撑件。

(10)组装1号桥架c部分。

由于行吊的吊装范围有限,1号桥架c部分不能使用行吊进行吊装。根据实际情况,考虑使用50t汽车吊进行吊装,然后将桥架的支腿以及轮子安装上桥架,并将轮子放在轨道上。

(11)组装撑靴系统。

组装顺序:调整鞍架上撑靴油缸压板的间隙;吊装鞍架;吊装鞍架导向管;连接撑靴油缸及中心块;安装上部撑靴油缸、扭矩油缸以及耳轴;吊装下部撑靴油缸;吊装撑靴;进行推进油缸的安装。撑靴、推进油缸以及撑靴油缸、鞍架的结构尺寸分别如图4-12~图4-14所示。

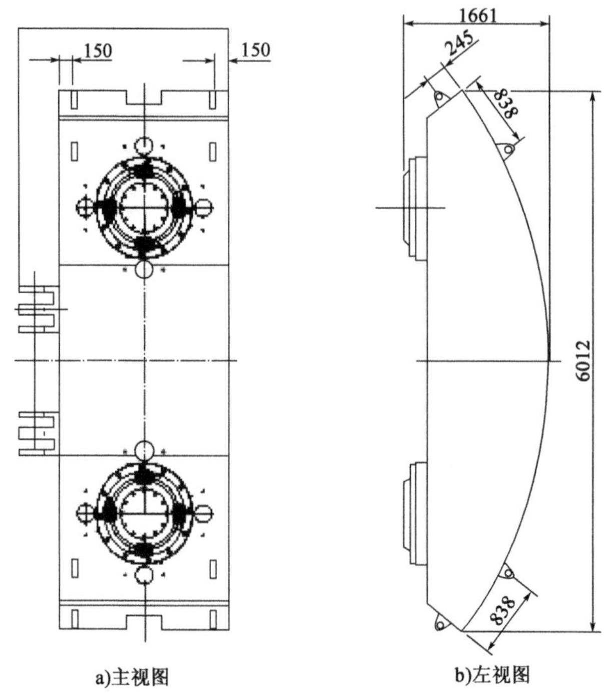

a)主视图　　　　b)左视图

图 4-12　撑靴结构(尺寸单位:mm)

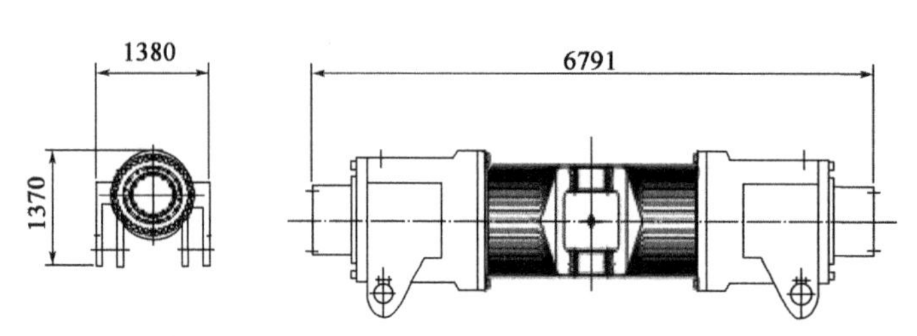

图 4-13　推进油缸以及撑靴油缸结构(尺寸单位:mm)

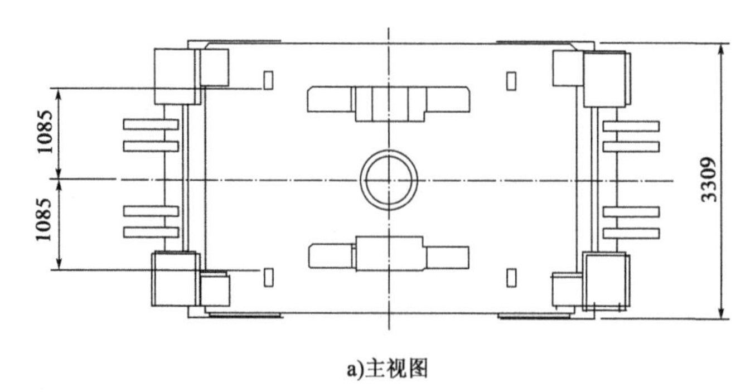

a)主视图

图　4-14

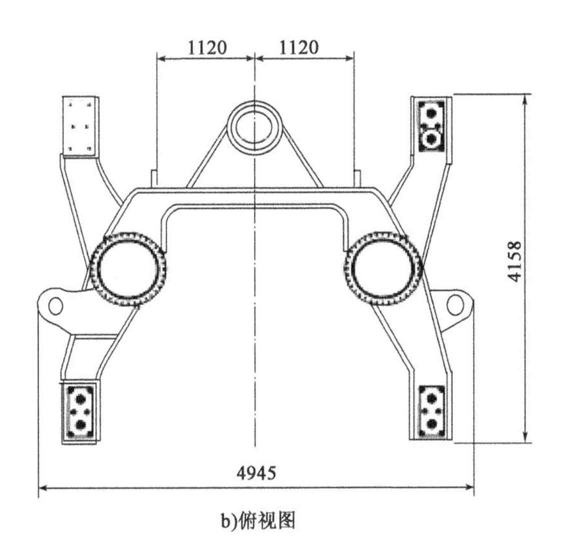

图 4-14　鞍架结构(尺寸单位:mm)

(12)吊装托架和门架。

吊装托架和门架(图 4-15),完成拖动系统和拖动油缸的安装。

图 4-15　托架和门架的吊装

(13)主机皮带输送机连接。

进行主机皮带输送机和桥架皮带输送机的安装连接。

(14)主机和 1 号桥架上设备安装。

进行主机和 1 号桥架上的各平台、钻机工作平台、服务梁、润滑油泵站、2 台钻机泵站、清渣器、仰拱安装机以及 TBM 各服务吊机的安装等。

(15)主机支撑钢结构安装。

将步进时使用的主机支撑钢结构安装至撑靴下方。

(16)吊装刀盘顶支撑和顶侧支撑。

先进行刀盘顶支撑、顶支撑油缸以及顶侧支撑(图 4-16)的装配,再进行指形护盾的安装焊接,然后进行该支撑总成整体吊装。

图 4-16　顶支撑和顶侧支撑总成

(17)安装主机及桥架皮带输送机。

安装主机皮带输送机,安装桥架皮带输送机,吊装各泵站。

(18)安装吊机。

安装TBM主机所有吊机,并完成线路连接。

(19)液压系统、水系统、空气系统、润滑系统安装。

进行液压系统、水系统、空气系统以及润滑系统管路的连接、安装。

(20)监控系统、控制系统安装。

进行主机各部分监控系统、控制系统的安装接线工作。

(21)步进系统、电缆连接。

进行步进系统管路和电缆的连接工作。

(22)刀盘安装。

进行刀盘焊接,吊装刀盘,安装刀具。

(23)主机调试。

进行TBM主机各部分的检查工作,检查无误后,开始步进。

4.2.3 TBM后配套组装

TBM每节拖车都是由若干部件组成,其部件多由型钢立柱、耐磨钢板和钢管等组成,部件之间多为螺栓连接。运输时根据每节拖车的构造将其拆卸成若干部件后分件运输。虽然每节拖车总重较大,但拆卸成若干部件后单块质量就较轻,多在20t以下,故工地后配套组装区域可采用一台20t门吊进行组装,必要时采用汽车吊辅助组装。

1)1号拖车组装

(1)1号拖车结构(图4-17、图4-18)。

(2)1号拖车组装工艺流程。

将1号拖车底板摆在轨道上(底板下的行走轮应提前焊接安装)→安装1号拖车两侧立柱→安装1号拖车第二层平台及其斜支撑→安装1号拖车左侧走台及栏杆→安装1号拖车右侧走台、泵站支架及栏杆→安装1号拖车二层平台右侧加宽平台、支架及栏杆→安装1号拖车二层平台上的皮带输送机支架→安装1号拖车二层平台上部的三层平台立柱→安装1号拖车三层平台→安装1号拖车三层平台上部的支架→安装1号拖车二层平台通往三层平台的楼梯→安装1号拖车三层平台上部的栏杆。至此1号拖车框架已基本组装完成。由于1号拖车牵涉到主机部分整体步进所需,故应在主机整体步进前与主机相连。其风、水管路可在其余拖车就位后再进行整体布置。

(3)1号拖车上的部分设备及其摆放位置(图4-19)。

2)2号拖车组装

(1)2号拖车结构(图4-20、图4-21)。

(2)2号拖车组装工艺流程。

将2号拖车底板3摆在轨道上(底板下的行走轮应提前焊接安装)→安装2号拖车两侧立柱→安装拖车第二层平台→安装2号拖车左侧走台及栏杆→安装2号拖车右侧走台、混凝土喷射料仓及栏杆→安装2号拖车二层平台左边加宽平台支架及其平台→安装拖车二层平台围

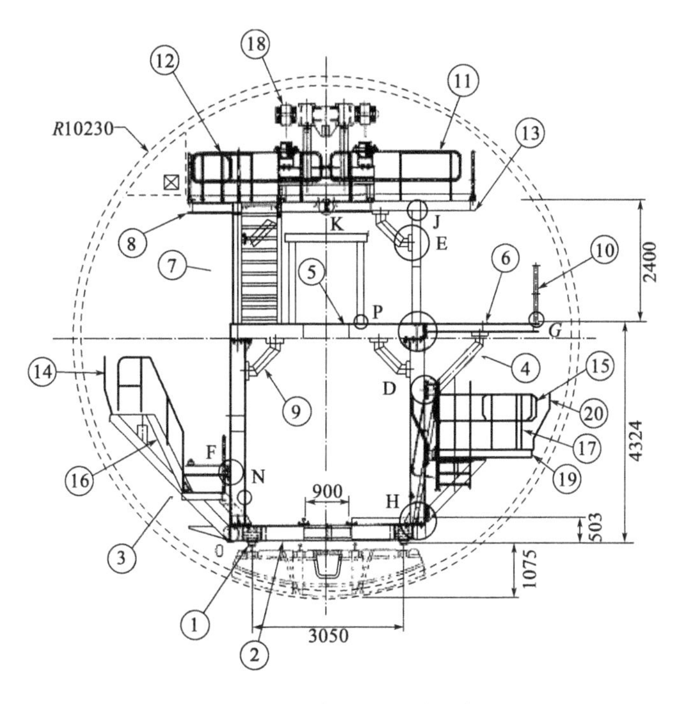

图4-17　1号拖车剖面图(尺寸单位:mm)

①-轨道;②-拖车底板;③-立柱;④-拖车右侧支架;⑤-拖车二层平台;⑥-拖车右侧加宽平台;⑦-二层平台往三层平台楼梯;⑧、⑬-拖车三层平台;⑨-斜支撑;⑩-拖车右侧栏杆;⑪、⑫-拖车三层平台栏杆;⑭-拖车左侧栏杆;⑮、⑰-拖车泵站支架;⑯-拖车左侧走台;⑱-三层平台上部支架;⑲-拖车右侧走台;⑳-拖车右侧栏杆

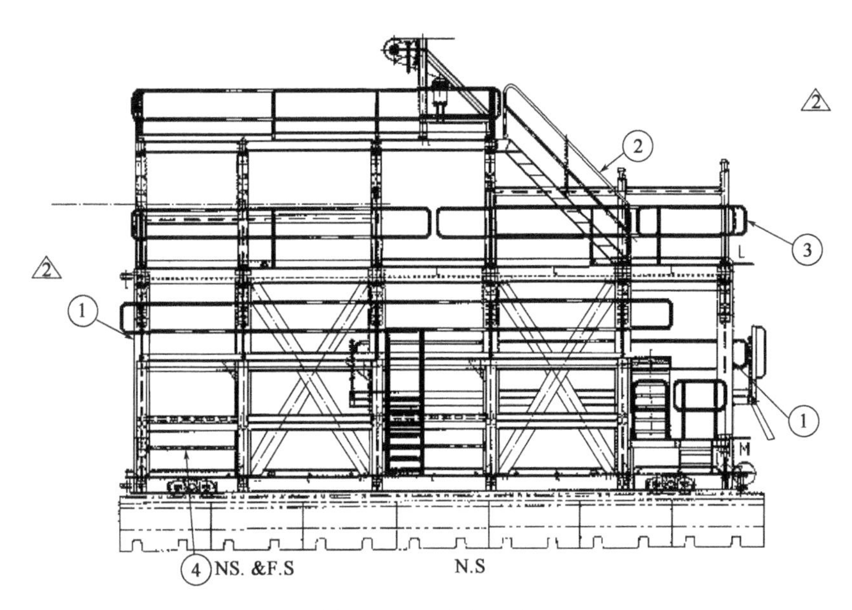

图4-18　1号拖车侧面图

①-立柱;②-二层平台往三层平台楼梯;③-拖车泵站支架;④-拖车左侧走台

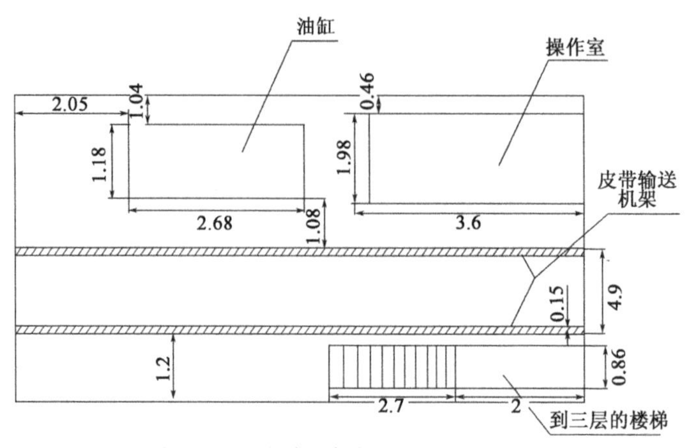

图 4-19　1 号拖车设备位置图(尺寸单位:m)

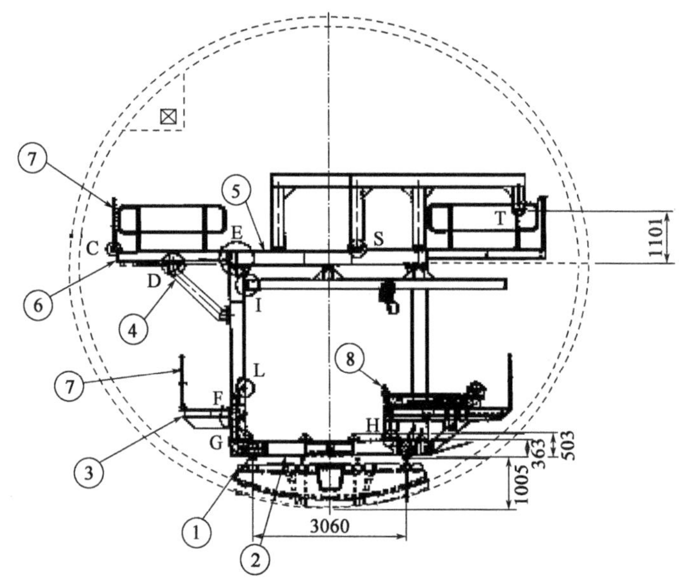

图 4-20　2 号拖车剖面图(尺寸单位:mm)

①-轨道;②-拖车底板;③-拖车左侧走台;④-拖车平台支架;⑤-拖车二层平台;⑥-拖车右侧加宽平台;⑦-拖车二层围栏;⑧-混凝土喷射料仓

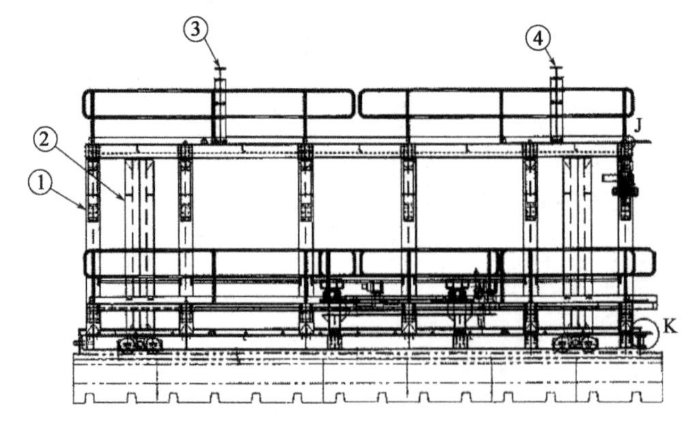

图 4-21　2 号拖车侧面图

①、②-拖车两侧立柱;③、④-拖车二层平台上部皮带机架

栏→安装拖车二层平台上部皮带输送机架→安装拖车框架其他小型零部件。至此 2 号拖车框架已基本组装完成。需要用机车推动其到主机拼装场地就位后统一安装风、水管线路及拖车上部摆放设备固定、接线、调试等。

(3)2 号拖车上的设备及其摆放位置(图 4-22)。

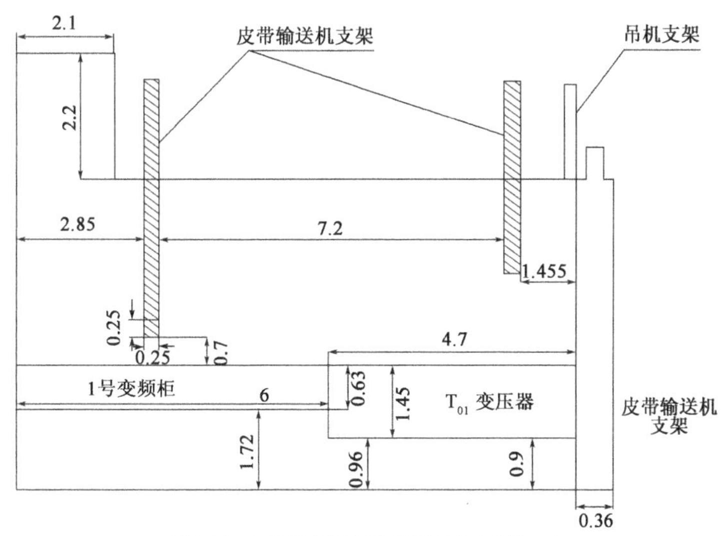

图 4-22　2 号拖车设备位置图(尺寸单位:m)

3)3 号拖车组装

(1)3 号拖车结构(图 4-23、图 4-24)。

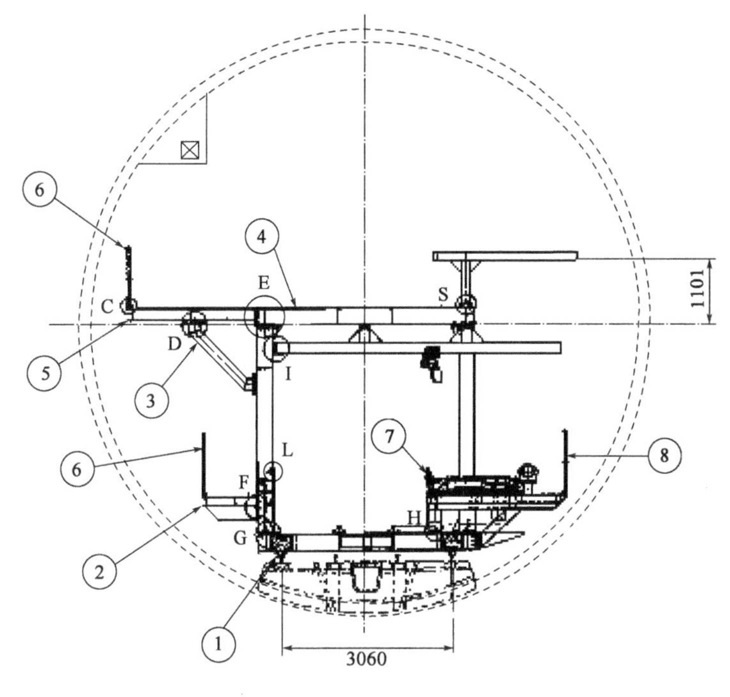

图 4-23　3 号拖车剖面图(尺寸单位:mm)

①-轨道;②-拖车左侧走台;③-拖车平台支架;④-拖车二层平台;⑤-拖车加宽平台;⑥-栏杆;⑦-混凝土喷射料仓

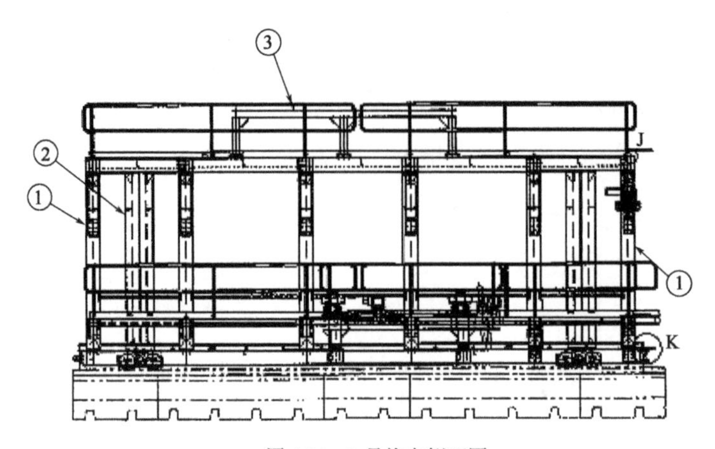

图 4-24　3 号拖车侧面图

①、②-拖车两侧立柱；③-拖车二层平台上右侧冷却水系统托架

(2)3 号拖车组装工艺流程。

3 号拖车底板摆在轨道上(底板下的行走轮应提前焊接安装)→安装 3 号拖车两侧立柱→安装拖车第二层平台→安装 3 号拖车左侧走台及栏杆→安装 3 号拖车右侧走台、混凝土喷射料仓及栏杆→安装 3 号拖车二层平台左边加宽平台支架及其平台→安装拖车二层平台围栏→安装拖车二层平台上右侧冷却水系统托架→安装拖车框架其他小型零部件。至此 3 号拖车框架已基本组装完成。需要用机车推动其到主机拼装场地就位后统一安装风、水管线路及拖车上部摆放设备固定、接线、调试等。

(3)3 号拖车上的设备及其摆放位置(图 4-25)。

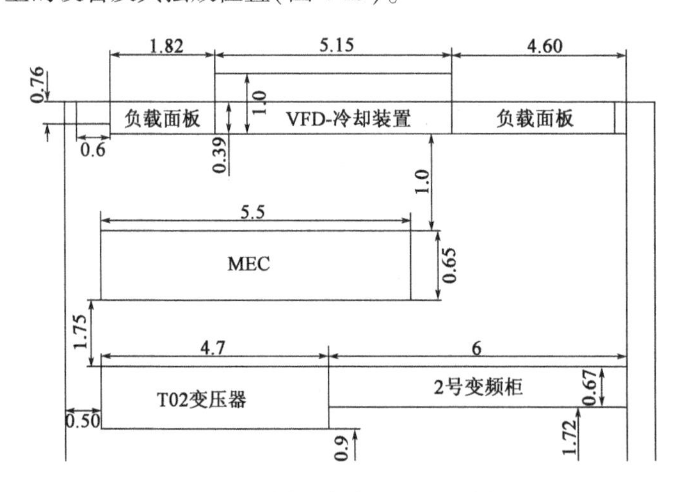

图 4-25　3 号拖车设备位置图(尺寸单位：m)

4)4 号拖车组装

(1)4 号拖车结构(图 4-26、图 4-27)。

(2)4 号拖车组装工艺流程。

将 4 号拖车底板摆在轨道上(底板下的行走轮应提前焊接安装)→安装 4 号拖车两侧立柱→安装拖车第二层平台→安装 4 号拖车左侧走台及栏杆→安装 4 号拖车右侧走台、旋转梯

子及栏杆→安装4号拖车二层平台左边加宽平台支架及其平台→安装拖车二层平台围栏→安装拖车二层平台上部右侧皮带输送机托架→安装4号拖车二层平台上部吊机→安装拖车框架其他小型零部件。至此4号拖车框架已基本组装完成。需要的是用机车推动其到主机拼装场地就位后统一安装风、水管线路及拖车上部摆放设备固定、接线、调试等。

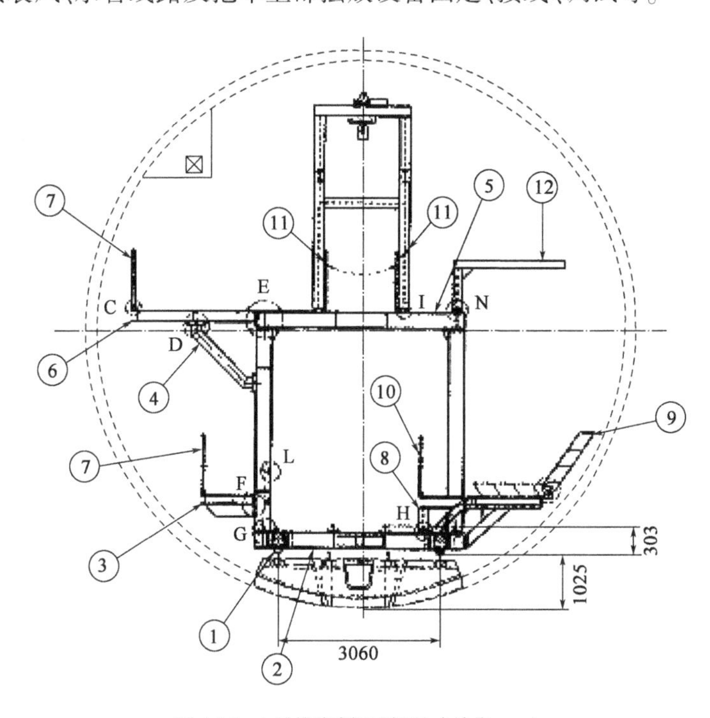

图4-26　4号拖车剖面图(尺寸单位:mm)

①-轨道;②-拖车底板;③-拖车左侧走台;④-拖车平台支架;⑤-拖车二层平台;⑥-拖车加宽平台;⑦、⑩-栏杆;⑧-托车右侧走台;⑨-旋转梯子;⑪-拖车二层平台上部吊机;⑫-拖车二层平台上部右侧皮带机托架

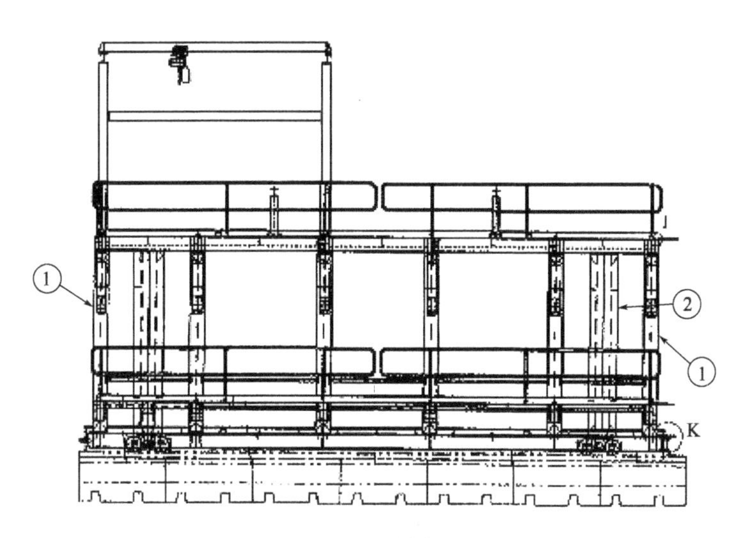

图4-27　4号拖车侧面图

①、②-立柱

(3)4 号拖车上的部分设备及其摆放位置(图 4-28)。

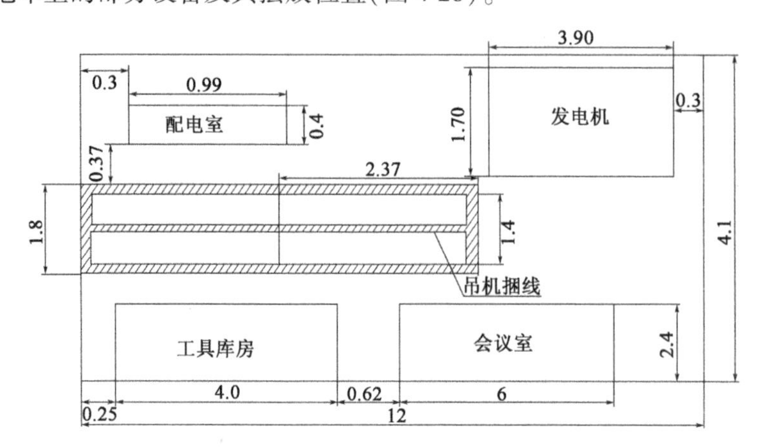

图 4-28　4 号拖车设备位置图(尺寸单位:m)

5)5 号拖车组装

(1)5 号拖车结构(图 4-29、图 4-30)。

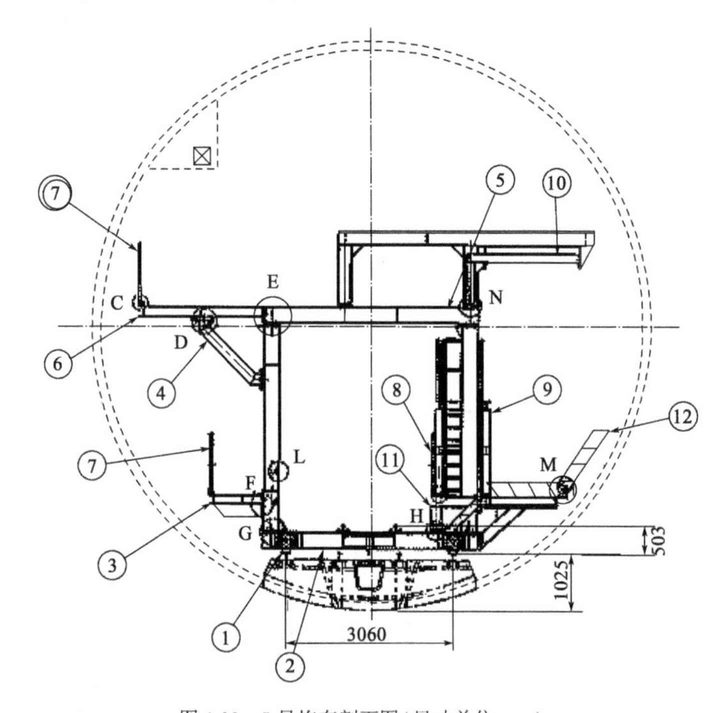

图 4-29　5 号拖车剖面图(尺寸单位:mm)

①-轨道;②-拖车底板;③-拖车左侧走台;④-拖车平台支架;⑤-拖车二层平台;⑥-拖车加宽平台;⑦、⑧、⑨-栏杆;⑩-托车二层平台上部右侧皮带机托架;⑪-拖车右侧走台;⑫-旋转梯

(2)5 号拖车组装工艺流程。

将 5 号拖车底板摆在轨道上(底板下的行走轮应提前焊接安装)→安装 5 号拖车两侧立柱→安装 5 号拖车第二层平台→安装 5 号拖车左侧走台及栏杆→安装 5 号拖车右侧走台、旋转梯子及栏杆→安装 5 号拖车二层平台左边加宽平台支架及其平台→安装 5 号拖车二层平台

围栏→安装5号拖车二层平台上部右侧皮带输送机托架、空压机罐支架及干燥剂支架→安装拖车框架其他小型零部件。至此5号拖车框架已基本组装完成。需要用机车推动其到主机拼装场地就位后统一安装风水管线路及拖车上部摆放设备固定、接线、调试等。

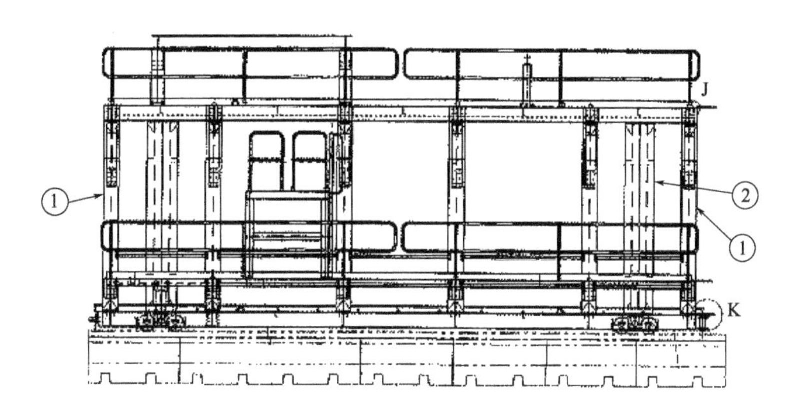

图4-30　5号拖车侧面图

①、②-拖车两侧立柱

(3)5号拖车上的设备及其摆放位置(图4-31)。

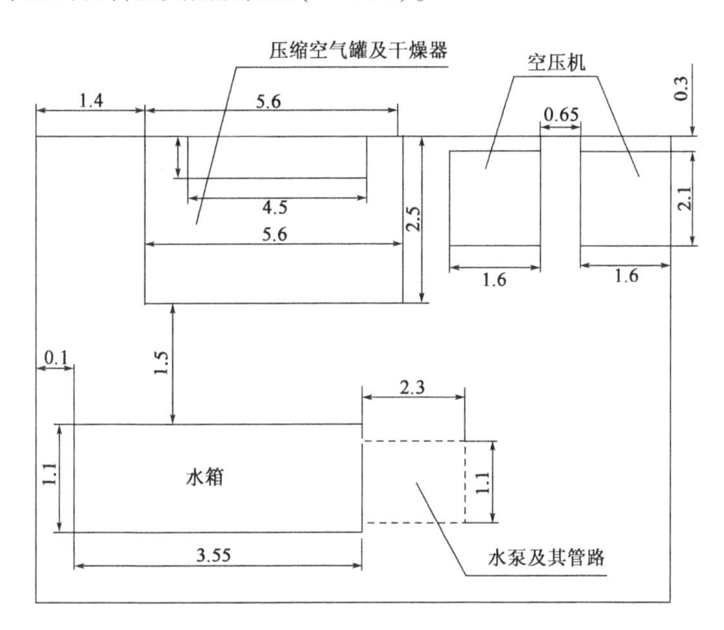

图4-31　5号拖车设备位置图(尺寸单位:m)

6)6号拖车组装

(1)6号拖车结构(图4-32～图4-34)。

(2)6号拖车组装工艺流程。

将6号拖车底板摆在轨道上(底板下的行走轮应提前焊接安装)→安装6号拖车两侧立柱→安装6号拖车第二层平台→安装6号拖车二层平台右侧加宽平台→安装6号拖车左侧甲

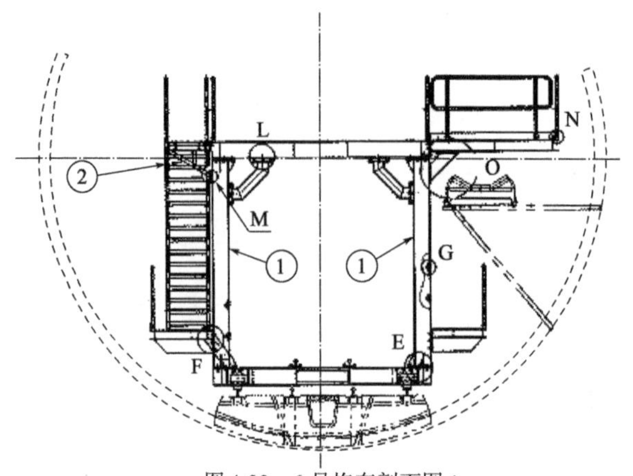

图 4-32　6 号拖车剖面图 1

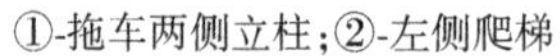

①-拖车两侧立柱;②-左侧爬梯

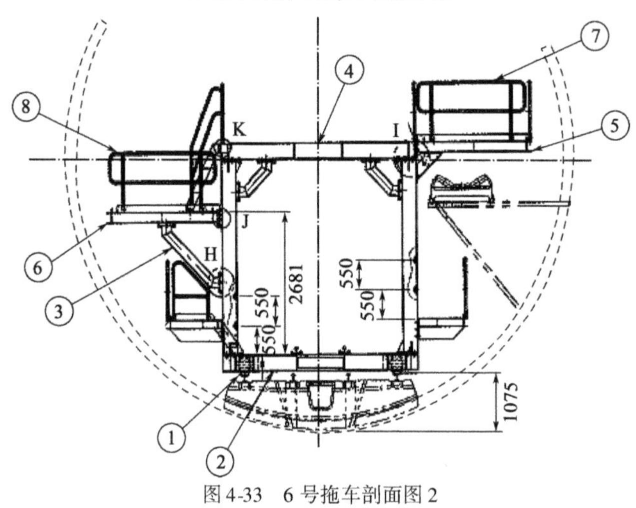

图 4-33　6 号拖车剖面图 2

①-轨道;②-拖车底板;③-支架;④-拖车第二层平台;⑤-拖车第二层平台右侧加宽平台;⑥-拖车左侧甲板;⑦-拖车二层平台围栏

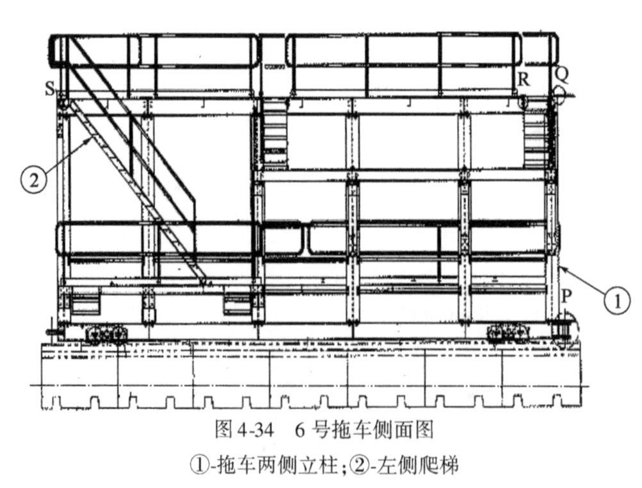

图 4-34　6 号拖车侧面图

①-拖车两侧立柱;②-左侧爬梯

板、支架及围栏→安装6号拖车二层平台围栏及左侧爬梯→安装拖车框架其他小型零部件。至此5号拖车框架已基本组装完成。需要用机车推动其到主机拼装场地就位后统一安装风、水管线路及拖车上部摆放设备固定、接线、调试等。

(3)6号拖车上的部分设备及其摆放位置(图4-35)。

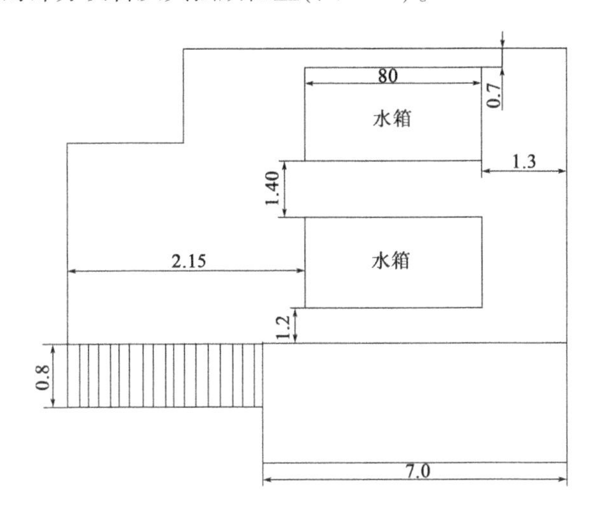

图4-35　6号拖车设备位置图(尺寸单位:m)

7)7号拖车组装

(1)7号拖车结构(图4-36、图4-37)。

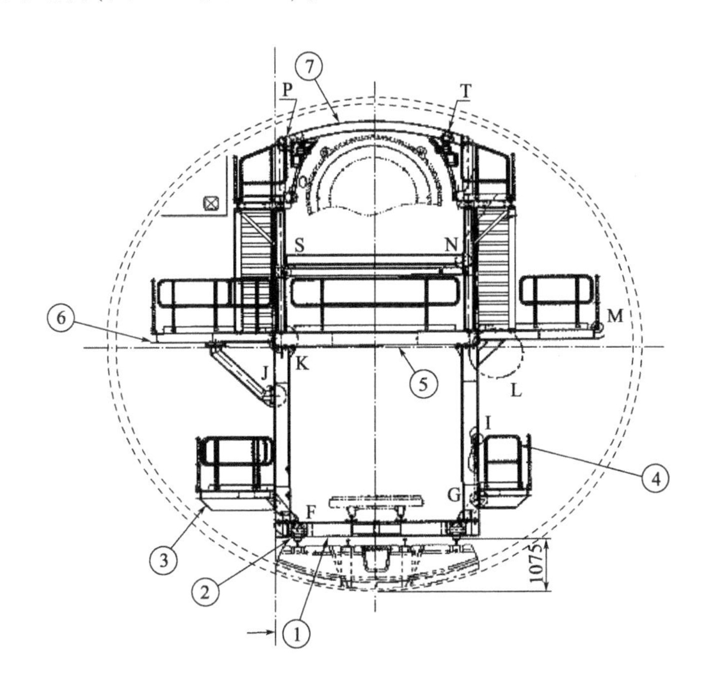

图4-36　7号拖车剖面图

①-拖车底板;②-轨道;③-拖车左侧走台;④-栏杆;⑤-拖车二层平台;⑥-拖车二层平台左侧加宽平台;⑦-横梁

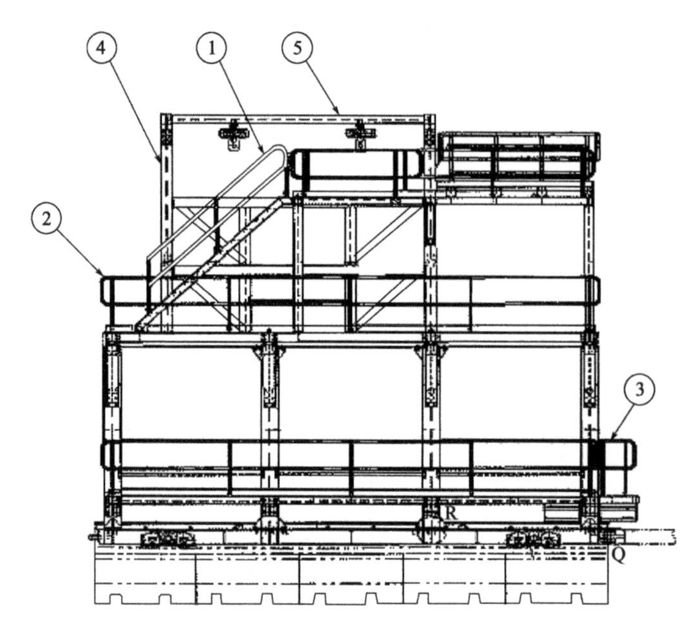

图 4-37　7 号拖车侧面图

①-拖车三层楼梯及护杆;②、③-拖车二层平台围栏;④-拖车二层平台上的吊机立柱;⑤-横梁

(2)7 号拖车组装工艺流程。

将 7 号拖车底板摆在轨道上(底板下的行走轮应提前焊接安装)→安装 7 号拖车两侧立柱→安装 7 号拖车第二层平台→安装 7 号拖车左侧走台及栏杆→安装 7 号拖车右侧走台及栏杆→安装 7 号拖车二层平台左右加宽平台→安装 7 号拖车二层平台围栏→安装 7 号拖车二层平台上的吊机立柱及横梁及电动葫芦→安装 7 号拖车三层楼梯及其护栏→安装 7 号拖车其他小型零部件。至此 7 号拖车框架已基本组装完成。

(3)7 号拖车上的部分设备及其摆放位置(图 4-38)。

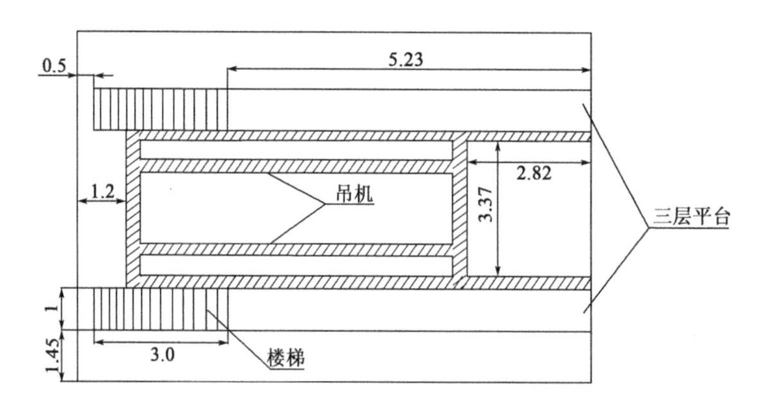

图 4-38　7 号拖车设备位置图(尺寸单位:m)

8)后部斜坡段及道岔组装

由于后部斜坡段及道岔结构较为简单,仅有底板及其轨道总成,故组装时可先不运输至后配套组装区,以节约后配套组装区域空间,待后配套组装区内有足够空间后,可用吊车吊放进

行组装。

9)临时支撑加工

根据车间组装情况,临时支撑材料选用H型钢以及10mm厚钢板。在H型钢两端焊接10mm厚钢板,钢板尺寸为400mm×400mm,具体尺寸依现场实际情况而定。

10)TBM现场组装图片(图4-39~图4-53)

图4-39 TBM主机图

图4-40 刀盘边块组装

图4-41 TBM顶护盾组装

图4-42 侧护盾洞外组装

图4-43 主轴承洞外吊装

图4-44 1号桥架洞外组装图

图 4-45　1 号桥架组装时的临时工装 1

图 4-46　1 号桥架组装时的临时工装 2

图 4-47　前主梁组装时所加临时工装

图 4-48　组装上部撑靴油缸及中心块、扭矩油缸

图 4-49　下部撑靴油缸工厂组装图

图 4-50　主轴承安装架组装图

图 4-51　前支撑及步进机构

图 4-52　TBM 组装图

图 4-53　锚杆钻机

4.2.4　TBM 现场组装场地布置

本场地布置考虑到场地有限,TBM 部件摆放要求紧凑。并且在 300t 门吊下方预留一条行车线路,保证汽车吊能辅助门吊作业。

1)TBM 主机组装场地布置

300t 门吊区域内主要组装主机及 1 号桥架。洞内在组装时仍需进车,故在刀盘区的门吊轨道上填出一条路,以供行车。同时,运输车也由此进入门吊区。因地方狭小,运输车辆需要如附图 4-54 所示。入场顺序要求:先进主机部分,再进刀盘,在刀盘装到主机上进行焊接时,最后进 1 号桥架部件。

刀盘摆放在 300t 门吊内。因为 300t 门吊的前后跨距为 16m,故在轨道的端部 8m 内为门吊吊钩到不了的吊运死角。刀盘焊接吊装占地 13m。

TBM 前支撑、机头架和主轴承在卸车的同时安装,这就需要提前安装好步进弧形钢板等,紧跟其后摆放主梁前段和主梁后段。

顶支撑和顶侧支撑将在门吊范围外先行用车吊拼装,然后用汽车吊吊至门吊范围内,再用门吊安装在主机上。

2)后配套组装

后配套到场后,依次进行组装。

运输时,后配套区内从 2 号桥架开始依次往工地运输。

皮带输送机的部件最后进场,最好在 TBM 步进时进场。

TBM 主机拼装完成后将 2 号桥架推到军便桥上,然后将拖车依次推来与主机相连,实现整体推进,实现整体推进的前提的是对军便桥进行加固处理。

4.2.5　TBM 组装资源配置

TBM 组装需安排专业技术人员及工人进行组装作业,作业过程中涉及超大件起重吊装、焊接、液压、电气、软件等工种协调配合。主要人员配置见表 4-1。

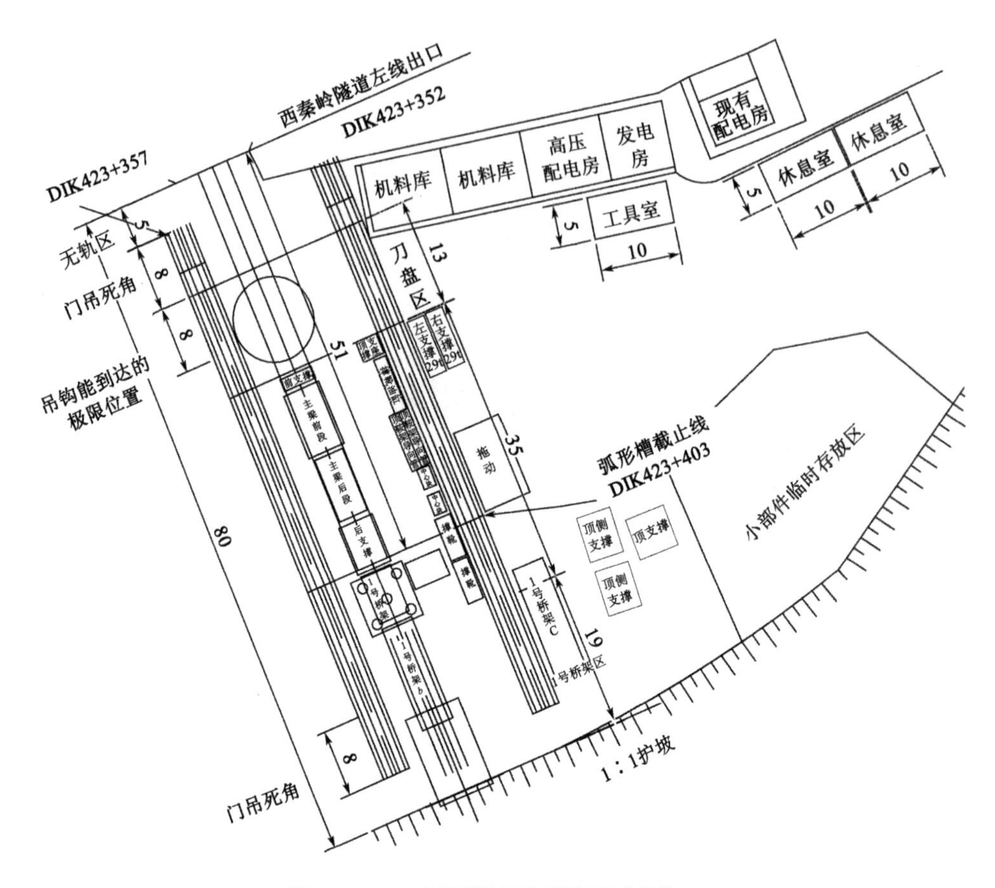

图 4-54　TBM 主机组装区布置图(尺寸单位:m)

主要人员配置　　表 4-1

序　号	工 作 范 围	人　数	备　注
1	电气系统	10	技术电工 4 人以上
2	流体系统	40	技术工人 4 人以上
3	机械安装	40	技术工人 4 人以上
4	起重吊装司机	6	持证上岗
5	起重吊装信号工	6	持证上岗
6	库房管理	2	了解 TBM 构、配件
7	工具管理	2	了解各种工具
8	机电技术人员	8	有 TBM 组装、施工经验
9	翻译人员	2 人以上	进口设备时配置
10	带班人员	2	组织 TBM 的组装工作
11	安全人员	6	
12	合计	124	两班制,包括白班和夜班

4.2.6　TBM设备调试

(1)设备调试的主要内容包括外观检查、功能测试、技术性能测试和调整。

(2)按主机、辅助设备、附属设备等编制设备测试功能表。先进行各单台设备的功能调试,然后进行掘进机设备的整机联锁功能调试,将测试数据与表中的标准值进行比较。

(3)外观检查、单台设备的功能测试、技术性能测试等单一的测试和检查可在组装期间同步进行,系统的调试工作在组装完成后进行。

(4)必须按编制的设备测试功能表逐项测试,设备调试时应做好相应记录,数据超过标准值时,应查找原因,直至调试至所测数据达到规定范围内。

(5)必须确保设备的各项性能指标完全符合掘进机技术要求,确认各设备安装无误的前提条件下,方可开始掘进机的步进。

TBM现场调试照片如图4-55、图4-56所示。

图4-55　TBM调试照片

图4-56　TBM步进仪式照

4.3　TBM　掘　进

TBM施工集开挖、支护于一体,两者可平行作业。

TBM掘进时,水平撑靴撑紧在洞壁上为掘进机提供掘进反力,刀盘在主推进油缸的推力作用下向前推进,后配套拖车停在隧道中,刀盘破岩切削下来的岩渣随着刀盘铲斗和刮板转动从底部到顶部然后沿溜渣槽到达刀盘顶部后,进入刀盘中心的皮带输送机上,主机皮带输送机和后配套皮带输送机将岩渣转运到正洞连续皮带输送机上。

在TBM掘进的同时,进行初期支护和相关配套作业。当刀盘向前掘进1.8m时,完成一个循环的掘进。掘进步骤如下:

撑紧撑靴,收起后支撑,见图4-57。刀盘旋转,开始掘进推进,见图4-58。

4.3.1　TBM步进

TBM步进是指在TBM上安装步进机构,通过步进机构循环动作拖动TBM设备向前运行至掘进始发位置。步进可选用平底、平底+导向槽、弧型槽+导向轨等方式。这里以开敞式硬岩掘进机弧形滑道步进方式为例介绍 TBM 步进。

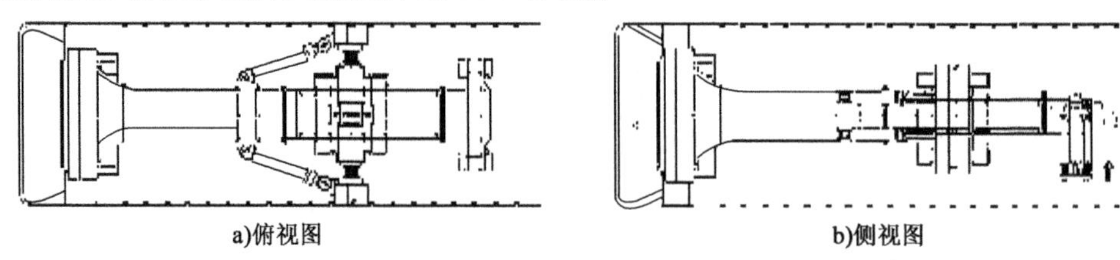

图 4-57　撑紧撑靴、收起后支撑

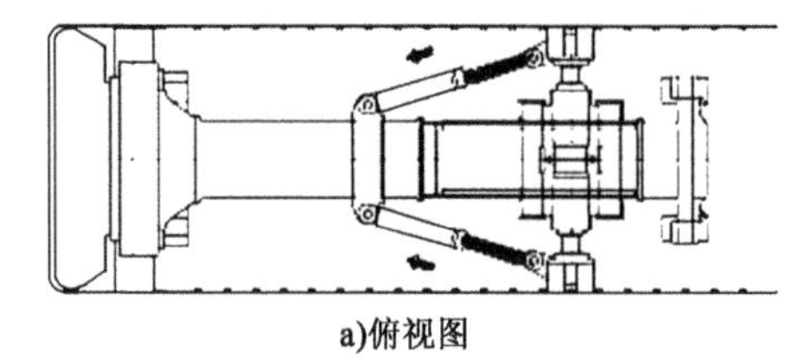

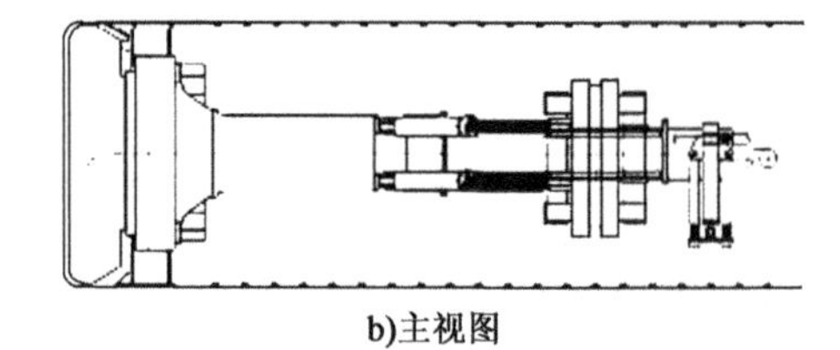

图 4-58　刀盘旋转、开始掘进推进

1)步进准备

(1)掘进机步进之前应对钻爆段进行断面测量,满足掘进机步进要求。

(2)步进范围内底部结构应进行建(构)筑物调查,并采取保护措施。

(3)步进时应将超前钻机、锚杆钻机以及钢拱架安装器的支撑油缸锁定在最小状态,并安排专人巡视掘进机稳定情况及底板状态。

(4)步进轨排应连接牢固。

(5)步进过程中应进行步进中线检查,及时纠偏。

进洞前 TBM 步进照片如图 4-59 所示。

图 4-59　TBM 步进照片(进洞前)

2)弧形滑道步进方式原理

TBM 主机与弧形钢板的摩擦系数小于弧形钢板与混凝土面的摩擦系数,当步进推进油缸推进时,TBM 主机会在弧形钢板上向前滑行。

TBM 步进施工前将前支撑安装在弧形钢板上,采用步进推力油缸以弧形钢板和地面的摩擦力作为反作用力推动弧形钢板带动刀盘总成前进,以 1.8m 为一个步进行程,当刀盘前进 1.8m后,利用举升油缸、后支撑油缸、主机推力油缸、后配套牵引油缸带动后配套前行,以此来实现 TBM 的步进作业。步进系统见图 4-60,弧形滑槽及弧形钢板细部见图 4-61。

图 4-60　步进系统图

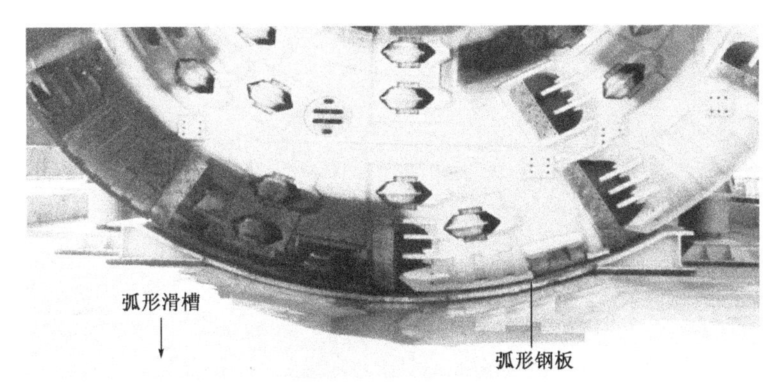

图 4-61　弧形滑槽及弧形钢板细部图

3)步进施工工艺流程

始发隧道施工→导向槽施工→弧形钢板就位→TBM 组装调试→滑行支撑架安装→弧形钢板防扭工字钢及举升受力钢板焊接→步进推进油缸与弧形连接→步进推进油缸、主机推进油缸伸长推进 TBM 前进 1.8m→举升油缸举升 TBM 主机、后支撑支腿伸长→步进推进油缸收缩牵引弧形钢板前进 1.8m、主机推进油缸收缩牵引滑行支撑架前进 1.8m、后配套牵引油缸伸长→举升油缸收缩、后支撑支腿收缩→后配套牵引油缸收缩后配套前进 1.8m→下一个换步循环。

(1)步进推进油缸伸长。

步进各准备工作完成后,TBM 步进开始。TBM 主机通过两组 TBM 步进推进油缸(200t × 4,行程 1.8m)伸长推进 TBM 主机向前行进,TBM 步进推进油缸伸长的同时,主机推进油缸一同伸长。

(2)举升油缸举升、后支撑支腿伸长。

步进推进油缸伸展 1.8m 后,用设在 TBM 主机护盾下方的二组举升油缸(每组 3 根 150t 油缸)把主机进行举升,举升油缸将 TBM 护盾提升 3 ~ 4cm,具体如图 4-62、图 4-63 所示,后支撑伸长至下部岩壁,举升滑行支架。

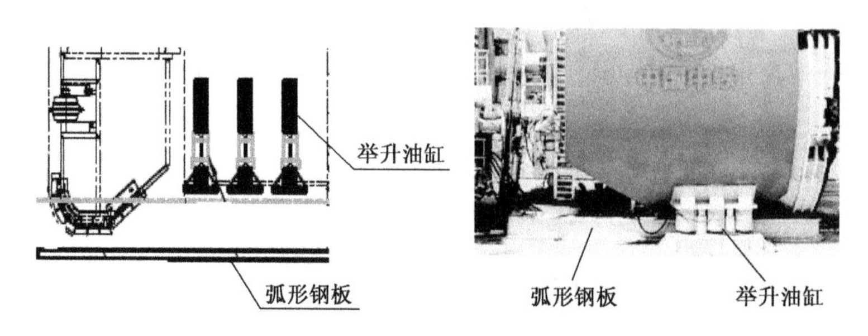

图 4-62　举升油缸举升 TBM 主机

(3)步进推进油缸、主机推进油缸收缩、后配套牵引油缸伸长。

TBM 主机被举升后,通过四组 TBM 步进推进油缸(200t ×4,行程 1.8m)收缩带动弧形钢板前行,同时主机推进油缸收缩,后配套牵引油缸伸长,带动滑行支撑架前行。步进油缸收缩完成后,举升油缸和后支撑支腿收缩,把 TBM 主机放置在弧形钢板上及滑行支架放置在下部混凝土面上。

(4)后配套牵引油缸收缩。

TBM 主机重新放置在弧形钢板上及滑行支架放在下部混凝土面上后,后配套牵引油缸收缩,带动后配套前行,完成一个步进循环。

(5)其他同步工序。

在 TBM 步进一个循环的同时,仰拱块安装、仰拱块底部回填注浆,轨道延伸也要及时跟进。

4)仰拱块铺设及下部回填注浆施工

仰拱块运送车进入到连接桥下装卸区,在回转台上人工回转 90°,然后由 TBM 下的仰拱块吊机,用 3 个链式吊钩把仰拱块从车上吊起,向前运至所需要安装的位置,利用边墙基础的控制点牵线确定仰拱块安装边线及仰拱块顶面高程线,控制仰拱块的位置实施准确安装。仰拱预制块安装如图 4-64 所示。

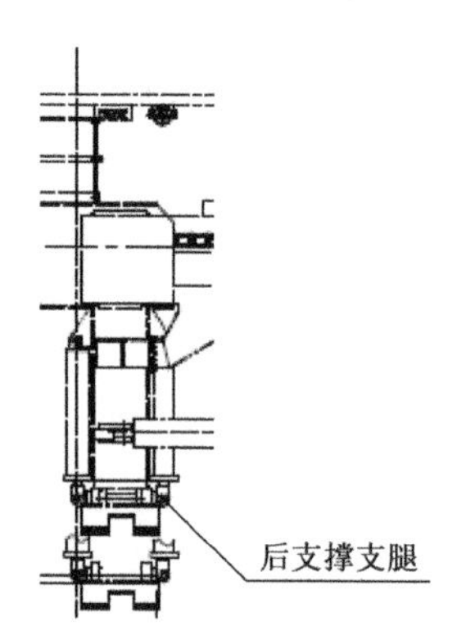

图 4-63　后支撑支腿伸长举升滑行支撑架

图 4-64　仰拱预制块安装

仰拱块安装后底面间隙,通过注浆孔注入 C20 细石混凝土。施工中注浆工作必须及时进行，使混凝土早期强度得到充分的发展。混凝土灌注采用泵送C20混凝土施工，铺设梭槽，立钢模，堵头坚固、不跑模，混凝土灌注密实、无空洞。仰拱块铺设前彻底清底，仰拱块安放正确，不发生下沉，如果安放仰拱块后生错台等现象应及时重铺。

5）轨道延伸

运输轨道采用43kg/m钢轨，轨道长度12.5m，每安装7块仰拱块需延伸一次运输轨道。

4.3.2 始发与试掘进

1）TBM始发

（1）始发前准备。

①始发洞已按照设计要求施工完毕。

②始发前应派专人检查掌子面，确保岩面平整、无异物，必要时施作锁口。

③开敞式岩石掘进机始发前撑靴应撑紧始发洞壁。

④护盾式岩石掘进机始发应符合以下要求：

始发前确定反力装置达到设计刚度。采用单护盾模式始发，通过控制主推进（辅助）油缸安装管片，保证掘进机沿设计轴线推进。管片拖出盾尾后立即对管片背部豆砾石回填注浆，必要时增设管片锁定装置。

⑤测量及导向系统已安装完毕并工作，刀盘位置调整完毕。掘进机姿态调整完毕，符合工作要求。

⑥始发时应严格控制掘进机的姿态。

（2）始发洞设计参数。

始发洞设置在步进段尾端，根据TBM主机结构长度，每个始发洞设置长度为20m，出发隧道断面为圆形断面，开挖断面半径为552cm，开挖预留变形量4cm，开挖后初喷4cm厚喷射混凝土，打锚杆，挂钢筋网，随即架立钢架（含架设纵向双层连接筋、焊接撑靴位置处纵向连接钢板）。安装调节就位后，喷射混凝土至设计厚度，确保钢架稳定。初期支护喷射混凝土厚度27cm；在拱墙施作系统锚杆，锚杆长度2.5m，锚杆间距1.2m×0.5m（环×纵），拱部120°范围内设ϕ25中空注浆锚杆，锚杆按梅花形布置，锚杆端部设垫板；拱墙安装HPB235ϕ8钢筋网，网格间距25cm×25cm；钢拱架采用I20b工字钢，拱架间距0.5m；二次衬砌为C30混凝土，拱墙厚度30cm，仰拱厚度40cm，二次衬砌后隧道半径为495cm。衬砌断面见图4-65，钢架设计见图4-66。为确保TBM撑靴范围内初期支护强度，在拱架相对于TBM撑靴高度范围内焊接厚度为16mm的纵向连接钢板。纵向连接钢板（图4-67）规格：长度为48cm，宽度为10cm；纵向连接钢板按横向间距为10cm布置。

（3）TBM进入始发洞。

TBM在始发洞进行模式转换TBM按步进状态，带撑靴导轨进入始发洞后，下支撑伸出，同时开始拆除步进梁托架，尽量从正后方拆除，然后拆除举伸油缸和步进油缸，TBM撑靴伸出，开始按掘进程序动作。

2）试掘进

TBM进入始发洞后，拆除步进机构，完成步进改掘进的模式转换后，开始试掘进。

（1）试掘进长度应根据掘进机运行情况与掘进段地质情况综合确定。

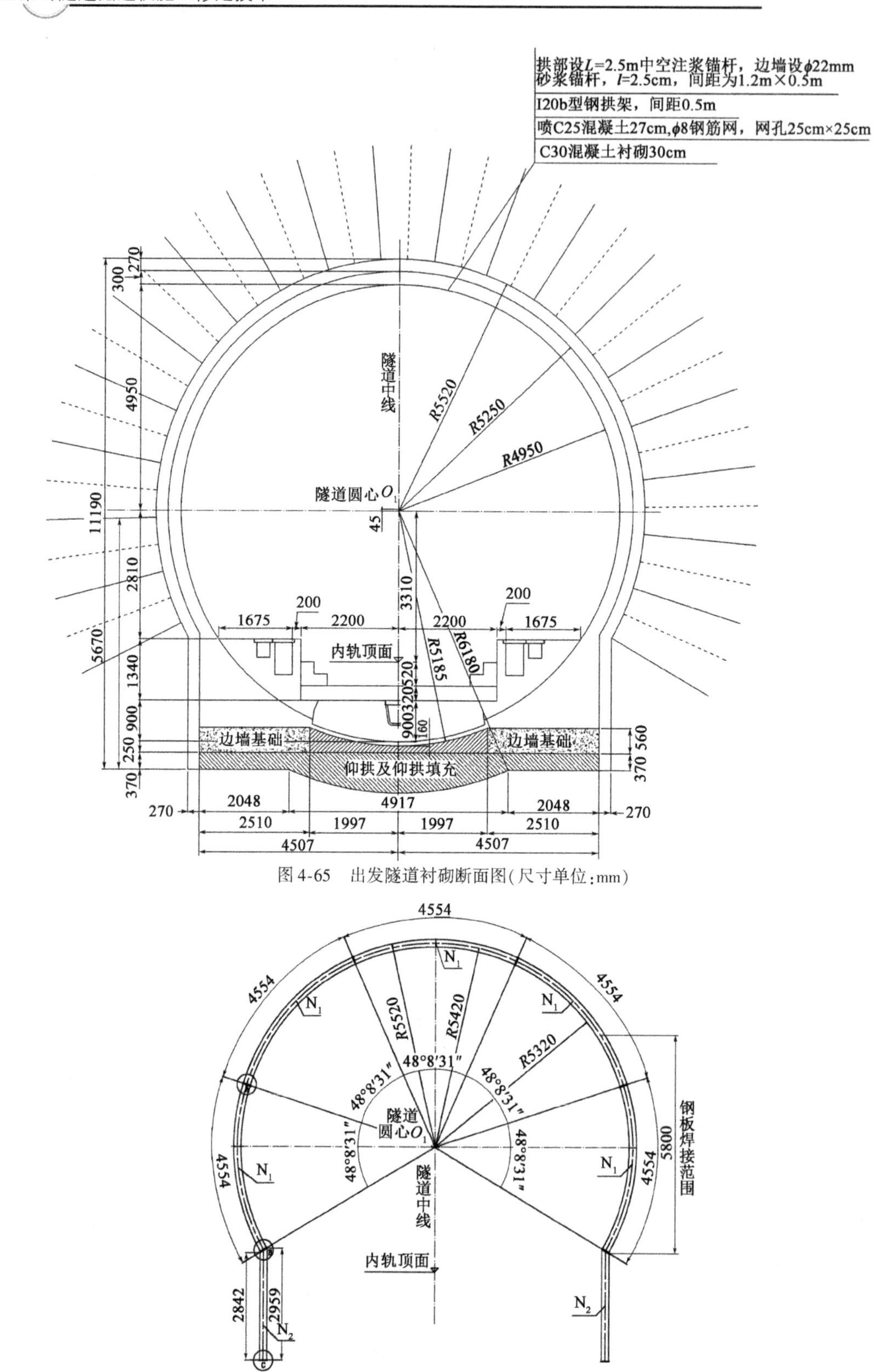

图 4-65　出发隧道衬砌断面图(尺寸单位:mm)

图 4-66　出发隧道钢架设计图(尺寸单位:mm)

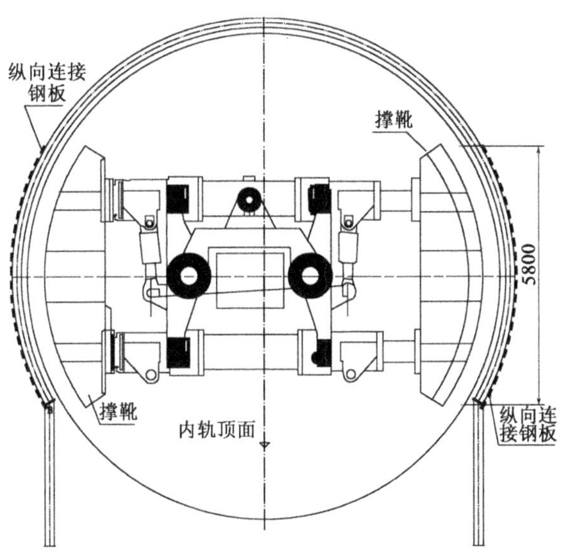

图4-67　拱架背后纵向连接钢板布置图(尺寸单位:mm)

(2)试掘进过程中,应加强掘进机各电气、液压系统运转情况监测并记录。

(3)在试掘进期间,主要检验TBM的协调情况、液压系统、电气系统和辅助设备及皮带输送机系统的工作情况,对各设备进行磨合,对各设备系统做进一步的调整,使其达到最佳状态,具备正式快速掘进的能力。

(4)通过TBM试掘进段的施工,施工作业人员可基本熟悉设备的性能,掌握设备操作、保养的技术要点,并初步总结出本工程掘进参数的选择及控制措施;理顺整个施工组织,在TBM连续掘进的管理体系中抓住关键线路的控制工序,为以后的稳产高产奠定基础。

4.3.3　正常掘进

1)采取超前地质预报探测前方围岩情况

超前地质预报以施工设计图纸为基础,使用综合地质预报技术长距离预测,结合短距离的超前钻机探测进行地质预报。通过地质的超前预报掌握前方的围岩地质情况,如破碎带边缘、长度、破碎程度、裂隙水情况等,从而为下一步掘进施工措施的选择提供可供借鉴的依据。

西秦岭隧道TBM典型掘进面如图4-68所示。

图4-68　西秦岭隧道TBM典型掘进面

2)选取合理的掘进参数

根据地质预报及现场对围岩的观察,确定掘进模式和掘进参数调整范围,适时调整掘进推力、撑靴压力、刀盘转速和循环进尺,在尽量保护设备和安全的前提下实现快速掘进。

3)TBM掘进

TBM掘进开始前,应当确保在维修保养结束以后进行,确认全部人员处于安全区,刀盘进仓门已锁闭。确认各部位急停开关良好,禁止短接急停开关。开启 TBM 前鸣笛,开报警灯 1min,然后按照操作规程顺序启动各装置。

掘进步骤如下:

(1)撑紧撑靴,收起后支撑,见图 4-57。

(2)刀盘旋转,开始掘进推进,见图 4-58。

(3)掘进行程完成后,进行换步,放下后支撑,见图 4-69。

(4)收回水平撑靴,前移撑靴,再撑紧水平撑靴,进行下一掘进循环,见图 4-70。

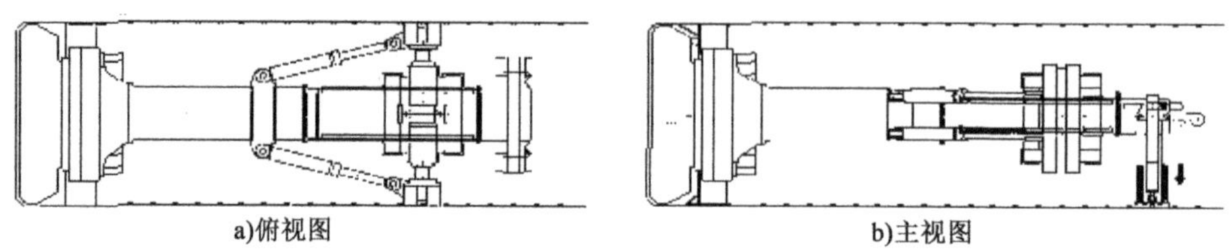

a)俯视图　b)主视图

图 4-69　掘进行程完成后,放下后支撑换步

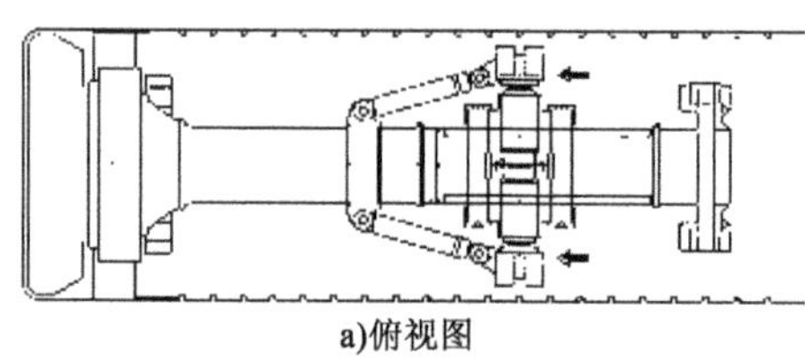

a)俯视图

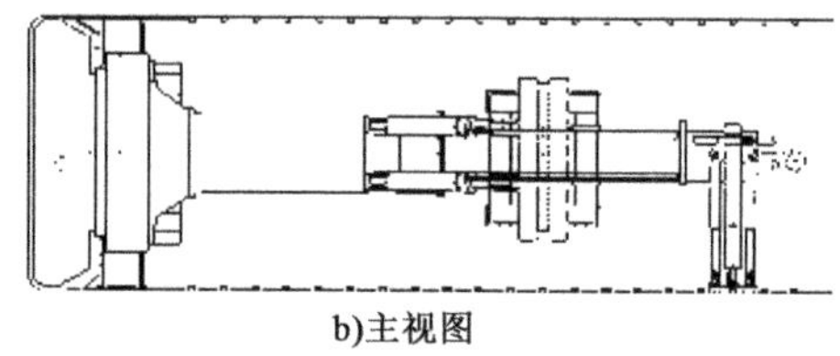

b)主视图

图 4-70　收回水平撑靴,前移撑靴,再撑紧水平撑靴

在掘进过程中,操作司机应根据隧道测量导向系统显示的掘进偏差适当进行方向调整。

4)其他要求

(1)掘进参数应根据超前地质预报结果及围岩揭示情况确定调整。

(2)掘进过程中掘进参数出现异常时应及时分析,并采取针对性处理措施。

(3)根据围岩磨蚀性与掘进参数变化情况,实时调整刀盘、刀具检查频次。

(4)掘进机姿态应根据导向系统实时调整,严禁大幅度调向。

TBM 操作室如图 4-71 所示。

图 4-71　TBM 操作室

4.3.4　到达掘进

(1)到达前应做好以下工作:

①检查洞内的测量导线、掘进趋势,调整贯通误差。

②接收洞、接收导台施作完成。

③吊装设备已安装完成并通过验收,检修设备、工具齐备。

(2)到达掘进应控制掘进参数,及时支护或回填灌浆。

(3)护盾式岩石掘进机到达段应设置管片纵向拉紧装置。

(4)开敞式岩石掘进机应加强接收洞围岩支护。

4.3.5 支护

初期支护施工工序流程：开挖后初喷射混凝土→系统支护（锚杆、钢筋网、钢架）施工→复喷射混凝土至设计厚度→进入下一循环。

1）喷射混凝土

初期支护喷射混凝土采用湿喷工工艺。

（1）喷射混凝土施工工艺流程。

喷射混凝土工艺流程如图4-72所示。

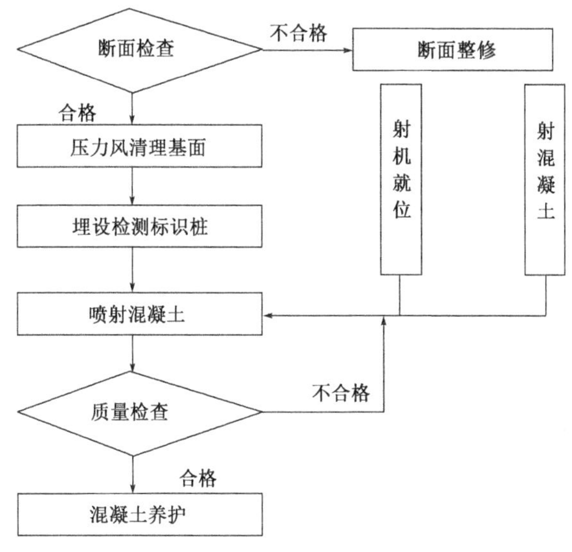

图4-72　喷射混凝土施工工艺流程图

（2）喷射混凝土施工（图4-73、图4-74）。

①岩面处理：若岩面地下水较多，首先对其进行封堵，接排水管或在岩面上凿沟进行引水；用高压水自上而下冲洗基岩表面，并使岩石表面接近饱和状态；剥落部分，用喷射混凝土喷护填平。

②混凝土生产：采用大型自动计量拌和站生产，每次拌和不超过搅拌机额定容量的80%。根据施工情况选用适合本工程的外加剂满足运输条件。

③混凝土运输：用混凝土搅拌车运输，现场制定合理的运输调度措施，确保拌好的混凝土料在最短时间内运至工作面而不发生离析、漏浆、严重泌水及坍落度损失过多等现象。

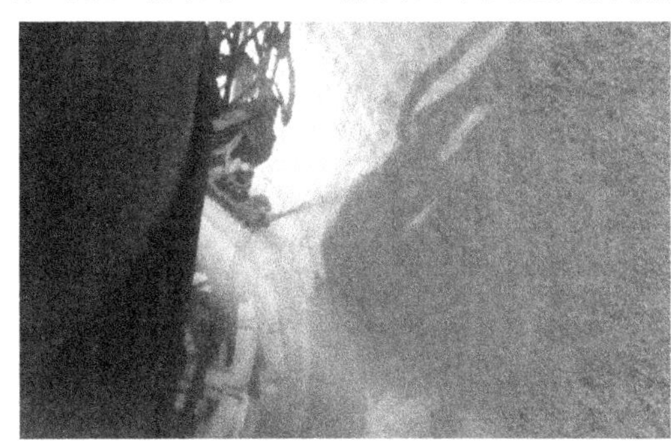

图4-73　TBM喷射混凝土

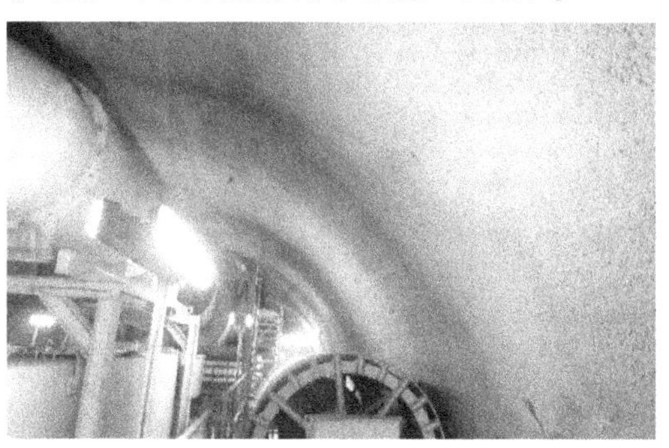

图4-74　喷射混凝土效果

④喷射混凝土：喷射时自下而上进行，喷嘴作小圆周运动；工作风压0.3～0.5MPa，喷射拱部时稍大；喷嘴至作业面距离为1.0～1.5m，喷嘴尽量垂直岩面；围岩分两次喷到设计厚度。

⑤养护：加强养护，以充分发挥混凝土的内在强度和耐久性。若相对湿度大于90%时，采取自然养护；否则用喷水润湿养护，润湿养护需在喷射混凝土终凝2h后进行，时间期达14d以上。

⑥喷射混凝土时，加强通风并配置好劳动防护用品，确保作业人员的安全和卫生，并及时清理回弹混凝土。

⑦回弹控制：拱部不大于15%，边墙不大于10%。采取的措施：配备有经验的技术熟练的喷射人员实施喷射操作；材料使用上严格要求，使所用的材料为最优；制定相应的作业指导书并在施工中根据实际情况不断完善；在实际施工中尽快取得工作风压、喷射距离、送料速度三者之间的最佳参数值，喷射混凝土最密实、质量最稳定，并且回弹最小；搅拌时，通过在混凝土中掺加外加剂以增加混凝土黏结性从而减少回弹。

⑧冬季施工严格执行以下规定：混合料进入喷射机温度不低于+5℃；普通硅酸盐水泥或矿渣水泥配制的喷射混凝土强度在分别低于设计强度30%和40%，不得受冻。

2）锚杆施工

锚杆主要为砂浆锚杆、中空注浆锚杆和自进式锚杆。中空注浆锚杆用于拱部，砂浆锚杆用于边墙。

（1）砂浆锚杆。

①施工工艺流程如图4-75所示。

②砂浆锚杆施工。采用风钻钻锚杆孔，机械配合人工安装锚杆，向杆体内灌注水泥砂浆，砂浆灌注密实，待水泥砂浆终凝后安设孔口垫板。

（2）中空注浆锚杆施工。

①施工工艺流程见图4-76。

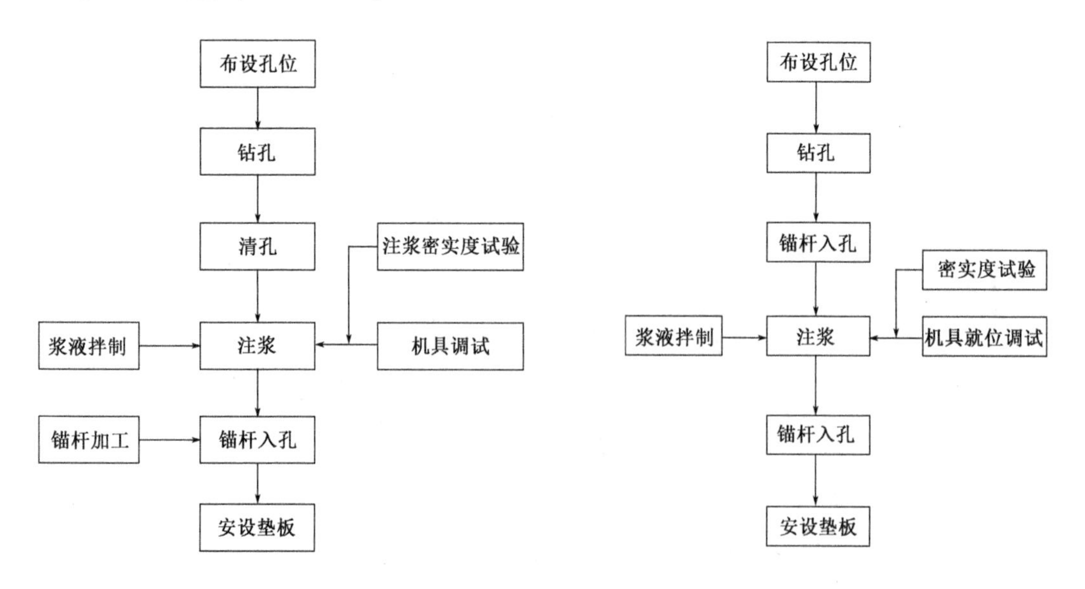

图4-75　砂浆锚杆施工工艺流程图

图4-76　中空锚杆施工工艺流程图

②施工方法及技术措施。

中空注浆锚杆主要设在拱部及围岩较差地段的拱墙。首先按设计要求,在开挖面上准确画出需施设的锚杆孔位。钻孔方式同砂浆锚杆施工。检查导管孔达到标准后,安装锚杆并按设计比例配浆,采用电动注浆机注浆,注浆压力符合设计要求;一般按单管达到设计注浆量作为结束标准。当注浆压力达到设计终压不少于20min,进浆量仍达不到注浆终量时,也可结束注浆,并保证锚杆孔浆液注满。最后在综合检查判定注浆质量合格后,用专用螺母将锚杆头封堵,以防止浆液倒流管外。

锚杆原材料规格、长度、直径符合设计要求,锚杆杆体除锈。锚杆孔位、孔深及布置形式符合设计要求,锚杆用的水泥浆,其强度不低于规定要求,水泥用普通硅酸盐水泥。

按设计要求定出位置,孔距允许偏差±150mm;保持锚孔顺直,并与岩层主要结构面基本垂直;钻孔深度及直径与杆体相匹配。杆体插入锚杆孔时,保持位置居中,水泥浆符合设计要求,孔深允许偏差为±50mm。锚杆孔内水泥浆饱满密实,水泥浆内添加适量的外加剂。有水地段先引出孔内的水或在附近另行钻孔再安装锚杆。锚杆垫板与孔口混凝土密贴。随时检查锚杆头的变形情况,紧固垫板螺母。

3)钢筋网铺设

钢筋须经试验合格,使用前除锈去污,在洞外分片制作,安装时搭接长度不小于一个网格尺寸。

人工铺设紧贴岩面,与锚杆、钢架或其他装置连接牢固。

喷射混凝土时,减小喷头至受喷面距离和控制风压,以减少钢筋网振动,降低回弹。钢筋网保护层厚度满足设计要求。

4)钢架施工

钢架施工工艺流程见图4-77。

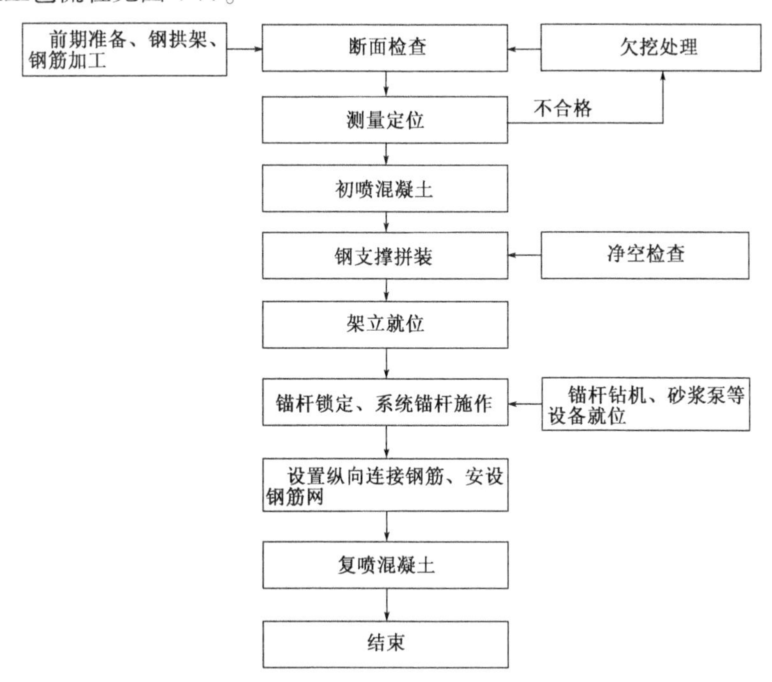

图4-77　钢架施工工艺流程图

(1)制作。按设计尺寸在洞外分节下料制作,制作时严格按设计图纸进行,保证每节的弧度与尺寸均符合设计要求,加工后拼装检查,并进行标识,严禁不合格产品进场。

(2)安装。按设计要求安装,安装尺寸允许偏差:横向和高程为 ±5cm,垂直度 ±2°。钢架的下端设在稳固的地层上,拱脚高度低于上部开挖底线以下 15 ~ 20cm。拱脚超挖时,加设钢板或混凝土垫块。安装后利用锁脚锚杆定位。超挖较大时,拱背喷同级混凝土回填,以使支护与围岩密贴,控制其变形的进一步发展。两排拱架间用纵向连接钢筋连接牢固,环向间距按设计要求设置,以便形成整体受力结构。

(3)施工技术措施。钢架安装时,严格控制其内轮廓尺寸,且预留沉降量,防止侵限。钢架安装好后,用锁脚锚杆固定,防止其发生移位。拱架背后喷射混凝土密实,拱架全部被喷射混凝土覆盖,保护层厚度满足设计要求。

4.3.6 仰拱块安装

1)总体方案

TBM 在步进时,其后配套全部在仰拱预制块上的轨道上滑行,为保证 TBM 的步进,在步进的同时需要同步安装仰拱预制块并铺轨。步进段仰拱块安装如图 4-78 所示。

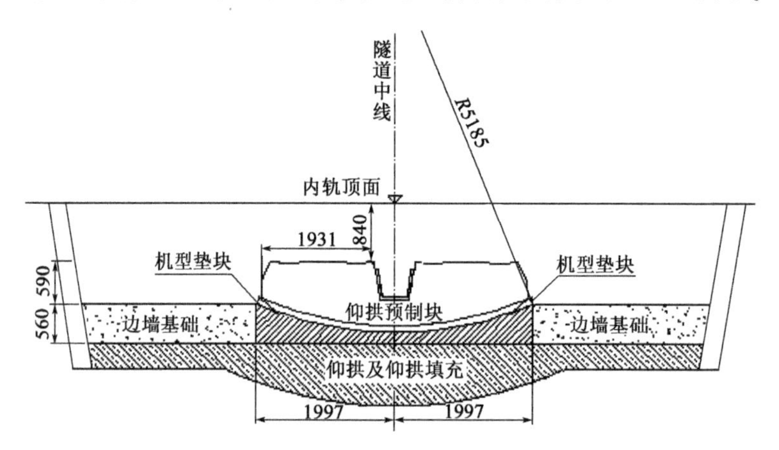

图 4-78 步进段仰拱块安装图(尺寸单位:mm)

仰拱块在洞外预制场提前预制,由列车运到洞内进行安装,仰拱块两侧和边墙之间的空腔用 C30 混凝土充填,仰拱块和滑道之间的空隙进行注砂浆充填,仰拱块和弧形槽底面的空隙采用混凝土垫块,确保仰拱预制块稳固。

仰拱预制块铺设前必须确保弧形槽底面无积水,有水必须进行清除。

仰拱块顶面铺设 43kg/m、$L = 12$m 的钢轨,钢轨和仰拱块之间利用仰拱块上预埋的螺栓进行连接固定,TBM 后配套的行走轮在此轨道上行走。

仰拱块利用 TBM 自身的吊装设备进行安装,要求 TBM 在步进时具备仰拱块吊运、注浆、混凝土浇筑的能力及列车运行通过能力,整条运输线路具备生产列车的通行要求。洞外生产系统能满足仰拱块的制造、养护、转存、吊装,列车编组,材料装运。

仰拱块安装和步进动作同时进行,每完成 6 ~ 7 个步进循环(11 ~ 13m)后,对该段铺轨 12m,同时对上段进行注浆作业。为提高步进速度,仰拱块两侧的混凝土填充及防水施工在

TBM 的尾端以外 50m 范围进行。

2）施工区段划分

整个施工区分为仰拱安装区、注浆区、防水施工区、填充区、车辆编调区。仰拱安装区处于1号桥架下面，在注浆间隙时同时容纳2台仰拱块平板车配合仰拱块安装（吊机能18m全覆盖）；注浆区在2号拖车位置；填充区在TBM后面25～50m处的位置；防水施工区紧靠TBM尾部20～25m的区域；车辆编调区设置在TBM后方，两组菱形道岔之间，便于车辆的进退，并保证该区域随时有一列仰拱车在等待。

3）列车编组及调度

根据施工区段划分，列车按如下三种模式编组，见表4-2。

列车编组模式 表4-2

编 组 模 式	洞内←列车组成及位置→洞口	编组长度(m)	备 注
模式1	仰拱车×2+机车+(平板车)	23	平板车有必要时
模式2	仰拱车×2+机车+砂浆车×1	26	砂浆车带动力
模式3	混凝土罐车×2+机车	26	
模式4	平板车×2+机车	21.5	运输钢轨

模式1：在注浆间隙进行，及1号桥架上部已储备好砂浆。此时，按此模式编组能减少车辆的会让时间，提高步进速度。在需要运输防水或其他材料时，在机车一端编入平板车，防水材料存储在TBM的4号拖车上，人工搬运进行安装，不占用仰拱块安装空间。

模式2：储备浆液用完，按模式2进行编组，列车进入1号桥架后边补充浆液，边进行仰拱块的安装。砂浆注浆设备位于2号拖车上，机车到达2号拖车位置后，摘下砂浆车，机车推动仰拱块车进入到1号桥架下进行仰拱块安装。摘下的砂浆车进行砂浆装卸及注浆作业。仰拱装完后，机车推出砂浆车。

模式3：适用于填充区施工，每延米最大浇筑量为3.5m^2。混凝土输送车有效容量11m^3，两个车位22m^3，及1次编组能完成单侧至少12m双侧6m的浇筑。为保证步进速度，在不干扰仰拱块及注浆车辆或干扰少的情况下编组进洞进行施工。

模式4：在需要运输钢轨时，按此编组运输，到1号桥架后立即用摇臂吊机将钢轨转至临时存储架上，并退出列车，该编组可能对仰拱块安装造成影响，在必须运输钢轨时使用，或在其他工序受阻而钢轨又可以补充时穿插使用。

在步进期间，运输距离短，故每车配置调车员1人进行全程调车和安全管理。车辆一律按编组模式的位置进行编组，由于进洞时司机视线不通，由随车调车员通过对讲机进行指挥。洞内的施工调度根据施工情况通知洞外调度选择列车编组模式和发车。

4）仰拱块安装方法

仰拱车到达1号桥架下部后，仰拱块吊机将仰拱块吊至弧形槽上方紧贴后一块仰拱块放下，使弧形槽上的中线标识和仰拱块上的中线标识一致，同时仰拱左右水平；然后在仰拱块两侧圆弧和弧形槽接触面的间隙处插入楔形块。

仰拱块在安装之前对其安装位置进行清扫，清除杂物和积水。安装完后，通过仰拱块上的注浆孔利用TBM上的注浆机向底部空隙进行注浆以填充空隙。

仰拱预制块安装的控制标准见表4-3。

仰拱预制块安装控制标准　　表4-3

序号	细则	允许误差值(mm)	序号	细则	允许误差值(mm)
1	中线偏差	±5	3	接缝错台	小于5
2	高程偏差	±5	4	接缝间隙	小于5

5)混凝土灌注施工

仰拱块和边墙之间填充C30混凝土,作为拱墙衬砌基础。在边墙的防水板及底部的止水条及排水管完成安装后,开始进行C30混凝土施工。填充顶面和仰拱块泄水孔口底高度一致,无蜂窝和麻面,罐车停在一侧轨道上,直接利用梭槽进行浇筑。人工配插入式振捣器捣鼓,两侧交替进行浇筑。

填充混凝土完成后在边沟边墙位置立模浇筑边墙基础C30混凝土,模板采用钢模板,混凝土灌注后立即安装钢边止水带及接茬钢筋。

6)仰拱块底部注浆

仰拱块安装后,利用两侧空隙向其底部压注C25细石混凝土充填压实,若有空隙再通过仰拱块上的注浆孔注入水泥砂浆充填密实,注浆压力控制在0.5MPa。注浆机在2号拖车位置的一侧,通过砂浆罐车运输细石混凝土和水泥砂浆,在机车通过的间隙时间进行注浆。施工中注浆工作必须及时进行,否则由于1号拖车的遮挡注浆则无法进行,水泥砂浆填充密实,无空洞。注浆时,应仔细观察两侧间隙和注浆压力,保证间隙往外冒浆或注浆压力超过0.5MPa时立即停止注浆,防止注浆管路堵塞以及仰拱块两侧浮浆过多而影响止水条的安装。

(1)预制仰拱块铺设工艺流程。

预制仰拱块安装工艺流程如图4-79所示。

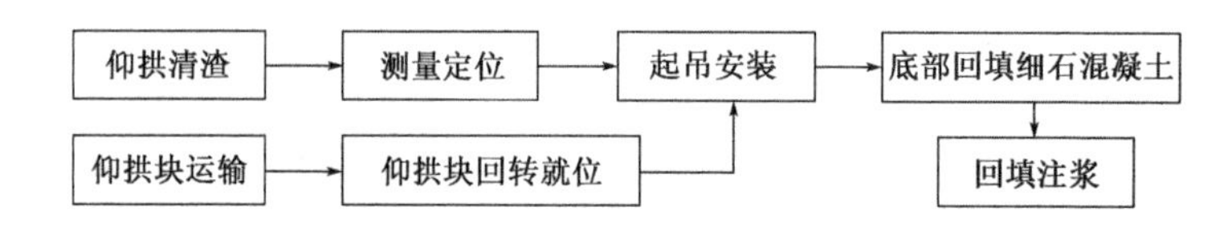

图4-79　仰拱预制块安装工艺流程图

(2)预制仰拱块铺设施工方法。

仰拱块安装前需对拱块底部的岩渣及废料清理,由人工清理至渣斗内,通过仰拱块安装吊机吊放上平板车运输至洞外。为防止泥浆边清理边流动,采用分区清理的方法进行,及在主梁下方设置两组可移动的橡胶围堰进行隔离,边清理边移动橡胶围堰,以防泥浆淌入仰拱块底部。

仰拱块运送车进入连接桥下装卸区,在回转台上人工回转90°,然后由TBM下的仰拱块吊机,用3个链式吊钩把仰拱块从车上吊起,向前运至所需要安装的位置,根据测量组画线和水平尺控制仰拱块的位置,实施准确安装。

仰拱块安装左右偏差通过仰拱块安装吊机左右调整位置,仰拱块前后高程由吊机调整,准确后在仰拱块下部用楔形块垫牢固。

仰拱块铺设前应清底干净彻底,仰拱块安放正确,确保两侧水平,如果安放仰拱块后产生

错台等现象应及时重铺，需要调平时调整仰拱块下的楔形块。

仰拱块安装完成后，仰拱块中心水沟接缝之间及时粘贴水沟接头止水带并用锚固剂抹平。

预制仰拱块安装实景如图4-80所示。

图4-80　预制仰拱块安装实景图

(3)仰拱充填。

仰拱块安装就位后，利用两侧空隙向其底部压注C25细石混凝土充填压实；若有空隙通过仰拱块上的注浆孔，利用TBM上的注浆机向底部空隙进行注水泥砂浆，以填充空隙。注浆压力控制在0.5MPa。

(4)仰拱块安装要求。

①仰拱块安装前应对隧底岩渣及废料进行清理，排除积水。

②仰拱块安装中线偏差为±5cm，高程偏差为-3～+1cm，接缝错台应小于1cm，接缝间隙应小于1cm。

③仰拱块底部细石混凝土或砂浆填充应连续、密实。

④仰拱块无法连续安装时可跳段安装，跳段区域可采用相同强度等级衬砌混凝土现浇。

4.3.7　掘进出渣及物料运输

1)掘进出渣

隧道出渣采用连续皮带输送机出渣。TBM掘进的同时切削的岩渣从刀盘溜渣槽进入刀盘中心的主机皮带输送机，经TBM后配套皮带输送机输送到连续皮带输送机内，通过连续皮带输送机运至洞外后二次转运至弃渣场。

(1)皮带出渣运输。

连续皮带输送系统由可移动的皮带输送机尾部、皮带存储及张紧机构、变频控制的皮带输送机驱动装置、助力驱动装置、皮带托滚及支架、调心轮、皮带输送机卸载机构、输送带、皮带打滑探测装置、皮带接头、变频控制系统、拉索、皮带硫化机等组成，每掘进300m需要在皮带储存机构内装入新的皮带，把原有皮带切开，在新皮带的两端与旧皮带进行硫化连接，保证皮带输送机继续延伸，隧道内连续皮带输送系统见图4-81、图4-82。

连续皮带输送机采用三脚支架式固定在隧道边墙上，设计本着固定形式简单、易于装卸的原则，便于同步拱墙衬砌时拆除，衬砌后皮带支架可重复用到成洞段。

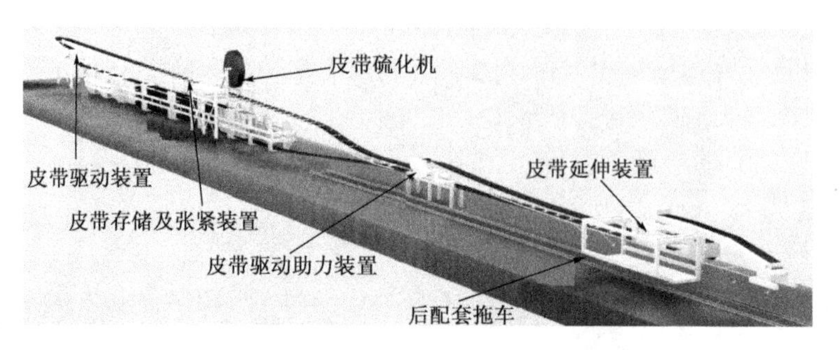

图 4-81 隧道内连续皮带输送系统示意图

图 4-82 隧道连续皮带输送系统实景图

(2)渣土二次倒运。

洞渣通过洞外接力皮带输送机输送至仰拱预制块场地回填场地,场地回填完成后,在卸料区通过装载机装渣,自卸汽车运输至指定弃渣场。隧道洞外转渣如图 4-83 所示。

图 4-83 隧道洞外转渣实景图

2)物料运输

(1)运输轨线布置。

TBM 施工时在隧底铺设仰拱预制块,仰拱预制块上设置有双线运输轨道,轨距为 900mm,采用 38kg/m 钢轨,轨道固定在预埋的仰拱块螺栓上。隧道内有轨运输(图 4-84)采用双线轨

道，每隔500m设置1个单侧渡线道岔，使左右运输轨道连接在一起。

在衬砌台车前后100m处设置活动道岔，随着模板台车前移，活动道岔也随之前移。

图4-84　隧道有轨运输实景图

(2)运输编组。

TBM掘进所需材料，如锚杆、网片、钢拱架、喷射混凝土、仰拱块等，以机车编组的形式进行供应。运输动力车辆采用内燃机车，装载车辆采用与TBM相配套的仰拱块车、混凝土罐车和平板车。因运输距离长，为保证正常TBM掘进施工，列车编组方式为：1节人车 + 牵引机车 + 2节喷射混凝土罐车 + 1节砂浆罐车 + 2节仰拱块车，以保证两个掘进循环的TBM施工材料供应。钢轨、轨枕、水管等材料根据需要编组材料车运送，主要以牵引机车 + 2节平板车的方式为主，每天根据施工具体情况机动安排。衬砌混凝土浇筑时列车编组方式为：牵引机车 + 2节混凝土罐车。

列车编组示意图如图4-85所示。

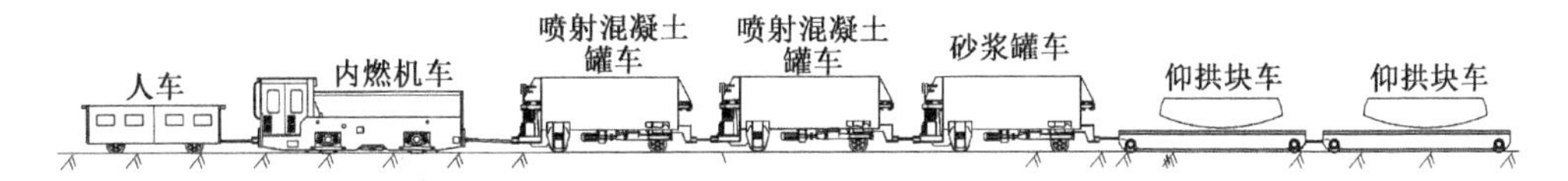

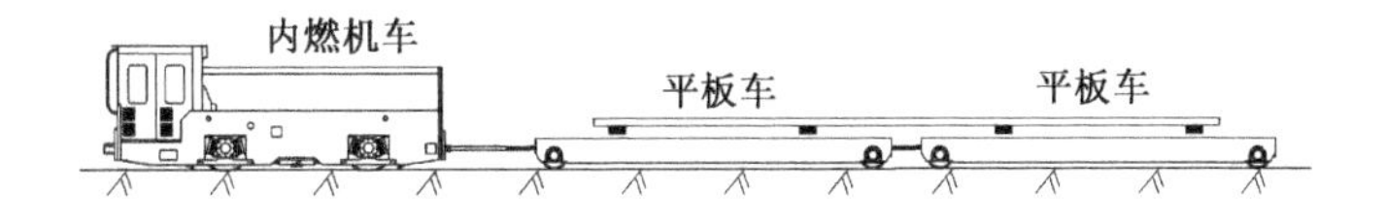

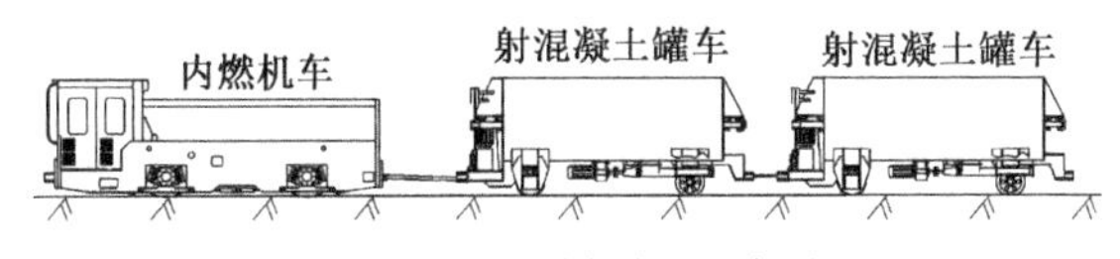

图4-85　列车编组示意图

(3)列车走行。

规定出隧道的列车为下行，进隧道的列车为上行。上行列车在左侧股道（掘进方向左侧），下行列车走行在右侧股道（掘进方向右侧）。

隧道外的车辆调度由调度室统一指挥管理,以确保施工运输正常运转。为保证生产安全,提高运输效率,同时为了保证行车的安全,每列车设置一名调车员。

4.3.8 TBM 导向系统

西秦岭隧道的 TBM 采用了 PPS(Poltinger Precision System)导向系统,规范要求隧道轴线允许偏差 ±10cm,高程允许偏差 ±10cm。因此 PPS 导向系统的正常工作是保证 TBM 掘进精度的前提。

1)PPS 导向系统组成

PPS 导向系统由马达棱镜、倾斜仪、全站仪及其电源盒、后视棱镜、多路器、屏蔽数据线、无线发射装置、装有 PPS 程序软件的工业计算机(也称为工业电脑)组成。

(1)马达棱镜。

2 个马达棱镜在始发前安装在 TBM 主机上,用螺栓固定牢固,安装后需对棱镜进行防水、防碰撞的保护措施。棱镜的安装位置一定要考虑通视条件的影响,确保全站仪与马达棱镜之间无障碍物阻隔。棱镜安装完毕后,需要测量 2 个马达棱镜的机器坐标,即棱镜在以 TBM 刀盘中心为原点的坐标系中的三维坐标值(水平、径向、垂直)。工作中如果马达棱镜发生移动,则必须重新测量棱镜的机器坐标。

(2)倾斜仪。

倾斜仪安装在 TBM 主机上,为保证倾斜仪准确测量出 TBM 主机的姿态变化,倾斜仪与 TBM 主机必须保持相对静止。因此,需要采用刚性连接进行固定(支架焊接在 TBM 主机上,倾斜仪用螺栓可靠固定在支架上),并进行防水、防碰撞的保护措施。

倾斜仪主要作用为测量 TBM 主机的滚动值(横向滚动,以掘进方向顺时针为正)与仰俯值(纵向坡度,以掘进方向向上为正)。在倾斜仪安装完成后需对倾斜仪初始值进行测量。找到 TBM 主机的一个理论水平面,分别沿横向、纵向标定 2 个点,测量 2 个点的水平距离与高差,并计算出该面的实际滚动值与仰俯值。得到的滚动值、仰俯值单位为 mm/m,即千分坡度,应换算成以度(°)为单位的角度值,但该角度值不是通常的以 360°为一个圆周,而是以 400°为一个圆周进行换算,应引起特别注意。倾斜仪初始值应定期复核,工作中如果倾斜仪发生移动也必须重新测量其初始值。

倾斜仪同时还有数据传输的作用,其 4 个接口分别为 1 号与 2 号马达棱镜接口、电源线接口、数据线接口。

(3)全站仪与后视棱镜。

全站仪与后视棱镜的支架固定在隧道洞壁上,全站仪与后视棱镜通过螺栓与支架连接牢固。全站仪电源盒放置在全站仪支架上,为全站仪提供电源并传输数据,电源盒上的 3 个接口分别为电源盒电源线接口、全站仪连接线接口及无线发射装置接口。全站仪与后视棱镜安装后由人工测量其三维坐标(Y,X,H),采用三角高程传递时应注意,支架上的全站仪与后视棱镜的仪器高应为 0。

(4)其他部件。

多路器安装在工业电脑附近,起数据传输的作用。其接口分别为多路器电源接口、倾斜仪数据线接口、无线发射装置接口、工业电脑数据线接口。工业电脑上安装有 PPS 程序软件,显示 PPS 导向系统通过自动测量得到的最终结果。

2)PPS 导向系统运行

(1)建立隧道理论中线。将隧道中线按 1m 的间隔建立中线点,在文本文档中依次输入中线点里程(station)、东坐标(east)、北坐标(north)及高程(elevation),在 PPS 程序软件中导入该文本文档,隧道理论中线即可成功创建。接着创建一个工程文件(project),定期备份工程文件,在因故障重装系统后导入备份的工程文件即可恢复数据。

(2)输入测量参数。

①依次输入倾斜仪初始值(滚动值、仰俯值、偏航值),1 号、2 号马达棱镜机器坐标,全站仪与后视棱镜三维坐标(Y,X,H),后视棱镜定位角度(水平角、竖直角)与斜距,1 号、2 号马达棱镜定位角度(水平角、竖直角)。

②输入马达棱镜机器坐标或定位角度时应注意输入顺序与马达棱镜的编号(1 号、2 号)一致。后视棱镜、马达棱镜的定向角度中的水平角由全站仪直接测量得到,只要后视棱镜与马达棱镜之间的角度差值不变,该水平角可为任意值。一般不应把后视棱镜水平角设为 0,否则系统会无法识别。

③其他参数。剩余待输入参数包括 TBM 设备定义参数、允许误差范围、纠偏路线最小拐弯半径、屏幕显示参数等,可根据工程的实际要求选择。

(3)运行 PPS 导向系统。通过 PPS 程序软件运行整个 PPS 导向系统,系统开始自动初始化 COM 接口、多路器、倾斜仪(含马达棱镜)、全站仪,正、倒镜检查后视方位,测量 1 号马达棱镜,读取倾斜仪读数,测量 2 号马达棱镜,完成一个测量循环后程序将测量结果以图形的形式显示出来,并标识出 TBM 主机机头、机尾的偏移量,建议纠偏路线,TBM 刀盘的滚动值、仰俯值,显示当前 TBM 刀盘中心的三维坐标、刀盘里程、掘进距离等。

PPS 程序自带检查功能,输入全站仪与后视棱镜坐标及定向角度有误或测量误差引起的后视方位错误程序会自动弹出对话框提醒,并无法运行系统;在正常工作中,意外移动全站仪或后视棱镜造成方位错误,系统在检查后视方位时也会给出警告;同时,每个测量循环系统将全站仪测得的 1 号、2 号马达棱镜距离与根据倾斜仪测得的坡度值反算出的棱镜距离进行比对,超限时显示红颜色的警告,提醒测量人员进行复核。

3)测量误差的控制

(1)人工因素。

PPS 的测量工作仍然是以洞内导线点、高程点等控制点为基点的,控制点测量的精度是 PPS 准确工作的前提,而且 PPS 日常转站也是由测量人员手动操作,所以测量人员的技术水平是控制 PPS 测量精度的一个关键因素。

(2)围岩变形。

全站仪及后视棱镜通过支架固定在隧道洞壁上,当围岩发生收敛变形时全站仪及后视棱镜也会发生位移,此时方位误差若未超限,PPS 还会继续工作,但误差已经在积累,如图 4-86 所示。后视棱镜较全站仪位置较早开挖,围岩收敛速度也较全站仪位置缓慢,随着围岩变形的增大,TBM 司机根据 PPS 程序显示进行掘进,TBM 主机也向围岩收敛方向偏移,如果连续几次快速转站(非控制点转站),则这种误差会越积累越大,且不易被发觉,直到重新从控制点转站后,误差得到修正,PPS 程序显示 TBM 主机位置发生横向突变。

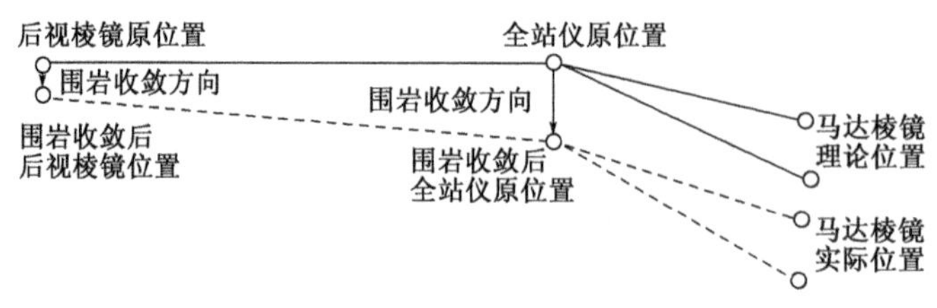

图 4-86　围岩变形影响示意图

此类误差可采取以下措施减小其影响。

①控制点转站减小围岩收敛影响。

PPS 导向系统日常转站分为两种:快速转站与控制点转站。快速转站直接以现有全站仪、后视棱镜支架为基点,测量新全站仪支架三维坐标,然后将全站仪移动到新支架上即可;控制点转站以隧道内控制点为基点,测量新全站仪支架三维坐标,然后移动全站仪到新支架上。

快速转站快速、简便,但误差会随转站次数而积累。因此,在围岩变形较大的地段应尽量采用从控制点转站的方法进行作业。

②减小每次转站距离。

围岩收敛变形随时间增长逐渐积累增大,因此,在相同掘进速度下,缩短转站距离即缩小转站时间间隔,会降低围岩收敛对测量精度的影响。

本工程中,围岩收敛变形较小的地段 40～50m 转站一次,在收敛变形大的地段转站距离则减小到 20m 左右。如遇 TBM 停机超过 2d,再次开机掘进前需对全站仪、后视棱镜坐标进行重新复核。

(3)其他影响测量精度的因素。

①高温、强光影响。

受 TBM 作业区域限制,全站仪视线有时会穿过高温气体或强光区域,如 VFD 配电柜上方、电弧焊作业区、强光照明灯等。由于局部温度过高或强光干扰,此时光线穿过会发生折射,造成测量结果偏差,因此,在实际工作中应尽量避免。

②灰尘、渗水影响。

TBM 掘进时刀盘扰动围岩、输送带转渣、喷射混凝土作业等均会产生大量灰尘,尚未遮挡视线时,光线穿过灰尘时会发生衍射,造成测量结果偏差。因此,在实际工作中应保证通风、除尘系统正常运行。

当全站仪视线刚好穿过渗水区时,光线穿过滴落的水滴时会发生折射,同样会造成测量结果偏差。此时应对渗水区进行防水措施处理,如埋设盲管、铺设防水板将水引流。

4)PPS 导向系统的日常维护及常见故障的排除

(1)PPS 导向系统的日常维护。

PPS 导向系统的正常运行离不开日常的维护,测量人员需提高对该工作的重视程度并确保落实到位。PPS 系统的日常维护工作主要包括:

①每天对所有电源线、数据线、无线发射装置进行检查,接头松动的及时拧紧,线路破损的及时更换。

②每天用专用清洁纸巾清洁马达棱镜镜面、全站仪镜头及表面、后视棱镜镜面。

③每天检查马达棱镜固定螺栓是否松动,如有松动重新拧紧并复核发生松动的马达棱镜

机器坐标。

④每周对 PPS 程序数据进行一次备份。

⑤每 2 周对倾斜仪滚动值、仰俯值进行一次校核。

⑥每 4 周复核一次马达棱镜机器坐标。

⑦每 6 个月对全站仪进行一次校核。

(2)PPS 导向系统常见故障及排除方法。

在 PPS 导向系统运行中出现的不同故障,可依照程序报错类型大致分类,然后进行排除。

①COM 接口初始化错误。

当 PPS 系统程序提示 COM 接口初始化错误时,首先检查装有 PPS 程序的工业电脑是否与多路器连接良好,如果连接没有问题,则检查工业电脑连接多路器的 COM 接口编号是否与 PPS 系统程序中选定的编号一致,比如工业电脑接口为 COM3,则 PPS 程序中也必须选定相应的 COM3。编号无误仍不能初始化 COM 接口时,尝试拔下工业电脑 COM 接头,并重新插上(必要时可重新启动工业电脑)接头,因为某些工业电脑在非正常关机后重新启动,可能造成系统无法识别接口。如以上情况均已排除,问题仍未解决,则很有可能是 COM 接口驱动问题,尝试重新更新工业电脑上的 COM 接口驱动。

②初始化倾斜仪失败或读取倾斜仪数据失败。

检查倾斜仪电源线、数据线是否破损,接头是否松动;如线路没有问题则可能是倾斜仪自身故障。

③棱镜问题。

a. 关闭 1 号(或 2 号)棱镜失败。可能原因为马达棱镜连接线损坏、接头松动或者接触不良、马达棱镜损坏。

b. 棱镜错误(problem with prism)。可能原因为 1 号(或 2 号)马达棱镜连接线接头接触时断时续,不能稳定接收系统信号。

c. 寻找棱镜错误。可能原因为全站仪与后视棱镜、马达棱镜之间有障碍物阻隔,无法通视。

④全站仪问题。

a. 初始化全站仪错误。可能原因为全站仪电源盒断电、无线发射装置接口松动或损坏、全站仪故障。此类情况需要进行电源排查或重新启动后确定。

b. 只有角度测量可用。可能原因为空气粉尘含量过高,影响通视条件,此类情况加强通风即可解决;或者全站仪测距板故障。此类情况需要对全站仪进行检修。

c. 全站仪水平出错。可能原因为意外移动支架或者围岩变形导致全站仪竖轴倾斜度超出补偿器补偿范围,全站仪无法工作。重新调平并复核全站仪坐标即可。

⑤后视方位错误。

转站工作中输入坐标参数后,弹出对话框提示后视方位错误,并无法运行测量程序,导致该情况出现的原因为输入有误或者转站工作中测量误差超限。此类情况需要进行系统重启设置。

系统运行过程中出现方位错误的提示,则可能是全站仪或者后视棱镜支架意外移动,造成后视方位超限。重新复核全站仪和后视棱镜三维坐标即可。

5)手动测量应急工作模式

手动测量模式是PPS导向系统提供的一种应急工作模式,在系统某些组件损坏无法工作时,可选择相对应的手动模式对TBM进行导向。手动测量共有4种可供选择。

(1)手动倾斜仪模式。

当倾斜仪损坏不能进行滚动值、仰俯值测量时,选择此模式,运行测量程序后按系统提示将人工测得的滚动值与仰俯值输入对话框中,其他工作则由系统自动完成。

(2)手动全站仪模式。

当PPS系统匹配的全站仪不能工作,例如仪器故障或者送专业单位检校时,用其他非PPS系统匹配的全站仪进行替代,系统不一定能够成功识别。此时可选择该模式,运行测量程序,根据提示手动对准后视棱镜(正、倒镜各1次)、马达棱镜进行测量,并分别输入对话框中,其他工作由系统自动完成。

(3)手动全站仪及棱镜模式。

当马达棱镜损坏时,用普通圆棱镜进行替代,系统不能控制棱镜打开或关闭,且有可能同时发生"(2)手动全站仪模式"中的情况,选择此模式,运行测量程序。根据提示手动对准后视棱镜(正、倒镜各1次)、2个前视棱镜进行测量并分别输入对话框中,其他工作由系统自动完成。

手动全站仪模式与手动全站仪及棱镜模式的区别在于:手动全站仪模式测量时,马达棱镜由系统自动控制打开、关闭,而手动全站仪及棱镜模式则由人工控制前视棱镜朝向或背对全站仪。这一点应引起重视,因为2个前视棱镜距离较近,不能同时全部面向全站仪进行测量,否则2个棱镜同时反射测量激光会导致测量结果不准确。

(4)全手动模式。

此模式仅用于倾斜仪与马达棱镜、倾斜仪与全站仪或者三者同时不能工作时的情况。

选择此模式后,PPS系统已基本瘫痪,运行测量程序后根据提示手动对准后视棱镜(正、倒镜各1次)、2个前视棱镜进行测量,人工测量TBM主机的滚动值、仰俯值,并输入到对话框中,PPS程序仅进行计算工作,并将计算结果以图像的形式显示在屏幕上。

6)施工过程过程中注意事项

由于TBM施工进度很快,PPS导向系统必须能够提供持续、有效、精确的数据作为调整方向的参考标准。这就要求PPS系统必须能够保证良好的工作状态,测量人员需要掌握PPS系统的工作原理,做好日常的维护、保养工作,在出现故障时能够第一时间予以恢复,并在硬件损坏的情况下仍能够提供有效的数据指导掘进。当遇到较硬围岩时,TBM刀盘掘进时震动很大,长时间的震动会导致马达棱镜损坏,而且损坏频率比较高。

4.4 TBM维修与保养

TBM的维修保养,对TBM能否正常施工起着决定性的作用。TBM的维修保养在于日常控制和管理,遵照"养修并重,预防为主"的原则,以开展设备诊断和状态监测为基础,坚持日常保养与科学计划维修相结合,以提高设备的良好工况,保证TBM不带病作业,减少TBM故障停机时间。为此,西秦岭隧道TBM采取了状态维护与强制保养相结合,定检与抽检并举的

指导思想，通过在管理实践中逐步探索和总结，建立和完善了一整套较为科学、操作性较强的每日维护保养制度。

(1)维护保养生产组织。

在掘进队中组建了三个作业班组。其中两个为掘进班，一个为保养班，掘进每日三班制作业，每掘进两个班次，停机进入保养班作业，每天停机保养时间不少于6h。

(2)形成定岗、定工序、定人的分工责任制。

按照设备子系统和作业流程、工序划分、保养责任区，一个维护保养工程师负责一个系统(一大片)，组长负责一个子系统(一条线)，技术工人负责一台设备或几个保养点(一个点)。同时结合作业流程工序，将维护工程师、班组长和技工的责任岗位明确界定。

(3)定检和抽检相结合的巡检制。

根据设备总成的故障发生规律保养等级，在掘进机施工作业和停机保养中，将有些项目列为固定的检查内容，有些项目列为抽检的范围。在掘进机掘进时，设置专门的巡检组进行巡回检查。

(4)表格签认管理制。

根据保养对象、作业流程及保养责任划分等要素，编制了20多类(种)维护保养表格，由检查人、保养人、组长、班长、主管工程师层层填写签认。

(5)状态保养与强制保养管理制。

在日常保养作业时，把一部分保养内容列为强制保养范围，这部分保养项目必须完成才能恢复掘进；把一部分保养项目列为状态保养，即根据监测站每日的监测结果，决定是否保养和维护。

维修保养分为三种基本类型：一是TBM的日常保养；二是设备的状态监测和故障诊断；三是故障的排除。

4.4.1　TBM日常保养内容

1)刀盘系统

(1)所有刀具外观检查：有无正常磨损现象；挡圈是否有脱落现象；刀具螺栓有无松动现象。

(2)扩孔铲刀及其螺栓检查。

(3)刮渣板及其螺栓检查。

(4)测量刀具的磨损量。

(5)盖板螺栓检查。

(6)中心回转接头检查。

(7)刀具喷水检查，有无喷嘴堵塞现象。

(8)主轴承内外密封、外表面是否有足够的润滑脂，润滑油是否充足。

(9)换刀情况(类别、数量)。

2)主机机械、液压、润滑系统

(1)内外凯氏机架K块、反支撑、机械部件检查。

(2)刀盘区各护盾、下支承、机械部件检查。

(3)主机其他机械附件,如平台、护栏等的检查。

(4)各护盾油缸、下支承油缸、推进油缸、撑靴油缸、反支撑油缸、反支撑拖拉油缸、设备桥悬挂油缸有无不正常现象。

(5)主机各部阀箱(K1、K2、后支承阀箱)、阀组、各部油管和主油管检查。

(6)油箱各管路、主油箱油位和滤清器检查。

(7)主泵站、各阀组油管接头有无漏油现象,各泵温度是否正常、有无异响。

(8)检查润滑脂油量、润滑管路有无损坏。

(9)处理掘进班中遗留问题。

(10)各系统工作是否正常。

3)锚杆钻机、超前钻机

(1)各工作位置的清洁检查,各部残留的石渣、灰尘的清理。

(2)检查各螺栓是否松动,各油管接头是否漏油。

(3)给油雾器、油水分离器放水,并给油雾器加油。

(4)各链轮、各滑移轨道打黄油润滑。

(5)调整各处间隙。

(6)处理掘进班遗留问题。

(7)空运转是否正常。

4)发电机

(1)检查发电机机油、燃油是否正常。

(2)检查冷却液位。

(3)检查散热器的中间冷却器是否正常。

(4)空气滤清器堵塞情况。

(5)检查油路是否有泄漏情况。

(6)检查各部件连接螺栓。

(7)空运转是否正常。

5)1号、2号、3号皮带输送机、清渣皮带输送机及卸渣槽

(1)清洁检查。

(2)检查所有滚筒的自由运转情况。

(3)检查滚筒的磨损、壳体及端盖腐蚀情况。

(4)检查所有滚筒机架和安装支架安装紧固情况。

(5)检查滚筒的润滑情况。

(6)检查刮板磨损情况,若磨损不均匀需调整。

(7)检查各卸渣挡板是否正常。

(8)检查泵站油位,各液压件的工作情况是否正常。

(9)处理掘进班遗留问题。

6)所有吊机(包括上部材料吊机、注浆罐吊机、升降平台、仰拱吊机、下部材料吊机、喷浆罐吊机、回弹料清理吊机)

(1)设备清洁检查。

(2)各油箱油位检查。
(3)各润滑部件润滑状态检查。
(4)各运动部件如吊链、钢丝绳和轨道的螺栓紧固情况。
(5)各运动部件的磨损状态检查。
(6)液压系统检查。
(7)处理掘进班中遗留问题。
(8)空运转是否正常。
7)钢拱架安装系统
(1)各运动部件的清洁保养,尤其是链条、滑移轨道。
(2)检查各部件连接螺栓的紧固情况,各液压管路的密封状况。
(3)检查各润滑点的润滑情况。
(4)处理掘进班中遗留问题。
(5)空运转是否正常。
8)除尘系统
(1)清洁过滤板和滤网,根据其损坏情况修补或更换。
(2)清洗回水塑料管。
(3)清洗沉淀水箱、排尽箱内的污水。
(4)检查喷嘴工作情况。
(5)检查各处管路、螺栓连接的紧固情况。
(6)对掘进班中遗留问题的处理。
(7)空运转是否正常。
9)混凝土输送泵
(1)检查机械料斗、输送管路、电气柜的清洁状况。
(2)检查电机冷却器堵塞情况。
(3)检查所有润滑点的润滑情况。
(4)液压油箱的油位检查。
(5)各液压元件的密封情况检查。
(6)对掘进班中遗留问题的处理。
(7)空运转是否正常。
10)混凝土喷射机
(1)行走轨道、滚轮、齿轮、喷头的清洗。
(2)液压油箱油位检查。
(3)液压、风、水管路是否正常。
(4)对掘进班中遗留问题的处理。
(5)空运转是否正常。
11)注浆机
(1)整个注浆系统、管路、混凝土腔的清理。
(2)检查油量。

(3)检查各液压元件的密封和润滑情况。
(4)处理掘进班中遗留问题。
(5)空运转是否正常。
12)链条拖拉系统
(1)冲洗链条、链轮、链条轨槽。
(2)检查油箱油位。
(3)检查链条的张紧度。
(4)检查各处螺栓紧固情况。
(5)对掘进班中遗留问题的处理。
(6)空运转是否正常。
13)空压机、通风机、供风系统
(1)检查冷却液位。
(2)放尽储气筒内的污物。
(3)检查各部件连接螺栓(含管路)的紧固情况,对漏气进行处理。
(4)检查空压机分离器的工作状况。
(5)检查风机温度是否正常。
(6)设备运转是否正常。
14)供水系统
(1)检查所有水泵的工作状况。
(2)检查供水管的泄漏情况。
(3)检查各处螺栓的紧固情况。
(4)处理掘进班中遗留问题。
(5)空运转是否正常。
15)制冷机
(1)检查制冷机、压缩机润滑油的泄漏情况。
(2)检查压缩机润滑油的油量。
(3)制冷机蒸发器铜管有无污染。
(4)检查螺栓状况,仪表显示是否正常。
16)后配套平台机
(1)检查各平台车之间连接销是否正常。
(2)检查平台车上轨道、轨道接头和道岔的焊缝是否正常。
(3)检查道岔工作情况,斜坡轨是否正常。
(4)检查平台车上各部件和设备是否与洞壁有相互妨碍现象,有则及时处理。
(5)对掘进班中遗留问题的处理。
(6)空运转是否正常。
17)整机电气系统
(1)高压供、输电系统是否正常。
(2)控制电压是否正常。

(3)各仪表、指示灯显示是否正常。

(4)各电器控制柜、操作盘的清洁保养。

(5)各电气部件的防水防潮设施检查。

(6)各电气系统绝缘是否正常。

(7)各设备电气控制系统是否正常。

(8)TBM 照明系统、隧道照明系统是否正常。

(9)各传感器、皮带输送机速度调试器是否工作正常。

(10)处理掘进班中遗留问题。

4.4.2　TBM 刀具维修与更换

TBM 停止掘进并经确认可进仓作业。TBM 施工过程定期或不定期(刀具漏油、弦磨、掉刮板、掘进中掘进参数突变时)进行检查刀盘、更换刀具作业。

作业内容:停机、通风、进入刀盘登记、刀盘手动模式转换、检查刀具并更换、清理恢复掘进。

TBM 刀具检查、更换质量按标准进行,发现以下情况,刀具必须更换。

(1)磨(弦磨)、漏油、刀圈有大块崩缺、轴承损坏、挡圈脱落、刀圈移位、刀具固定螺栓损坏等。

(2)17in 正滚刀刀圈磨损量≥20mm,19in 正滚刀刀圈磨损量≥25mm。

(3)边刀刀圈磨损量≥15mm。

(4)中心刀刀圈磨损量≥20mm。

(5)扩挖刀刀圈磨损量≥20mm。

(6)刮板最大磨损≥25mm。

检查更换作业施工工艺流程见图 4-87。

TBM 刀具检查、更换作业控制要点见表 4-4。

TBM 刀具检查、更换作业控制要点　　表 4-4

序号	作业项目	控制要点
1	刀具检查	检查刀盘上所有刀具螺栓是否有脱落现象
		检查滚刀挡圈是否断裂或脱落;若挡圈脱落,还应检查刀圈是否发生移位
		检查滚刀刀圈是否完好,有无断裂及偏磨现象
		检查滚刀刀体是否漏油或轴承损坏现象
		滚刀在没有断裂和损坏的前提下,正确测量滚刀刀圈的磨损量,并做好记录
2	刀具更换	当检查完刀盘、刀具后,按换刀计划,从中心刀位置开始依次往外圈更换刀具
		换刀时如需进行动火作业,必须由气体检测人员先对动火区域内的气体进行检测,安全合格后且得到安全员动火批准后,方可进行;并对该区域设专用通风设备,确保空气流通
3		还应注意换上的新装正滚刀刀圈与相邻滚刀间的磨损量差值。若大于 10mm 以上,也应更换,或调整刀具位置,避免新旧刀具受力不均造成损坏

续上表

序号	作业项目	控制要点
4	刀具更换	更换边滚刀需扩孔时，扩孔作业分数次进行，扩孔总长度为800mm左右
5	清理	刀具处理完毕后对刀盘前方进行全面的检查，避免工具、杂物遗留在土仓内
6	恢复掘进	恢复掘进后，应减小贯入度，掘进一个循环，再开仓检查，主要检查新换刀具的磨损和螺栓的紧固情况，有异常及时处理

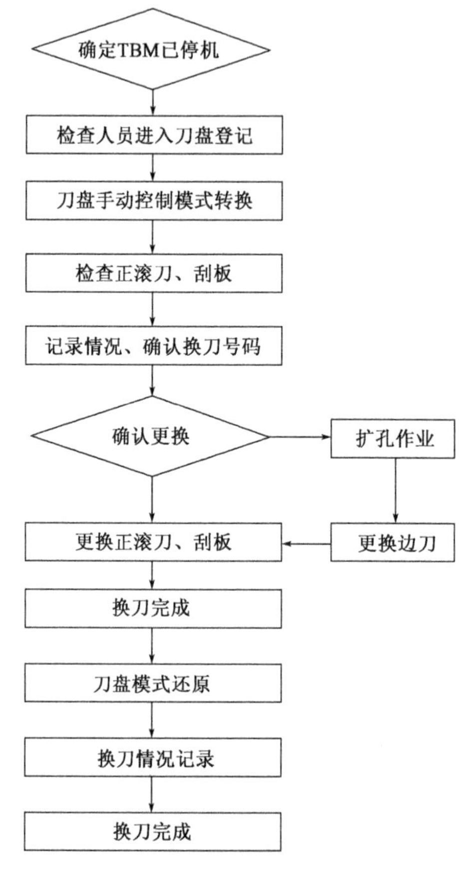

图4-87　检查更换作业施工工艺流程图

刀具经检查维修后，在掘进过程中不允许出现因检修不当等造成停机。从统计角度讲，维修刀具产生故障比例不超过5%，以减少对TBM的使用及掘进速度的影响。通过对刀具的检查与维修，分析刀具及其零件的生产质量、前期检修的质量、刀具安装存在的问题、地质变化和TBM操作等因素对刀具损坏的影响，及时提出分析和反馈意见。刀具维修过程中，不可盲目更换零件，对损坏的零部件需要修复。既要保证维修刀具的质量，又要严格报废部件条件，做到物尽其用，降低成本。

1）刀具维修前的清理与检查

从刀盘上更换下的刀具，需及时清理，将表面黏糊渣土清理，尤其内六角螺栓孔及滑动密封腔内需要进行仔细清理。

2)更换刀圈

(1)切割刀圈。

(2)清洁刀圈的安装面,刀体安装位置的清洁及检查,挡圈槽的清洁,抽检刀圈及刀体关键尺寸。

(3)刀圈加热温度控制在200℃以内及保温时间不低于2h,装刀时注意刀圈的正反面。

(4)刀具挡圈的焊接。

①焊挡圈时一定要采取防护措施,避免电火花打在刀圈上;

②焊时用引弧板引弧,禁止在刀体上直接引弧。

(5)拆除端盖。

(6)拆除刀轴和轴承。

(7)清洗刀体并检查刀体内侧轴承接合面;检查刀体内侧与滑动密封的接合面;检查刀体外侧与刀圈的接触面。

(8)检查刀体。

注:通常一个刀体可装三次刀圈,新装刀圈要测量刀圈内径与刀体外径见的过盈量。

3)刀具的安装与检测

(1)刀具的检测工具,根据标准配备。

(2)刀具的安装和检测调整。

①在刀体轴承外圈涂抹上锭子油,插入外圈,安装时注意小端向里。

②利用压盘将轴承外圈压入,需用30~50kN的力,然后再用500kN的力再次压轴承外圈。

(3)确定隔圈的宽度。

①将定心装置放在测量台上;

②把轴承内圈放在定心装置上;

③用起吊装置将刀体(连同刀圈、挡圈为一体)放在轴承内圈上。

(4)将重块放在轴承内圈上。首先在重块中心处校准刻度表,预调到一个大于2mm的测量值;然后将刻度调为零,这一调整作为确定隔圈宽度的基值,在整个测量的过程中不能改变。

(5)去除重块、上部轴承内圈和隔离圈,重新放入上部轴承内圈。

①将重块再加到轴承内圈上;

②在重块上再次小心校准刻度表;

③使测量杆处于前面并且位于测量台已标出的位置上;

④保持重块不动,转动刀体上刀圈直到测量值不再发生变化;

⑤准确读出刻度表上的测量值,精确到百分之一毫米,如0.55mm;

⑥去掉测量装置和重块;

⑦在轴承内圈的内孔和刀体外部用标识笔标出轴承内圈在刀体上的位置。

(6)确定隔离圈的宽度。

①确定隔离圈宽度,中心刀为18.5mm,边刀与正滚刀为31.5mm;

②记下没有隔圈的测试值；

③内部轴承间的距离为 A = 隔离圈的宽度 - 没有隔圈的调试值；

④内部轴承的预留间隙为 $B=0.2\text{mm}$ 左右；

⑤刀轴上的内部轴承冷缩值为 C = (刀轴平均值 - 内部轴承平均值) ×3.375；

⑥隔离圈的宽度为 $D=A-B+C$；

⑦隔离圈两端磨削的宽度为隔离圈的宽度 $D\pm0.01\text{mm}$。

(7)隔圈的消磨加工和消磨检验。

4)刀具的装配

(1)刀轴装配。

①将刀轴垂直置入刀轴定心元件中；

②将油脂涂过的O形密封圈塞入刀轴的上部沟槽中。

(2)端盖装配。

将端盖装在刀轴上，用相应的螺栓将端盖与刀轴进行连接，用乐泰胶螺纹锁固胶，并用扭矩扳手拧紧，拧紧力矩为200N·m。紧固螺栓时注意螺栓不可以突出端盖。

(3)轴承装配。

将刀轴从定心元件中取出，并将其放在安装支承上，注意端盖端朝下；将轴承内圈加热到80～90℃后，滑装到刀轴上，并使其与端盖紧密接触。注意轴承内圈的最大加热温度不超过100℃。按轴承标识位置对应安装。

(4)隔圈装配。

①将研磨过的隔圈装到轴承内圈上，利用安装套将滑动密封圈压端盖中，滑动圈密封滑动表面要加少量油；将第二个轴承内圈加热到80～90℃后，滑装到刀轴上，并与刀体中轴承外圈紧密接触。

②利用安装装置将滑动密封压入端盖中，滑动密封的滑动表面要加少量油，将端盖装入刀轴。

③利用安装装置将两端盖置于同一平面内，并用固定螺钉将其紧紧拉入安装装置中。

④将涂过乐泰螺纹锁固胶黏结的螺钉用手拧紧端盖，拧紧力矩时要交替拧，所用的拧紧力矩为200N·m。

⑤从安装装置上取下刀具，在压力机下逐渐给端盖加载，要在一边加压一边紧固。重新紧固螺栓到标准扭矩范围内，直至加压到500kN，同时转动刀体。

⑥用200N·m的扭矩再次拧紧端盖螺栓。

(5)加润滑油。

注入含有1%添加剂的刀具润滑油，将涂过乐泰螺纹锁固胶黏结的螺钉用手拧紧端盖。注意螺钉不能露出端盖，如露出要磨掉。

(6)刀具组装检验。

①检验刀具的扭矩，用扭矩扳手给出扭矩50～60N·m，并规则地转动轴承。

②在试验台上正转和反转各15min的时间检查刀具的运转情况，如温升、油堵是否漏油、密封是否漏油、刀具有无异响、螺栓是否松动。注意温升在70℃以下为正常。

5)刀具的标识与存放

(1)刀具修好后要打标记。更换过轴承的刀具在刀体上涂有红漆,并打钢码;刀具修完出厂后应记录相应的内容,必须要做到准确及时。

(2)刀具应该存放在5～40℃的存放区内。

(3)刀具应集中存放在木架上并将其进行遮盖。为了防止运输时刀具的碰撞以及存放时有杂质进入螺栓孔内。

(4)存放时刀具如更换轴承、密封的新刀、没有更换轴承的新刀、作过渡的刀,应分区进行存放。

(5)吊装刀具时注意螺栓孔的保护工作。注意吊刀具时必须利用吊环或钢丝绳进行起吊,不可以用起吊钩直接起吊。

4.4.3　TBM油料检测与更换

TBM作为多种设备组合而成的综合体,其液压系统相当复杂,用于润滑和传动的工作介质均为油和脂,加强油液检测技术是TBM维修保养管理的关键环节。油液的检测主要是采用油质检测仪和污染度测试仪,结合铁谱、光谱分析技术,对油质的理化性能指标和磨粒、污染度等进行检测,为TBM的故障维修提供依据。

1999年3月,TBM在秦岭隧道Ⅰ线北口施工中曾出现主轴承中润滑油严重脏污,通过检测表明:TBM主液压系统被严重污染,且系统部分零部件已发生严重磨损,系统处于极高报警状态。根据监测站提供的情报预测,有关专家提出停机维护,更换了主轴承密封(三道唇形密封和一道迷宫密封)和系统所有液压油,并彻底清洗主液压系统,避免了主轴承和液压系统其他部件的严重损坏。

西秦岭隧道施工中在工地上设置专门的油水检测室(图4-88)每天对TBM各种油料(图4-89)进行检测,以指导TBM设备的油料更换和判断TBM使用中出现的故障。

图4-88　TBM油水检测室仪器

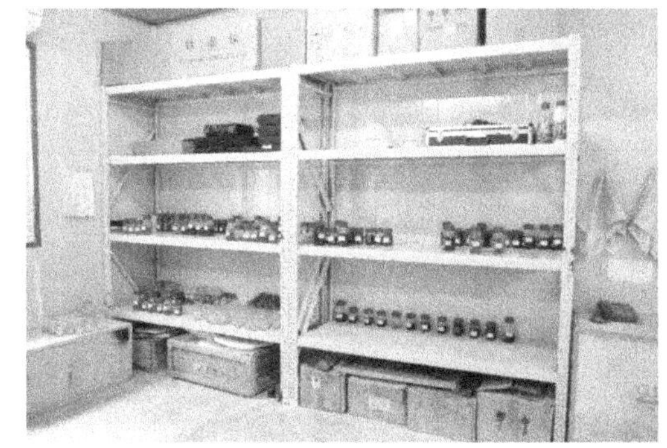

图4-89　TBM油水抽样检测样品

4.4.4　其他设备检测与更换

1)主轴承

主轴承是TBM的心脏,它的状况关系到整机的寿命,但它的故障一般不表现出来,是一个渐进过程,只要发生故障,对工程而言是无法承受的灾难;而不正常的使用和保养,是造成主轴承损坏和降低使用寿命的原因。通常采取对润滑油进行水分、污染度、黏度、铁谱、光谱分析，以及内窥镜监视和涡流监测等检测措施。

2)电机

无论TBM采用哪种驱动方式(液压、变频、双速或单速电机)，电机都是动力源，其他设备大都也由电机驱动。采用红外测温、电流和振动监测是有效的。

3)液压泵站

把监测的重点放在对液压油的检测上，如水分、污染度、黏度、铁谱、光谱等。此外，对系统的压力、流量、温度、噪声等的监测也是重要的。

4)皮带输送机

皮带输送机的损坏也将会造成TBM停机，中断掘进。因此，对于皮带输送机的保养，同样值得注意。因为主机、后配套、连续皮带输送机组成一个完整的出渣系统，且线路较长，其保养工作的特点主要是：对驱动滚筒轴承座的温升、噪声及驱动元件的检查、调整，且要防止皮带输送机跑偏，严重的跑偏将可能造成皮带“飞边”，影响皮带的寿命。并要检查被动滚筒和带面、刮板与带面贴合的情况，发现问题及时处理。

其他设备(如吊机、风机、除尘设备)、混凝土系统、皮带输送系统等，都要进行定期的检查和监测。

4.4.5 故障诊断

故障诊断的过程就是信号的测取、有用信息的提取与结果分析。从信号的测取角度来看，工地检测站故障诊断主要采用的技术方法如下。

1)感官检查

感官检查就是利用操作或维修人员的视、听、触、嗅觉，观测TBM设备或部件的运动情况，主控室的运转参数如电流、温度、压力、流量、速度等，检查机件的异响、异味、发热、裂纹、锈蚀、损伤、松动、油液色泽、油管滴漏等，初步判断部件的工作状态。虽然凭感觉检查有时不够精确，且对个人的经验依赖性较强，但这种传统的检测方法是进行设备监测诊断的基础，是现场的维修保养工作中不可或缺的常用方法。

例如：TBM主轴承前腔密封是通过脉冲式油脂泵注入润滑脂进行润滑的，这些油脂将外界灰尘和杂质封堵在外，以保护主轴承。若有润滑脂挤出，说明润滑脂注入情况正常；否则检查润滑脂泵系统的故障或主轴承密封是否堵塞。在检查刀盘时也要观察主轴承内外圈的润滑脂挤出情况，以判断润滑脂的润滑效果。

2)温度监测

温度的变化与被监测设备的性能和工况有密切的关系。当机械的运动发生异常磨损时，过度发热导致的温升影响机械或润滑油的正常工作状态，从而形成恶性循环，致使设备过早损坏。

TBM的温度监测技术分接触和非接触式测温两种方法。接触式测温主要是采用热电偶测温，在TBM主轴承润滑系统、液压系统的各泵站等分别布置了测温传感器，对油温等进行有效的监控；与此同时，现场维护人员利用手持式红外线测温计进行非接触式测温，可以方便、快速、安全地监测主电机、变速器、皮带输送机滚筒、高压电缆接头等部件的工作温度。也可以利

用手持式红外线测温计测量螺旋输送机出口的渣土温度,以辅助判断刀盘前方是否产生泥饼或堵仓。

3)无损检测

无损检测主要是指利用工业内窥镜观测设备内部情况。打开TBM主轴承壳体的观测孔,利用工业内窥镜观测主轴承滚子、滚道、保持架的磨损和锈蚀情况。

4)振动测试

各旋转设备在运转时,故障出现前都会有故障初期振动特征信号产生,对各特征信号进行采集、处理并分析,便会大幅度提高故障预报的准确率。在进行设备振动诊断时,采用数据采集仪,可实现设备状态参数(振动加速度、速度、位移)振动波形的现场采集与分析,并与计算机结合,可对各种故障信号进行处理,实现早期预报及诊断。这些分析方法主要包括振动的加速度、速度、位移分析,功率谱分析,幅值谱分析,时域分析,频域分析等。振动测试、分析比较适合于TBM的主电机、变速器、泵站、各类水泵、风机等旋转机械的监测与诊断。

第5章　开敞式TBM洞内拆机与运输出洞

TBM 运行过程中,任何一个系统出现故障都会影响掘进效率。当 TBM 掘进施工结束后,科学拆卸工序可以延长 TBM 使用寿命,TBM 贯通如图 5-1 所示。本章重点讲述西秦岭隧道开敞式 TBM 洞内拆机和运输出洞的过程。

5.1　拆卸总体安排

西秦岭隧道 TBM 均在拆卸洞(图 5-2)内进行拆卸,TBM 完成第二掘进段后,紧接着步进至拆卸洞内进行拆卸。

图 5-1　TBM 贯通

图 5-2　TBM 拆卸洞室

考虑到 TBM 拆卸部件堆放场地的限制及 TBM 从进口运出时与进口下一步施工工序的干涉,决定 TBM 所有部件运输从出口运出。TBM 大件运输从出口进行,则需考虑与出口衬砌台车的干涉,台车净空 4.4m×2.7m,只能保障后配套运输,而主机大件运输则需台车拆解完成方能进行。当 TBM 到达拆卸洞室里程后,停机,更改 TBM 变压器位置,布置拆机供电线路,开始进行 TBM 拆机。分两组主机拆卸组(拆卸范围包括 1 号桥架)和后配套拆卸组(拆卸范围包括 2 号桥架)同时进行。其中主机拆卸在拆卸洞室内拆卸,后配套拆卸在后配套拆卸区域拆卸。

5.2　拆机前准备工作

5.2.1　拆卸洞室设计

1)洞室概述

TBM 拆卸洞室长 65m,宽 13.4m,顶高 19.76m,采用 2×75t 天车进行吊卸。天车起吊高度 13.4m,采用地面遥控方式控制。拆卸洞室具体尺寸如图 5-3 所示。

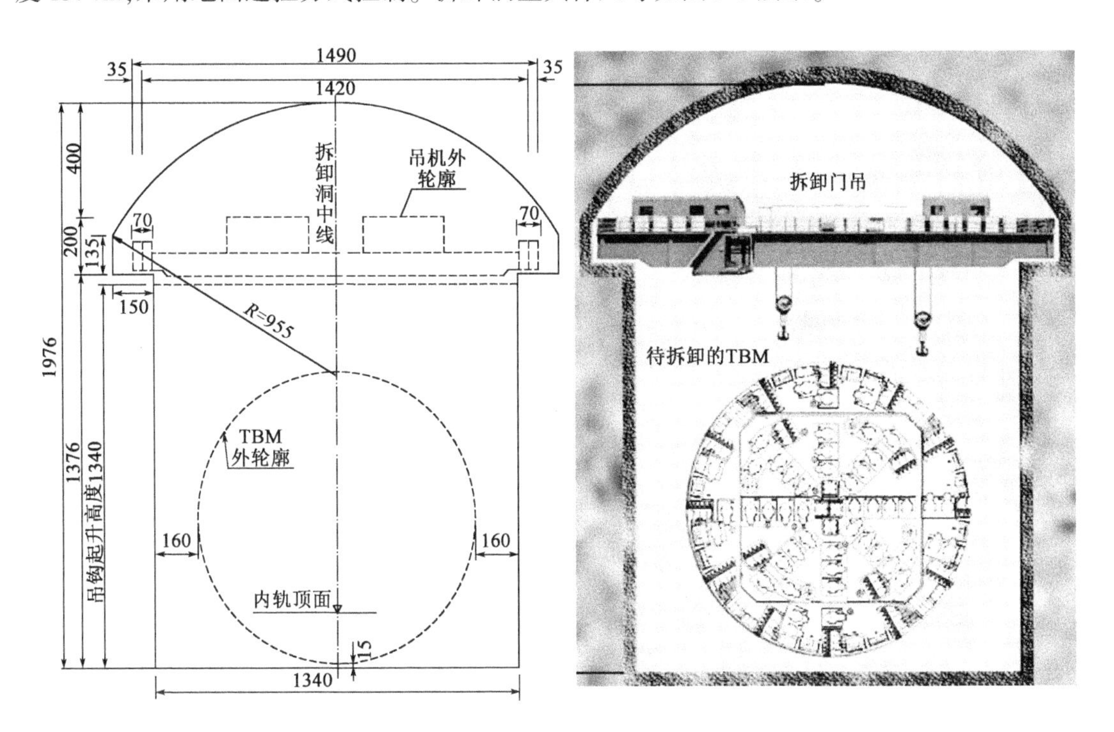

图 5-3　拆卸洞室图(尺寸单位:cm)

2)吊机安装

根据拆卸需要,考虑到主机单件最大质量 127.9t(主轴承与密封装配),故采用 2×75t 天车作为起吊设备,天车的安装由有资质的厂家技术人员负责,施工方人员配合。

秦岭隧道右线拆卸洞吊桥如图 5-4 所示。

3)后配套拆卸区

后配套拆卸区域位于 TBM 掘进段,TBM 步进前 1 号拖车至 4 号拖车所在位置,布置范围约 40m,使用两根 200mm 的工字钢作导轨,沿隧道方向在隧道中心线两侧平行布置,间距 1000mm,导轨与钢拱架焊接完好,并使用锚杆加固(每根工字钢增加布置 8 个锚点,间距 5m,每个锚点使用 2 根 3m 的锚杆锚固,并与工字钢焊接),使用 4 个 5t 的电动葫芦,结合 4 个 10t 的手拉葫芦(图 5-5),均布在两根工字钢上,作为拆卸 TBM 后配套的拆机装置。

图 5-4　秦岭隧道右线拆卸洞吊桥

图 5-5　导轨上布置的手拉葫芦

5.2.2　拆卸前风水电的布置

1)施工通风及用风

施工通风仍采用原 TBM 供风风管,使用罗家理斜井位置处的盖亚风机供风,由于洞室进出口已完全打通,也存在自然通风。

施工用高压风,采用一台 12m³ 的风冷空压机一台,由专人看管操作,保障洞内拆卸时用风需求。

2)施工用水和排水

施工用水仍可使用原 TBM 主供水管,在 TBM 原施工的供水管处安装阀门与管路,从台车尾部直接铺设至拆卸洞。水管采用直径 159mm 的钢管。

施工排水布置。当 TBM 到达拆卸洞室后,朝进口方向为下坡段,拆卸施工及衬砌所产生的污水自然流入拆卸洞室和掘进洞室的交会处边墙位置处的污水坑后,采用 2 台 5kW 的污水泵,沿拆卸洞室边墙铺设污水管道至大件存放区前方,使污水朝进口方向自流而出。

3)施工用电

在 TBM 到达拆卸洞室完成拆卸前的准备工作后,即可断电,更改线路,保障拆卸期间的用电需求。

TBM 拆卸期间用电设备如表 5-1 所示。

TBM 拆卸期间用电设备统计　　表 5-1

序　号	所用设备	用　途	单台功率(kW)	数　量	总功率(kW)
1	75×2t 天车	主机拆机	90	2	180
2	8t 电动葫芦	后配套拆机	15	2	30
3	普通焊机	焊接用	15	4	60
4	二保焊机	焊接用	20	2	40
5	碳弧气刨	爆焊缝	30	1	30
6	空压机	拆卸用风	90	1	90
7	抽水机	洞内污水	5	3	10

续上表

序　　号	所用设备	用　　途	单台功率(kW)	数　　量	总功率(kW)
8	洞内照明	拆机照明用	6	1	6
9	其他		10	1	10
合计					456kW

根据用电设备功率结合项目现场变压器使用情况，计划选用原罗家理斜井皮带辅助驱动用 S11-630kV · A 变压器。高压开关柜选用连续皮带输送机主驱动位置一高压配电盘，低压柜选用原 TBM 三相柜。

用电示意图如图 5-6 所示。

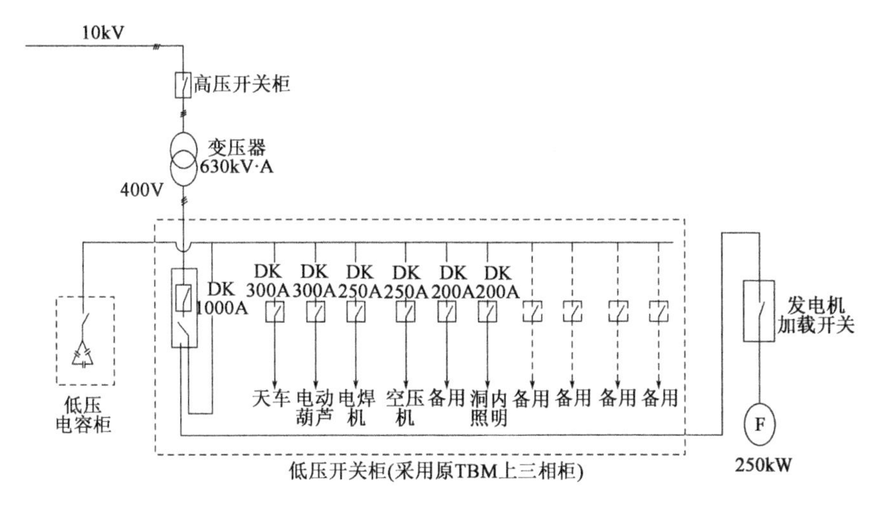

图 5-6　用电示意图

施工顺序：

当 TBM 到达拆卸洞室后，首先停 10kV 高压电，移动 S630kV · A 变压器、高压柜、低压开关柜等至拆卸洞室安装位置(图 5-7)，在此期间，采用 TBM 上发电机照明供电。待所有供电设备移动到位、高低压电线路连接好后，即可供电，停 TBM 发电机电路，此时 TBM 风水电线路即可进行完全拆卸工作。

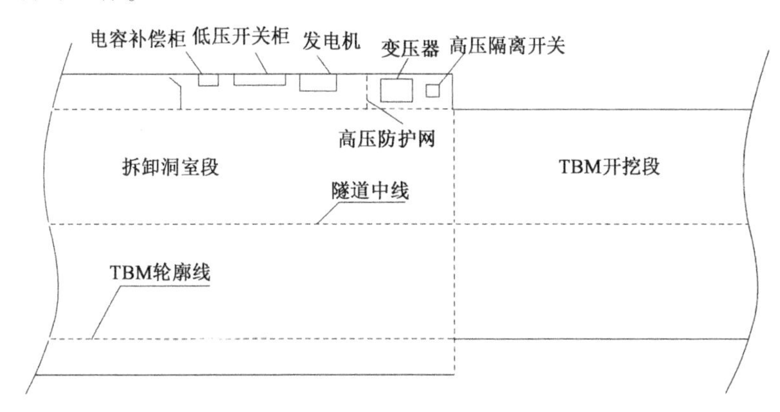

图 5-7　供电设备布置示意图

5.2.3 设备、物资、工器具准备

拆卸设备、物资、工器具准备工作依据现场情况制定，此处由于篇幅原因，不再另附。

5.2.4 TBM 拆卸内容及人员组织

1）拆机主要工作内容

拆卸内容主要包括：

（1）拆卸间 TBM 的拆卸和吊装。

该项工作主要是 TBM 的主机、连接桥、后配套的拆卸、后期桥机的拆卸以及后期高压电缆的回收等。

（2）TBM 部件的运输。

该项工作主要包括洞内装车、洞内运输、洞外运输等，在运输过程中需要做好运输清单的统计和交接以及车辆的跟班工作。

（3）洞外 TBM 存储场地的卸车和修复处理。

该项工作主要是洞外白炭窑沟场地的货物接收、统计、整理等，另外还包括 TBM 部件的修复、刷漆、包装等。

2）拆机人力资源配置

根据 TBM 拆卸内容，洞内 TBM 拆卸人员配备如表 5-2 ~ 表 5-5 所示。

主机拆卸组人员配备　　表 5-2

序　号	工　种	人　数
1	班组负责人	1
2	工程师	1
3	机械工	6
4	天车司机	1
5	天车指挥人员	1
6	电工	1
7	电焊工	4
8	安全员	1
合计		16

后配套拆卸组人员配备　　表 5-3

序　号	工　种	人　数
1	班组负责人	1
2	工程师	1
3	机械工	6

续上表

序　　号	工　　种	人　　数
4	吊装工	2
5	指挥人员	1
6	电工	1
7	电焊工	2
8	安全员	1
合计		15

电器线路拆卸组人员配备　　表5-4

序　　号	工　　种	人　　数
1	班组负责人	1
2	工程师	1
3	电工	4
4	杂工	2
合计		8

液压管线路拆卸组人员配备　　表5-5

序　　号	工　　种	人　　数
1	班组负责人	1
2	工程师	1
3	液压工	4
4	杂工	2
合计		8

各班组人员调度安排统一归生产经理或工区负责人负责，生产经理根据不同时期，不同的拆卸内容进行相应调整。如液压管线路拆卸工在完成液压管线路拆除工作后，可协助进行主机拆卸作业，以保障拆卸工作安全、有序、高效进行。

运输工区人员安排由调度室负责，洞外设备修复和包装工作人员安排由机修工区负责。施工过程中机电技术人员督导。

3）作业时间安排

分白班和夜班作业，白班作业时间早7:00到晚19:00，夜班作业时间自晚19:00至早7:00。每班作业内容及人数有各班班长安排，原则上拆卸工作以白班为主，主要进行吊运；夜班作业工作主要以刨除焊缝、拆卸螺栓、小件为主。电器和液压管线路拆卸组由于现场人员问题只进行白班作业。

5.2.5 运输车辆及道路准备

1)运输原则

因 TBM 部件较多,且大件运输对沿途的路况要求非常严格,对沿途的交通影响较大,因此 TBM 部件的运输原则是“大件统一运输”,即大件安排专业的运输公司运输,根据拆卸进度和大件的数量,在运输前需要和建设单位、监理工程师协调具体的运输时间,以便对沿途道路进行管制。

2)运输保证

TBM 部件运输重点在大件运输,因大件尺寸和质量较大,为保证大件能够顺利进行,需要做到以下几点措施。

(1)邀请专业的运输公司运输,并根据大件的尺寸和质量,对道路的宽度、坡度、承载要求、转弯半径等提出详细的参数。

(2)提前安排专业的运输公司对沿途经过的路况进行核实,在建设单位和监理工程师的协调下,对不符合运输要求的路面进行修正,对障碍物进行清理。

在正式运输前 15d 再安排专业的运输公司人员进场再次对运输道路进行核实。

(3)做好洞内和洞外运输部件的清单,每个车辆填报单独的清单,并在装车以后核实货物清单和货物名称与数量、质量、车牌号等是否相符,有无磕碰等,并在每辆运输车上安排有经验的人员跟车。

(4)运输前仔细核实部件与车框是否紧固,货物中心与车辆中心是否有偏差等,在确认安全的情况下开始运输,并控制沿途的车速,确保运输安全。

3)运输车辆

因 TBM 在洞内拆卸,故部件运输涉及洞内运输和洞外运输两方面。洞内采用轨道车运输方式,洞外采用汽车运输。TBM 拆卸件由洞内运至洞外后,通过洞外 300t 门吊吊装至汽车上运至 TBM 存放场地。

洞内运输轨道车根据隧道内现有的钢轨设计制造,根据现场情况进行大件运输车辆设计。

洞外运输(图 5-8)计划租赁拖车进行运输。根据大件质量及运输批次、运输时间,合理选用拖车及进场日期。

图 5-8 TBM 主轴承洞外运输

4)洞外存放

场地布置将根据场地形状进行规划,原则上以方便运输、装卸,便于合理保存、养护为主。

5.2.6 拆机前的设备清理工作

1)设备清理原则

(1)彻底清理整台 TBM 各部位、各部件表面、各角落的混凝土结块、渣石、灰尘、变质润滑脂等附着物,保证各部件表面干净、整洁,避免金属部件的氧化、腐蚀。

(2)彻底清理整台 TBM 各电器配电柜内各元件表面的灰尘及其他附着物,保证各元件功能的正常运行,进而实现整个电气系统各功能的完整和正常运行。

(3)彻底清理整台 TBM 各液压阀站及相关部件表面的油脂、灰尘等附着物,保证各液压元件的正常运转,进而实现整个液压系统的功能的完整和正常运行。

(4)彻底清理皮带及相关机构件表面的灰尘、积渣及其他附着物,保证各部件表面干净、整洁,各部件的功能的正常运转,进而实现整个系统功能的完整和正常运行。

2)清理部位、方法及标准(表 5-6)

设备清理内容　　表 5-6

清理部位	清理方法	清理标准
刀盘区域:刀具、刀座,边块与边块及边块与中心块之间的焊缝,刀盘内部刀盘与主轴承的连接螺栓,渣斗、主轴承内圈等	1. 用手持式风镐、铁锤、铁锹、铁钎等工具清理积渣; 2. 用高压水、高压风冲洗各结构件表面、缝隙里的松散渣石和灰尘; 3. 用钢丝刷擦各角落的残留物	1. 保证各机构件表面、每个角落干净、整洁,无残留的积渣; 2. 保证各结构件功能正常
主机区域:机头架内部左右两侧的各空腔、护盾、钢拱架安装器、主驱动电机、锚杆钻机、锚杆钻机齿圈及移动轨道、主梁上层平台、推进缸活塞保护盖、左右大臂、主梁下平台、主液压阀站、撑靴、撑靴油缸、扭矩油缸鞍架、导向筒等	1. 用铁锹、铁镐将空腔、结构件表面的虚渣清除掉; 2. 用手持式风镐、大铁锤、铁钎清理部件表面的凝结的混凝土,大的渣石; 3. 用适量的高压水、高压风吹除主驱动电机、其他部件表面的灰尘、积渣及相关附着物; 4. 用铲刀、钢丝刷、棉纱清理和擦拭油缸表面的附着物	1. 保证各部件表面、机器各角落干净、整洁,无残留混凝土、积渣等附着物; 2. 保证各结构件功能正常
2 号桥架:2 号桥架平台、L2 区钻机泵站,钻机平台、润滑泵站、清渣器、材料吊机、升降平台、仰拱吊机、拖拉油缸等	1. 用手持式风镐、铁锤、铁锹、铁钎等工具清理凝固的水泥浆; 2. 用高压水、高压风冲洗各部件表面的水泥浆液、积渣,灰尘等; 3. 用钢丝刷、小铁铲轻轻敲击凿岩机表面的附着物	1. 保证各部件表面、机器每个角落干净、整洁,无残留混凝土、积渣等附着物; 2. 保证各部件功能的正常
2 号桥架及后配套:喷射机械手、混凝土输送泵、除尘器、除尘风机、1 ~ 7 号后配套台车	1. 利用手持式风镐、铁锤、铁锹、钢钎清理附在顶棚、环形梁上的喷射混凝土回弹料及附在储料罐四周、输送泵料斗、缸内的混凝土; 2. 利用高压水、高压风冲洗表面混凝土等附着物	1. 保证各表面、每个角落干净、整洁,无残留混凝土、积渣等附着物; 2. 各部件功能正常

续上表

清理部位	清理方法	清理标准
皮带输送机:1号皮带及相关的结构件、1号皮带回程底部、2号皮带及相关的结构件、2号皮带回程底部、连续皮带及相关的支撑结构件、斜皮带及相关的支撑结构件	1.利用手持式风镐、铁锹、铁锤、铁钎等工具清理皮带下的积渣; 2.利用高压风、高压水冲洗松散的积渣等附着物	1.保证皮带底部干净、整洁,无残留积渣; 2.保证各部件功能正常
电气部分:主液压阀站配电柜、主轴承润滑配电柜、锚杆钻机配电柜、喷锚机械手配电柜、变压器、VFD控制柜、空压机、高压电缆卷筒、皮带控制柜等电气控制柜	1.用适量氧气轻轻吹配电柜内的电气元件表面的灰尘; 2.用毛刷刷电气元件表面灰尘	保证电气元件表面干净、整洁,特别是接触部分
液压泵站:主液压阀站、主润滑阀站、凿岩机阀站、喷锚机械手阀站等液压控制阀	1.用钢丝刷、铲刀清除控制阀外表面的污垢; 2.用棉纱、柴油擦拭外表面,并对接管处用加以封堵	保证外部干净、整洁,便于封装、储存

3)注意事项

(1)禁止用铁锤等硬工具敲打电气元件、接线柱、液压阀件、油缸等重要部件表面。

(2)禁止用高压水冲洗电气元件、电磁阀、配电柜等部件。

(3)注意安全使用设备,以确保工作人员的安全。

5.2.7 技术资料准备

技术资料准备主要包括:人员培训,设备资料准备,整理部件详单和设备标识等。

(1)人员培训。在拆卸前安排相关技术人员熟悉拆卸流程及具体拆卸方案、标识,拆卸的标准及要求,拆机前一周进行。在拆卸期间安排早会,布置拆卸任务及要求,解决拆卸相关问题,不定期召开重点部位专题拆卸会议。

(2)设备资料准备:准备拆卸部位相关图纸、组装期间资料及照片,方便拆卸。

(3)整理部件详单和设备标识:根据TBM设备和后配套所有的部件结构,结合建设单位提供的图纸资料,将TBM所有部件进行详细的统计,主要统计尺寸、质量及相应的数量,便于后期拆卸和运输,并提前安排专人制作电气(电缆、电柜、电机)标识方案,也可在拆卸前或期间进行标识。

5.3 到达与拆卸过程

TBM到达前,TBM拆机洞室、吊装场地、设备准备就绪,并符合技术交底的质量要求,能使TBM顺利步进并进行各吊点的布置安装;TBM步进机构提前放置在贯通掌子面附近,仰拱块下撑垫块沿TBM步进范围均匀摆放到位。

TBM到达作业涉及施工准备、贯通前联系测量、TBM到达掘进、TBM设备技术状态检测评估、拆机方案编制及审批。TBM到达作业质量标准见表5-7。

TBM 到达作业质量标准　　表 5-7

序号	项　　目	质 量 标 准	备注
1	测量	增加复测的频次,并及时反馈复测结果,保证 TBM 姿态与隧道设计中线及高程的偏差控制在 ±20mm 以内	
2	达到掘进	TBM 到达掘进要做到低速度、小推力和及时的支护,并做好贯通误差的预处理工作	
3	技术状态监测评估	评估结果真实,并做好记录和存档	
4	拆机方案编制	根据 TBM 相关资料,结合拆机现场条件编制切实可行的拆机方案。拆机方案必须规避安全风险,强调质量要求	

5.3.1　TBM 大件临时存放区

TBM 拆卸洞室长度仅 65m,TBM 机头部件(包括刀盘、护盾、主轴承等)拆除后暂时无法运出洞外,故考虑大件临时存放区。大件临时存放区设置在 TBM 拆卸洞室进口方向,主要用于存放临时拆除的大件,待 TBM 后配套及台车拆装完成后,再由临时存放区转运出洞外。大件临时存放区要求使用简易工装,方便大件装卸。

大件临时存放区根据存放大件的大小和数量,计划长 50m,另有 6m 延伸到拆卸洞室,方便大件拆卸后可直接吊至滑轨上滑入大件临时存放区。存放大件的位置如图 5-9 所示。大件临时存放区大件支座由 200mm 的工字钢制作,如图 5-10 所示,支座上方铺设 4 条钢轨作为滑轨,大件在其上部利用倒链拖拉“滑板”带动大件滑行。

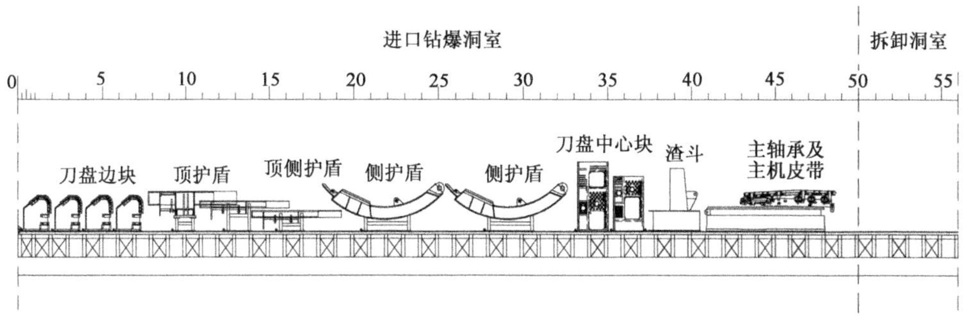

图 5-9　大件存放区大件摆放示意图(尺寸单位:m)

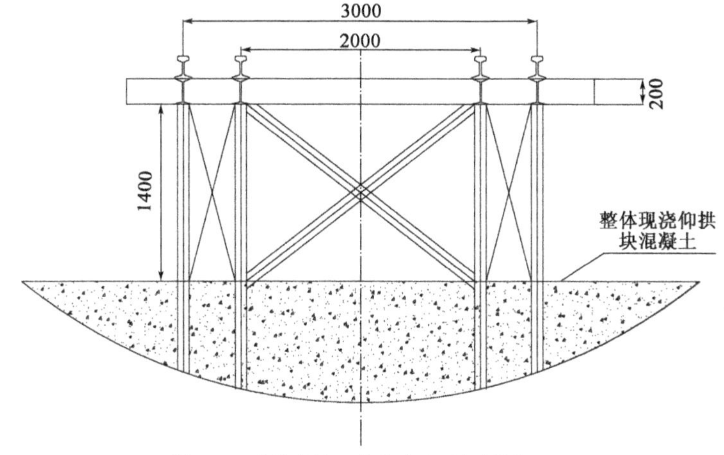

图 5-10　大件存放区大件支座(尺寸单位:m)

5.3.2 主机拆卸过程

1)主机拆卸流程

主机拆卸流程如图5-11所示。相关拆卸图片如图5-12～图5-15所示。

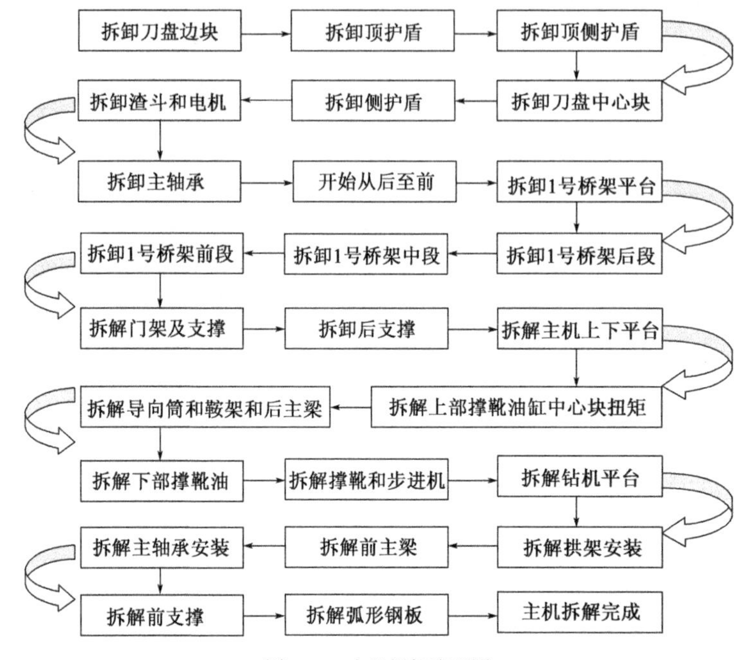

图5-11 主机拆卸流程图

图5-12 渣斗拆卸过程

图5-13 TBM主轴承拆卸过程

2)主机拆卸

(1)刀盘边块拆卸。

TBM刀盘由4块边块以及上下中心块采用螺栓连接并对接缝进行焊接组成。边块质量为25195kg,边块尺寸7072mm×2288mm×1521mm。

①拆除所有刀具,保障刀盘清洁。

②将刀盘边块与中心块连接处焊缝用碳弧气刨完全刨开,并将边块按顺时针编号,分别为1号、2号、3号、4号。

图 5-14　TBM 左侧护盾拆卸过程

图 5-15　TBM 右侧护盾拆卸过程

③在 1 号刀盘边块原吊耳焊装位置焊接吊耳；吊耳焊接完成后，将 1 号边块旋转至最上方，使用天车吊紧（保障钢丝绳拉紧，但不承重）；拆除与相邻边块的连接螺栓以及边块与中心块连接螺栓；螺栓全部拆除完毕后，使用天车吊起。

④按照步骤③，依次拆除 3 号边块、2 号边块、4 号边块。

注：刀盘旋转时，使用手动液压泵打开制动装置，使用天车拉动旋转；旋转刀盘时需要考虑刀盘拆除一块后受力不均，防止其自行旋转。非旋转状态保障刀盘处于制动状态。

（2）顶护盾拆卸。

①在顶支撑（顶护盾）顶面焊接吊耳共计 4 个。

②固定顶支持油缸到主轴承安装架上，拆除顶支撑油缸上部销子，并将油管封堵；将顶支撑与支座采用钢板焊接为一体，每面焊接一块，共计 8 块；拆除顶支撑支座与主轴承安装架之间的连接螺栓。

③制作临时支撑，撑起顶侧支撑（避免拆除与顶支撑连接销后顶侧支撑下塌），并拆除顶支撑与顶侧支撑间连接销。

④割除顶支撑范围内防尘盾内圈。

⑤使用天车垂直起吊顶支撑，起吊高度约 50cm，向前平移至过 TBM 刀盘，落下顶支撑，放于滑轨上的滑靴上，推至指定位置存放。

（3）顶侧支撑拆卸。

顶支撑拆除后，开始进行顶侧支撑的拆除。顶侧支撑质量为 10t，外形尺寸为 5325mm × 3576mm × 1430mm，拆除时按如下步骤进行：

①将顶支撑油缸拆除。

②在顶侧支撑顶面焊接 4 个吊耳。

③使用天车吊紧顶侧支撑，保障其重心在起吊位置，并使用手拉葫芦进行辅助固定，防止临时支撑拆除后重心偏移。

④割除顶侧支撑临时支撑以及防尘盾内圈。

⑤起吊顶侧支撑，吊装至滑轨的滑靴上使用手拉葫芦移至临时存放位置。

顶侧支撑共 2 块，采用同样的方法拆卸另一块。

(4)刀盘中心块拆除。

中心块由两块组成,上中心块和下中心块;其中上中心块质量为67785kg,下中心块质量为53575kg。

①使用天车旋转刀盘,并将上中心块旋转至正下方,用拉拔器拆除上中心块与主轴承连接螺栓(双头螺柱)。

②用碳弧气刨将上下中心块连接处焊缝完全刨开(包括刀盘内侧所有连接焊缝)。

③旋转刀盘,将上中心块旋转至正上方。

④使用天车采用两组80t吊带。

⑤拆除上下中心块连接螺栓。

⑥起吊上中心块使之于下中心块完全脱离后,平移至刀盘前面,放于滑轨上,将其滑移至大件临时存放位置。下中心块则按照步骤③开始进行拆卸作业。

(5)侧支撑拆卸。

侧支撑重量为26t,外形尺寸为5271mm×7212mm×1939mm。拆卸侧支撑步骤如下:

①在侧支撑上焊接2个吊耳。

②采用天车挂住侧支撑上焊接的吊耳,拆卸侧支撑油缸。通过顶支撑油缸销孔采用5t手拉葫芦拉住侧支撑(侧支撑油缸销孔)。并通过主轴承安装架设置简易脚手架支架,方便操作手拉葫芦。

③调节手拉葫芦的松紧度,同时可以辅以螺旋千斤顶进行侧支撑销子的拆卸。

④平移天车将侧支撑移至主轴承前面,使用碳弧气刨将步进机构举升油缸机座,从侧护盾上刨掉。

⑤使用天车的另一个吊钩配合将侧支撑放平,放置在侧支撑滑靴上,通过滑轨滑至大件临时存放区。侧支撑共2块,另一块采用同样的方法进行拆卸。

(6)渣斗以及主机皮带输送机机尾部分拆除。

渣斗以及主机皮带输送机机尾部分质量不大,直接用天车吊紧配合手拉葫芦拆掉销子,吊起堆放至滑轨指定位置存放。

(7)主轴承拆卸。

主轴承质量为100.2t,是直径为6973mm的环形结构,为防止主轴承在放倒时外壳受损,现采用在主轴承下部两侧设铰接支点进行回转放倒。拆卸步骤如下:

①施作主轴承翻转基座,包括混凝土基础、预埋钢板以及在主轴承上焊接的翻转钢结构。

②拆卸主轴承前需拆除所有驱动电机及与电机连接的减速箱和小齿轮。

③拆除主轴承上所有电缆、油管,并将油管封堵,放掉主轴承内腔所有润滑油液。

④吊主轴承滑靴至滑轨上适当位置。

⑤使用天车吊紧主轴承上部两侧吊耳。

⑥拆卸主轴承与下支撑间连接螺栓。拆除侧支撑摆动基座与主轴承间连接螺栓,拆除主轴承与主轴承安装架连接螺栓(包括内圈、外圈),顶部外圈螺栓留4根不予拆除,只将其拧松即可。割除焊接于下支撑的防尘盾外圈。

⑦采用4台20t螺旋千斤顶(主轴承与下支撑连接处两侧2台,主轴承顶部两侧2台)辅以台车模板调节丝杆将主轴承与主轴承安装架分离,随着主轴承与安装架的分离,慢慢将外圈

连接螺栓拆除。

⑧缓慢向前平移天车至主轴承翻转支座位置,通过天车并辅以手拉葫芦调节主轴承位置,安装翻转插销。

⑨翻转销安装完成后,缓慢向前移动天车,边移动边下降吊钩,慢慢放下主轴承,防止主轴承一端在滑轨上。

⑩松开吊钩,重新挂设吊耳,平抬起主轴承,调整主轴承在滑靴上适当位置,使用倒链将主轴承移动至大件存放区。

(8)主机皮带输送机尾拆卸。

由于主机皮带输送机尾质量较小,拆卸时按照组装时的方法倒拆即可,具体方法如下:

①提前将主机皮带割开并从后支撑后拉出。

②拆除皮带输送机机尾高度调节油缸。

③在皮带输送机机尾适当位置以及前主梁内部焊接吊耳,将皮带输送机机尾悬空移出放置于主轴承上。

(9)1号桥架拆卸。

将皮带输送机机尾拆除后,主机部分拆卸工作开始自后至前进行,1号桥架位于主机拆卸区域尾部,首先拆除1号桥架。

拆卸1号桥架时,先将安装于1号桥架上的各设备以及工作平台等全部拆除,只剩下桥架主体结构。1号桥架分前段、中段和尾端。其中前段重13470kg,尺寸为7300mm×3410mm×2000mm;中段重29938kg,尺寸为11500mm×3410mm×3875mm;尾端重30073kg,尺寸12350mm×3410mm×2000mm。首先拆除尾端。

①1号桥架尾段拆卸。

a.首先用工字钢制作简易工装将桥架中段尾部支撑起,固定好。

b.使用天车吊挂1号桥架尾段。

c.拆卸1号桥架尾段和中段的连接螺栓。

d.将1号桥架尾段放下后,放于大件运输车上,将其脱离TBM大件拆卸区域以腾出空间保障TBM后续拆卸。

②桥架中段拆卸。

1号桥架中段的拆卸桶尾端拆拆卸一样,步骤如下:

a.首先用工字钢制作简易工装将桥架前段尾部支撑起,固定好。

b.使用天车吊挂1号桥架中段。

c.拆卸1号桥架前段和中段的连接螺栓,并割除中段后端的支撑。

d.下降天车,并吊1号桥架中段至TBM拆卸区域尾部放下。

③桥架前段拆卸。

1号桥架前段的拆卸步骤如下:

a.拆除拖拉油缸。

b.使用天车吊挂起1号桥架前段。

c.割除前段后端位置的支撑,拆卸1号桥架前段和中段的连接螺栓,拆除1号桥架前段和门架的连接螺栓,割除焊缝。

d. 吊装尾端至拆卸区域后段。

(10)门架及支撑梁拆卸。

门架重11368kg,尺寸为5003mm×3880mm×1300mm;支撑梁与后支撑相连,重14708kg,尺寸7024mm×4050mm×2159mm。拆卸步骤如下:

①使用天车吊挂起门架。

②拆除门架与门架滑轨的球状连接。

③吊卸门架。

④吊卸门架滑轨。

⑤使用天车吊挂支撑梁。

⑥拆卸支撑梁和后支撑的连接螺栓,爆除焊缝。

⑦吊卸支撑梁至合适位置。

(11)后支撑拆卸。

由于TBM步进机构尚未拆除,在TBM停机断电前,已把后支撑收起,由步进撑靴支架代替后支撑主梁后部重量。后支撑拆卸步骤如下:

①在每个后支腿上焊接8块100mm×200mm×30mm的钢板。

②使用天车吊紧后支撑架。

③拆除后支撑与后主梁的连接螺栓。

④天车向TBM后部移动,使后支撑与后主梁脱离,并使后支撑向后方倾斜,在支腿垫方木,边移动边下降天车,放平后支腿。

⑤平起吊起后支撑,运输至后方大件运输车上,拉出洞外。

(12)主机附属系统拆卸。

后支撑拆卸完成后,在开始对TBM撑靴、鞍架、主梁部分进行拆卸前,需要拆除主机上下平台、步梯、主阀站、推进油缸等附属设备。由于这些部件重量和体积不是过大,故此不做详述。

附属部件拆解完成后,还需要做的是对前主梁、后主梁、鞍架和撑靴使用简易工装进行加固。

(13)拆卸上部撑靴油缸、中心块和扭矩油缸。

前后主梁、鞍架和撑靴的临时支撑完成后,主梁的及鞍架的重力就直接作用在临时支撑上,而撑靴的重力作用在步进机构和临时支撑上,上撑靴油缸通过中心块作用在鞍架上,因此可首先拆除左右上撑靴油缸及中心块拆卸;扭矩油缸拆卸时先去除其与撑靴油缸连接的销子,使用手拉葫芦将其慢慢放下,待撑靴油缸拆除完成后,使用天车将其吊走。拆卸步骤如下:

①使用天车吊紧撑靴油缸。

②拆除撑靴油缸与撑靴间的法兰盘螺栓,使用手动液压泵将撑靴油缸收回,使之完全脱离撑靴。

③拆除扭矩油缸与鞍架的连接销,拆除扭矩油缸油管并用堵头堵上,拆除中心块与鞍架的连接螺栓。

④整体起吊天车,并缓慢移动至后方,放置在方木堆上,拆除扭矩油缸,等待装车运输。

(14)鞍架导向筒和后主梁拆卸。

鞍架通过导向筒和后主梁连接为一体,考虑到导向筒拆装较为困难,组装时是在车间事先组装好,整体拉到工地组装的。为此在洞内拆卸时,施工时考虑整体拆卸运输。鞍架质量50356kg,尺寸4545mm×4200mm×4546mm;后主梁质量37000kg,尺寸7190mm×3750mm×1800mm;导向筒单根质量8300kg。故总质量103956kg,最大尺寸4545mm×7190mm×4546mm。具体拆卸步骤如下:

①拆解上部撑靴油缸前已完成使用临时支撑将后主梁撑起,确保支撑稳固。

②使用天车采用两根80t吊带吊紧后主梁前后端。

③拆除后主梁和前主梁的连接螺栓。

④将鞍架、导向筒和后主梁整体吊起约60mm,缓慢移动天车至后部划定区域,使鞍架支腿着地,等待运输。

(15)下部撑靴油缸拆卸。

下部撑靴拆解步骤:

①使用天车将后主梁吊紧。

②拆除油缸与撑靴间的连接螺栓,使用手动液压泵将油缸收紧,使油缸法兰与撑靴调心球完全脱离。

③将其吊至适当位置。

(16)撑靴及步进机构支撑系统拆卸。

①使用天车吊紧撑靴(撑靴上现存吊耳)。

②割除撑靴与洞壁之间的临时支撑。

③使用天车提起,吊至后方,使撑靴下端先着地,慢慢放平。

(17)前主梁拆卸。

拆除前主梁前,首先对主轴承安装架进行固定,避免在拆卸前主梁时出现主轴承安装架倒塌或者侧翻危险。采用4根20b工字钢固定,工字钢一头焊接在主轴承安装架侧面,一头焊接于步进弧形钢板上。

将主轴承安装架固定好后,开始进行前主梁的拆卸工作,拆卸步骤如下:

①使用天车吊紧前主梁。

②去除前主梁和主轴承安装架的连接螺栓,并割除前主梁的临时支撑架。

③吊起前主梁至合适位置放下,等待运输。

(18)主轴承安装架拆卸。

主轴承安装架拆解步骤:

①使用天车吊紧主轴承安装架上部左右吊耳。

②拆除主轴承安装防止侧翻的4根20b工字钢,并拆除其与前支撑的连接螺栓。

③将主轴承安装架吊至前支撑前部,同拆卸主轴承一样将主轴承安装架放平。

(19)前支撑及步进机构拆卸。

主轴承安装架拆解完成后,基本完成TBM主机部分拆卸,需要将前支撑吊开,将步进机构弧形钢板按原焊缝隔开,方便运输。

3)拆卸洞室大件临时存放布置

TBM 主机拆卸时,由于考虑的二次衬砌台车施工尚未完成,拆卸的主机大件不能通过台车,只能暂存在拆卸洞室。

5.3.3 后配套拆机过程

1)后配套拆机说明

当 TBM 步进至拆卸洞室位置后,配套 1 号、2 号、3 号斜坡段刚好达到后配套拆卸区域尾部。TBM 后配套拆卸工作采用从后至前、自上而下的顺序进行拆卸。当后配套拆卸至 5 号拖车位置时,其已脱离后配套拆卸区,采用机车一节一节地将后配套拖至后配套拆卸区内拆卸。

2 号桥架由于没能进入主机拆卸区域,因此也在后配套拆卸区域内拆卸。

2)后配套拆卸流程

后配套拆卸流程如图 5-16 所示。

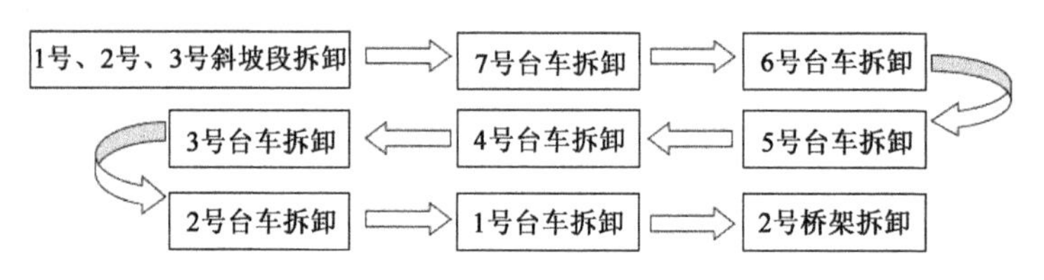

图 5-16 后配套拆卸流程图

3)部分结构进行破坏性拆卸的情况说明

安装在 2 号桥架上的喷射混凝土台架以及喷射混凝土防护板都是直接焊接固定的,经过使用后,出现了较大程度上的变形,鉴于以后需要重新制作,在拆机时直接予以割除。

安装于 2 号桥架上的清渣器,其结构件均为焊接,拆卸空间需求较大,无损拆卸较为困难;且因清渣器在施工中实用性太差,进行破坏性拆除。

4)后配套拆卸

由于 TBM 后配套拖车绝大部分组成单元体积较小,且重量较轻,拆卸时,直接使用电动葫芦起吊,个别配合手拉葫芦即可完成拆卸,在此就不做详述。需要讲的是 2 号桥架的拆卸:TBM 所有拖车拆卸完成,并运出洞外后,使用机车将 2 号桥架拖至 TBM 后配套拆解区域,开始 2 号桥架的拆解工作。

2 号桥架拆解步骤如下:

2 号桥架由前后两段通过螺栓连接并在连接处予以焊接而成,拆卸时将其拆分开进行,具体步骤如下:

(1)拆除 2 号桥架上的喷射混凝土设备,割除喷射混凝土设备支架和防护,吊开 2 号桥架皮带支架及 2 号桥架上部结构件,保障只剩余桥架皮带骨架。

(2)使用 4 个 10t 的手拉葫芦吊和 4 个 5t 的电动葫芦配合吊住桥架 A 段和 B 段。

(3)刨开连接处焊缝,调节手拉葫芦拉力拆卸连接螺栓。

(4)提升电动葫芦,使桥架 B 段略微提起,拆卸 B 段轮子。

(5)推入两台仰拱块运输平板车,停放于桥架 B 段下。平板车为并行推入,占用全部轨道,进行运输时也将占用整个隧道内轨道。

(6)由于装车后,桥架B段与1号拖车连接处的销孔基座高度超过衬砌台车下允许通过的高度,将销孔基座割除,并在洞外予以恢复。

(7)桥架A段拆卸方式与B段一致。

TBM现场拆卸如图5-17～图5-28所示。

图5-17　拆卸洞

图5-18　拆卸用吊耳

图5-19　拆机前步进弧形钢板准备

图5-20　TBM撑靴拆除

图5-21　后配套拆卸1

图5-22　后配套拆卸2

图 5-23　TBM 鞍架拆除

图 5-24　TBM 刀盘拆解

图 5-25　后配套拆卸

图 5-26　TBM 主机结构构件拆除

图 5-27　TBM 部件拆解后包装

图 5-28　TBM 拆卸部件运输出洞

5.4　拆卸标识及包装

5.4.1　标识方案

标识原则：所拆卸的各种部件、管路、线缆、阀组等将根据罗宾斯(Robbins)盾构公司提供

的组装图纸进行标识。标识应简单易懂,便于再次安装。

1)机械结构件标识

机械部件的标识采用记号笔直接将零件号写在部件上,小的部件(螺栓、销子等)采用装箱单标明。

2)电气系统标识

在TBM电气系统进行拆解之前,首先要在了解TBM电气系统的基础上完成对TBM电气系统的标识工作。TBM上有大量的电气设备,包括电气元件、电缆、配电箱等,对拆卸的电气设备进行标识,可以方便归类存放且在下次使用时更容易识别设备在原TBM上的位置,故提出此方案,按照一定原则对所有电气设备进行统一标识。

(1)电气系统组成。

①TBM施工作业除TBM主机系统外,还包括各种辅助设备系统,见表5-8。

TBM 各 系 统　　表5-8

序　号	系　统	备　注
1	TBM主机系统	包括润滑系统、液压系统、主机行走、调向系统等
2	喷浆机	喷浆机械手、输送泵等
3	仰拱吊机	拆机供电线路
4	锚杆钻机	L1区域和L2区域(和主机系统相连)
5	拱架安装机	和主机系统相连
6	门架吊机	供电线路
7	各种葫芦吊机	供电线路
8	清水系统	清水泵供电线路,附属主机系统
9	污水系统	污水泵供电线路
10	高压风系统	空压机主供电线路
11	除尘系统	除尘器及除尘风机
12	其他	清渣器、卷扬机等设备线路

表5-8除TBM主机系统外,其他各系统都是独立的系统,在操作室内不能直接控制。在TBM拆卸洞室前或步进过程中,即可对其辅助设备电气系统(喷浆系统和清水系统在步进时要用,步进过程中暂时不能拆解)进行独立拆解,拆解时间和顺序可根据实际情况而定。

②TBM主机系统配电柜内的设备如表5-9所示。

TBM主机系统配电柜内的设备　　表5-9

序　号	配电柜内设备	英　文	简　称	所 在 位 置
1	1号变压器	No.1 TRAFO	OT01	2号拖车
2	2号变压器	No.2 TRAFO	OT02	3号拖车
3	3号变压器	No.3 TRAFO	OT03	3号拖车
4	1号变频器	VFD Cabinet No.1	VFD1	2号拖车
5	2号变频器	VFD Cabinet No.2	VFD2	3号拖车
6	TBM主开关柜	Tbm Switch Cabinet	MEC	3号拖车
7	发电机加载电柜	Genset Load Cabinet	GLC	3号拖车

续上表

序　号	配电柜内设备	英　　文	简　称	所 在 位 置
8	三相电柜	3PH Distribution Cabinet	3PH	3 号拖车
9	单向柜 1	1PH Distribution Panel OE07	OE07	3 号拖车
10	单向柜 2	1PH Distribution Panel OE08	OE08	3 号拖车
11	4 号变压器	No4 TRAFO	OT04	3 号拖车
12	5 号变压器	No5 TRAFO	OT05	3 号拖车
13	操作室电柜	Operator Cabinet	OP	1 号拖车
14	液压 PLC 控制柜	Hydraulic Cabinet	HYD	1 号拖车
15	润滑 PLC 控制柜	Lube Cabinet	LUBE	1 号桥架
16	多功能柜	Manifold Cabinet	MFC	主机下平台
17	刀盘左侧控制柜	CH J-Box Left	CHD-L	机头架左下
18	刀盘右侧控制柜	CH J-Box Right	CHD-R	机头架右下
19	刀盘电动接线盒	Chd Jog Station	JOG	机头架
20	左侧环形梁柜	Lower(Left) Erector Station	LES	安装机左侧
21	右侧环形链轨	Upper(Right) Erector Station	RES	安装机右侧
22	主泵站接线盒	Main Pump Station	PUMP	主泵站
23	主阀站接线盒	Main Valve Station	VALVE	主阀站
24	逆变器接线箱	Inverter	OXP1	3 号拖车

③图 5-29 显示 TBM 主机各配电柜之间的连接关系。

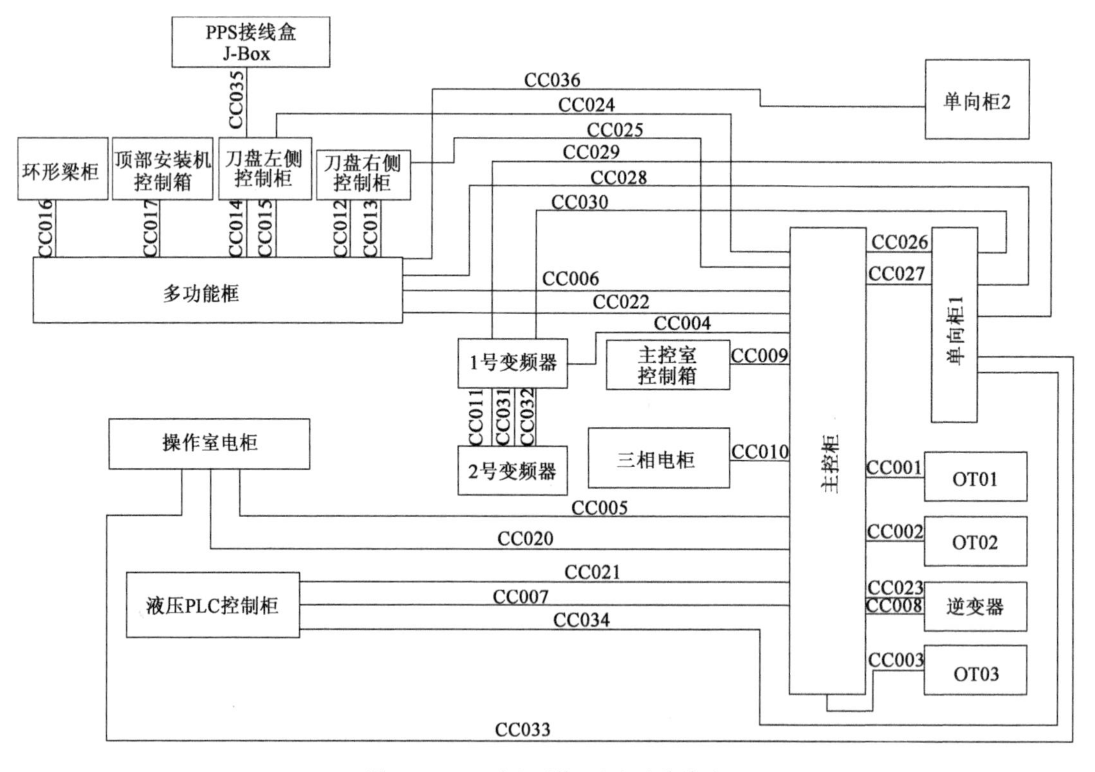

图 5-29　TBM 主机系统配电柜连接关系

④TBM 主机系统的每个配电盘都有进出的线路，现以主配电柜(MEC)为例，列出进出主柜的所有线路，见表5-10。

主配电柜进出线　　表5-10

序　号	自配电柜	线　号	到配电柜	位置描述
1	MEC	CC024	CHD-L	
2	MEC	CC025	CHD-R	
3	MEC	CC006	MFC	
4	MEC	CC022	MFC	
5	MEC	CC004	VFD1	
6	MEC	CC009	GLC	
7	MEC	CC010	3PH	
8	MEC	CC005	OP	
9	MEC	CC020	OP	
10	MEC	CC021	HYD	
11	MEC	CC007	HYD	
12	MEC	CC034	HYD	
13	MEC	CC033	OP	
14	MEC	CC026	OE07	
15	MEC	CC027	OE07	
16	MEC	CC001	OT01	
17	MEC	CC002	OT02	
18	MEC	CC023	OXP1	
19	MEC	CC008	OXP1	
20	MEC	CC003	OT03	

⑤与主配电框相连接的有传感器和电磁阀。

⑥每根动力线或控制线有一根或若干根线组成，每根线都有编号，对照每根线和配电盘或者执行元件的编号。

(2)标注方法。

根据TBM电气线路布置方法，施工们采用合理的标注方法，使每个电器操作人员能够通过图纸迅速找到每条线路来自哪里、到哪里、起什么作用，具体标注方法见图5-30。

图5-31表示一根标号为CC100的控制线从多功能柜(MFC)到刀盘右侧配电柜(CHD-R)，标记制作打印出来，贴在此线多功能柜一端；线路另一端标注见图5-31。

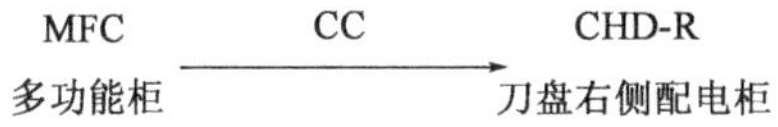

MFC　　CC　　CHD-R
多功能柜　　→　　刀盘右侧配电柜

图5-30　TBM电器线路布置

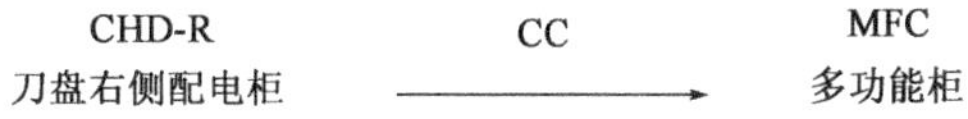

CHD-R　　CC　　MFC
刀盘右侧配电柜　　→　　多功能柜

图5-31　TBM电器线路布置

TBM 上每一根线,线号是什么,是几芯的线,每一芯的标号是什么,从哪个配电柜到哪个配电柜或者到某个传感器或电磁阀,起到什么作用,从配电柜的哪个眼孔内进入或出去都有清楚的记录;有些长时间不清楚的,需要查清楚后加深标记,再进行拆除。

TBM 独立的辅助设备线路,拆解后,归类整理,统一分放。

3)液压系统标识

(1)标识方法。

由于 TBM 将大量的控制阀安装于液压泵站、主阀站和润滑泵站中,并完成相互连接。在安装和拆卸时可进行整体吊装,不需拆卸。因此,施工部只对各液压(润滑)回路中从泵站延伸至阀站和油缸、润滑点、外部控制阀的管路进行标识。

具体标识办法如下:

①在标识的管路中,分为液压系统和润滑系统,分别在首字母以 H(液压系统)、L(润滑系统)、W(水系统)表示。

②根据图纸对各液压回路的部件名称的英文标识,将部件名称首字母标注在代表液压系统或润滑系统的首字母后。如:润滑回油泵驱动(LUBE RETURN PUMP DRIVE),油管标识为:HLRPD;齿轮润滑(PINION LUBE)油管标识为:LPL。

③根据图纸对液压换向阀的标识分为:P 口、T 口、A 口、B 口。从泵出口至换向阀的管路在第二条标注的后面加上字母 P,如果涉及多条分支管路,根据从泵出口的顺序进行数字编号,如:拖拉油缸(TOWING)换向阀 P 口压力油路标记为 HTP;从换向阀 A 口、B 口至各执行机构上的管路在第二条标注的后面加上字母 A 或 B;如果涉及多条分支管路,根据从阀至执行机构的顺序进行数字编号。如:后支撑(REAR SUPPORT)自换向阀后涉及压力控制阀、流量控制阀以及多条分支油路,按油路设计进行统一标,自换向阀 A 口至流量控制阀组 C 口标记为 HRSA1,自流量控制阀 F 口和 I 口至平衡阀组 2 口分别标记为 HRSA2、HRSA3、HRSA4、HRSA5,自平衡阀组 1 口至执行机构分别标记为 HRSA6、HRSA7、HRSA8、HRSA9。

④在图纸上有部分管路使用虚线表示,根据使用情况不同分别表示:控制管路和泄漏管路。如:顶支撑、侧支撑、楔块油缸组合阀组中涉及减压阀泄漏表示为 HSdr。在 TBM 皮带中(MACHINE CONVEYOR)中涉及先导式换向阀其中先导式换向阀中控制油路标识为:HMCC。

⑤在润滑系统中,如:齿轮润滑(PINION LUBE)自流量表至分配阀分为四段,标识为 LPLP1 ~ LPLP4;分配阀至润滑点由近至远标识为 LPLA1 ~ LPLA14;在分配阀中有两个油口与润滑回油泵相连接,分别标识为 LPLB1、LPLB2、LPLB3。

⑥在水系统中,标识方法和液压系统相同。由于水系统供水管路较长,为了减小压降,故采用主管路供水,到需求点,采用分配阀的方式进行分配。如:驱动电机冷却水管,主管路标记为 WM1 ~ 8,在刀盘底支撑上通过分配阀进行分配管路标记为 WMA1、WMAB、WMB1。VFD 冷却系统标记与水系统标记相同。

⑦气动系统的管路布置与水系统相同,故采用相同的标记方式。

⑧由于各系统管路较多,为了安装方便,在液压图纸中进行和管路对应的标记。

(2)标注举例。

每个系统标注简称如表 5-11 所示。

各分系统标识简称　　表5-11

系　统	分　系　统	简　称	备　注
润滑系统		LUBE(L)	润滑系统作为液压系统的一部分
液压系统		HYDRAULIC(H)	
	推进系统	HYDRAULIC PROPLE(HP)	
	撑靴系统	HG	
	液压辅助系统	HA	
	环形梁安装机管路	HE	
	回油管路	HT	
	复位管路	HR	
	钻机平台行走系统	HD	
	钻机平台行走系统油缸	HDC	
	后支撑管路	HAR	
	顶支撑管路	HAF	
	侧支撑管路	HAS	
	楔块油缸	HAW	
	撑靴小油缸	HAG	
	刀盘制动装置	HAB	
	主机皮带	HC	
	拖拉油缸	HAT	
	1号皮带举升系统	HAC	
钻机系统		DRILL(D)	
辅助设备	喷浆系统	P	
	仰拱吊机	Y	
	皮带调偏	B	

在液压管两端及连接管接口处用扎带套装打印后的标识管,如图5-32。

4)标识材料

①管路的标识。

用1cm×5cm的标签纸打印阀块标号并塑封后,固定于阀块上;

用小扎带串起打印好的线号固定在管子两头和街头上。

②阀块的标识。

用1cm×5cm的标签纸打印阀块标号并塑封后,固定在阀块上。

图5-32　后支撑油缸液压管路标识

③油漆笔标记。

用油漆笔直接在油管和阀块上手写油管和阀块的编号。

5.4.2 包装方案

1)包装原则

仿照组装时包装方式:裸件不予以包装,但需防护:脱漆部位刷漆,结合面涂抹黄油或防锈油;小件(液压、电气件)装木箱;皮带电缆绕卷。电柜做简单防水处理。

2)包装方案

(1)裸件。

钢结构件,无包装,根据实际情况,脱漆部位补漆,结合面及螺纹孔涂抹黄油。

皮带按进场时规格卷好。

托辊和托辊支架整体包装。

风筒按进场时规格叠好。

(2)装箱件(木箱)。

针对种螺栓、油管、阀组之类的不可长期暴露在外面的一些零件统一装箱。具体装箱的配件将根据现场实际数量进行装箱。

(3)电器件包装。

电缆拆卸后,使用电缆卷盘卷好,分类放入自制的木箱中,在木箱上标识清楚,电器柜的包装针对易损的触摸屏采用泡沫板包装并加入硬质纸覆盖,外面采用保鲜膜缠绕,小型柜子装入定制木箱,大型柜子制作木质托盘加以固定。

(4)液压件包装。

液压管路标识拆除后,使用堵头堵上两头,盘好用扎带扎起,根据使用用途分类装入特定木箱中,并在木箱上标识。液压阀块,清洗干净后,用保鲜膜缠绕,个别吊装时容易受到撞击的阀块,焊接防护块加固。

3)TBM 部件恢复性修理

(1)设备遗留问题处理(非承包商原因)。

由于地质原因造成的部件损坏:L1 区平台、栏杆的损坏,需修复。

地质原因造成的部件损坏无法处理:拱架安装器油缸及平台(油缸需更换,平台需修理)。

(2)正常磨损部件处理。

刀盘、护盾、皮带托辊属正常磨损,拆卸后仅做刷漆防锈蚀。

皮带表面正常磨损,无法处理,只能针对损坏部位进行修复。

(3)备件更换问题。

需要进行备件更换时,应在拆机前的保养阶段提前联系设备供应商,将备件更换好。

(4)机械结构件处理。

主要针对一些变形结构(梯子、栏杆、平台)进行复原处理,打磨完成后刷漆,需要在部件存放地实施。机械结构件需用枕木垫起,防止受潮生锈。关键部件需用苫布遮盖。主轴承放置与枕木上,四周应封闭。

(5)油品问题。

TBM 所用油品将根据实际情况进行检测。

4)包装入库原则

对于已经包装好的各种配件,在箱子外面标明箱内物件名称、数量、质量等详细的参数。在前期从洞内往洞外存储场地运输过程中,每次的运输单按照一式三份,洞内一份,运输车辆一份,存放场地一份,便于运输和物件的完整性。

对于 TBM 各种部件的入库,将在存储场地内修建各类库房。

封闭库:主要存放电气部件、电气集装箱、液压管路、各种阀组、钻机、喷射混凝土系统、易损、易受潮部件和配件。

敞篷库:主要存放皮带、托辊、托辊支架、方管等。

大件钢结构采用帆布覆盖。

第6章 开敞式TBM快速掘进关键技术

西秦岭隧道软弱围岩地段出露的千枚岩为浅灰色至深灰色，主要为砂质千枚岩和千枚状夹变砂岩。千枚岩节理发育，受构造影响，层间揉皱强烈，岩石较破碎，零星夹有灰岩薄层。当TBM进入软弱千枚岩地段进行掘进施工时，由于千枚岩节理发育或存在断层破碎带，层间结合差，岩体本身碎块状结构，加之刀盘切削作用和护盾的震动影响，致使千枚岩沿节理面、断层面或岩层松动、错落，出现大面积失稳、坍滑和坍塌。

6.1 影响掘进的主要因素

2010年12月26日—2011年3月3日，TBM在连续647m的Ⅳ级软弱围岩地段掘进施工，该段掘进日平均进尺9.6m，远低于Ⅲ级围岩地段日平均进尺21.5m的掘进速度。通过对掘进报告的整理分析（表6-1），在软弱千枚岩地段掘进时，刀具检查时间、更换频率，以及由于石渣较大引起的皮带输送机故障频率明显高于Ⅲ级围岩地段，从而减少了TBM的有效掘进时间。

不同围岩段各工序及停机时间（h）百分比对比表　　表6-1

围岩状况	刀盘运转	刀盘检查	刀具更换	维修保养	支护停机	运输停机	TBM故障停机	皮带输送机故障停机	其他原因停机
Ⅲ级围岩段	36.87	10.93	0.50	11.36	8.86	1.92	13.06	6.67	9.83
Ⅳ级围岩段	26.21	16.36	3.19	11.17	10.20	1.47	14.05	10.73	6.61

注：其他原因停机主要包括电力供应中断、洞外出渣运输运力不足等。

影响TBM掘进的主要因素大致可以归纳为以下4个方面：

（1）因撑靴位置围岩破碎或滑塌，无法提供撑靴支撑所需要的反力，需要对撑靴背后围岩进行加固。

（2）围岩坍塌、掉块等情况，停机进行初期支护施工以及处理围岩坍塌。

（3）因软弱围岩段TBM掘进施工时，渣体中块状岩渣含量达到60%～90%，粒径3～10cm，有时会出现30cm以上的大石块，容易划伤、划破皮带，有时掌子面破碎围岩坍塌体会堵

塞皮带输送机接料口，造成连续皮带故障，停机修复甚至更换皮带。

(4)因软弱围岩段渣体中大块岩块较多，刀盘侧边铲斗的刀牙磨损严重，导致刀盘检查，刀具和刀牙的更换。

6.2　掘进参数的相关性分析

TBM在软弱千枚岩中施工时，如果仍按在Ⅲ级硬岩下的掘进参数进行施工，会对周边围岩扰动较大，容易造成围岩剥落，增加支护工作量，甚至卡住刀盘或护盾，造成掘进方向出现过大偏差；若TBM撑靴位置出现坍腔，会造成撑靴支撑不到位或打滑，这些问题会严重制约TBM的施工进度。为了避免上述问题的发生，在软弱围岩段施工时，必须对TBM施工中的掘进参数进行必要的调整。

(1)刀盘转速在软弱围岩中，依据上一掘进循环的掘进参数和岩渣的形态，调整刀盘转速和刀盘推力。在千枚岩隧道Ⅲ级围岩施工中，推进油缸推力一般维持在16~19MPa，刀盘转速为6r/min左右；Ⅳ级围岩推进油缸推力维持在16MPa以下，刀盘转速控制在4r/min以下。

(2)撑靴压力。遇到软弱围岩时，撑靴压力不宜太高，否则可能压碎洞壁岩石，造成坍塌，撑靴部位的围岩抗压强度不能抵抗撑靴的反力，易造成撑靴打滑，导致撑靴部位遭受扰动，变形过大。

(3)刀盘扭矩。在软弱围岩段施工时，刀盘扭矩过大，易产生机身滚动、撑靴打滑，因此扭矩应控制在正常值的70%。

(4)推进速度。推进速度是TBM掘进最重要的可控参数。在一般Ⅲ级围岩中TBM掘进速度为2.5~3.5m/h；在软弱围岩段施工时，推进速度必须依据撑靴数量和撑靴压力的大小来调整，一般控制在2.5m/h以下。推进速度的变化可导致刀盘推力、扭矩、皮带输送机压力的变化；反之，刀盘推力、扭矩、皮带输送机压力的变化也制约推进速度的调整。

(5)换步行程。在软弱千枚岩施工中，换步与调向是TBM操作的重要一环。选择坚硬的洞壁且错开钢拱架及洞壁的破碎部位作为撑靴的支撑位置是比较困难的。因此，换步行程不一定是设计行程，但应尽可能接近设计行程，保证钢拱架安设间距在0.9m或1.8m。

6.3　软弱千枚岩地段TBM掘进施工技术

6.3.1　加强超前地质预报工作

超前地质预报工作可以提前预测前期没有探明的隐伏地质问题，进而做好围岩判别，降低隧道地质灾害发生的概率及危害程度，做好施工对策及处理措施，保证隧道施工正常进行；特别是软弱围岩段，加强超前地质预报工作对保证机器设备的安全和施工的连续性、安全性有重大意义。西秦岭隧道工程成立专门的超前地质预报组，并将其纳入全工序管理，采用多种地质预报手段与现场经验实践相结合的方式加强超前地质预报工作。

1)一般地段

以地质分析为基础，充分利用前期勘察资料、钻爆法施工段开挖揭露的地质资料及施工积累的经验,通过地质符合性评判,经地表调查、地质素描、地质分析作图,综合分析后得出超前地质预报结论。遇有异常时采取隧道地质勘探(TSP)、红外探测等进行验证预报。

2)重点地段

对可能存在构造破碎带(断层破碎带、褶皱带)、软硬岩分界面及其他软弱夹层或节理裂隙发育带的隧道段、物探异常区、可能存在涌水突水的隧道段,以地质分析为基础,在地表调查、地质素描、地质分析作图的基础上,采用TSP、红外探测对发现的地质异常地段进行核实与验证。

3)现场经验实践手段

西秦岭隧道软弱千枚岩受结构面影响较严重,围岩指标很大程度上受岩体结构的控制。因此,对该类围岩的情况进行估计时,应重点考察其岩体结构和不连续面情况等。TBM开挖的渣料由片状或块状岩渣、岩粉及构造充填物等构成,TBM滚刀将岩体挤压破碎时,破裂面优先沿着岩体节理面、层理面等软弱结构面形成。因此,当围岩类别不同时,其渣料成分和粒径也不相同。

根据西秦岭隧道第1掘进段渣料特征分析:Ⅲ级围岩段,因千枚岩完整性较好,渣体中片状岩渣含量为90%~100%,块状岩渣含量为0%~5%,粒径为3~10cm,岩粉主要由刀具切割岩石形成,岩渣中一般少见或无节理面;Ⅳ级围岩段,小粒径岩渣含量较少,块状岩渣含量较大,粒径为3~20cm,超过20cm的大块岩渣出现较多,常见棱角状未切割岩块。实际施工中,可根据渣体情况判断掌子面围岩情况,提前做好围岩处理措施及工序转换。

4)物探重点手段

(1)TSP203+超前地质预报。TSP203+每次可探测100~350m,为提高预报准确度和精度,采取重叠式预报,每开挖120~200m预报一次,并对重叠部分(不小于20m)进行对比分析,所有探测孔布置在盾尾和2号拖车之间。

(2)红外探测。红外探测每循环可探测30m,为提高预报准确度和精度,采取重叠式预报,2次探测应重叠5m,红外探测作业。

5)TBM施工段地质超前预报方案及手段

根据设计图纸中的围岩情况,确定TBM施工的以下里程段应加强地质超前预报工作,采取地表调查、地质素描、TSP、红外探测仪、地质综合分析等手段对隧道地质进行超前探测。

6.3.2 TBM掘进机参数调整

TBM在软弱千枚岩中施工时,如果仍按在Ⅲ级硬岩下的掘进参数进行施工,会对周边围岩扰动较大,容易造成围岩剥落,增加支护工作量,甚至会卡住刀盘护盾,造成掘进方向出现过大偏差;若TBM撑靴位置出现坍腔,会造成撑靴支撑不到位或打滑,这些问题会严重制约TBM的施工进度。为了避免上述问题的发生,在软弱围岩段施工时,必须对TBM施工中的掘进参数进行必要的调整。

(1)刀盘转速。在软弱围岩中,依据上一掘进循环的掘进参数和岩渣的形态,调整刀盘转速和刀盘推力。在千枚岩隧道Ⅲ级围岩施工中,推进油缸推力一般维持在16~19MPa,刀盘转速为6r/min左右;Ⅳ级围岩推进油缸推力维持在16MPa以下,刀盘转速控制在4r/min以下。

(2)撑靴压力。遇到软弱围岩时,撑靴压力不宜太高,否则可能压碎洞壁岩石,造成坍塌,

撑靴部位的围岩抗压强度不能抵抗撑靴的反力，易造成撑靴打滑，导致撑靴部位遭受扰动，变形过大。

(3)刀盘扭矩。在软弱围岩段施工时，刀盘扭矩过大，易产生机身滚动、撑靴打滑，因此扭矩应控制在正常值的70%。

(4)推进速度。推进速度是TBM掘进最重要的可控参数。在一般Ⅲ级围岩中TBM掘进速度为2.5～3.5m/h；在软弱围岩段施工时，推进速度必须依据撑靴数量和撑靴压力的大小来调整，一般控制在2.5m/h以下；推进速度的变化可导致刀盘推力、扭矩、皮带输送机压力的变化；反之，刀盘推力、扭矩、皮带输送机压力的变化也制约推进速度的调整。

(5)换步行程。在软弱千枚岩施工中，换步与调向是TBM操作的重要一环。选择坚硬的洞壁且错开钢拱架及洞壁的破碎部位作为撑靴的支撑位置是比较困难的。因此，换步行程不一定是设计行程，但应尽可能接近设计行程，保证钢拱架安设间距在0.9m或1.8m。

6.3.3　围岩支护参数调整

根据前方掌子面围岩情况及时调整TBM支护参数，做好工序转换，提前做好物资准备，减少因调整支护参数引起施工材料未跟上而造成停机待料、浪费时间的现象。西秦岭隧道Ⅳ级和Ⅴ级围岩初期支护采用钢拱架支护，钢拱架采用H150型钢加工，按0.9m或1.8m间距架立。环向连接钢筋为ϕ22螺纹钢，挂设单层钢筋网，在隧道拱腰、拱顶处布设ϕ25中空注浆锚杆，在隧道边墙以下布设ϕ22全螺纹砂浆锚杆。实际施工中，若遇到围岩破碎、拱部掉块严重的位置，应挂设双层钢筋网加强支护，防止掉块击伤护盾后作业人员。

6.3.4　软弱千枚岩坍塌处理

TBM在软弱千枚岩施工中，造成的坍塌位置主要有拱顶坍塌、刀盘护盾两侧拱腰岩石坍塌、掌子面坍塌3种。

(1)拱顶坍塌处理。开挖后围岩在刀盘或刀盘护盾处出现较大坍塌时，处理方法和步骤为：先处理拱部危石，后初喷5cm厚混凝土，封闭岩面；再架立H150型钢拱架，在钢拱架与岩面之间，根据坍腔深度在拱架上用H150型钢按50cm间距焊接扇形支撑，在环向拱架之间铺设焊接3mm厚钢板封闭坍腔，坍腔用同强度等级混凝土回填。

(2)TBM刀盘护盾两侧拱腰岩石坍塌、掉落处理。根据围岩的不同，其形状各异。一般小面积的软弱结构，通过调整掘进参数，TBM就可顺利通过；如果岩石特别破碎时，应视情况采取打锚杆、挂网、喷射混凝土支护，确保撑靴支撑稳固，顺利掘进。当两侧发生较大坍塌，造成TBM撑靴无法支撑时，必须停机处理。先清理危石，喷5cm厚混凝土，然后架立环形钢拱架，用编织袋装填洞渣填塞在拱架与坍腔中，保证撑靴有足够反力，使TBM在短时间内恢复施工。待TBM撑靴通过坍腔位置后，移除填塞渣体，在坍腔位置挂设钢筋网，采用同强度等级混凝土回填封闭坍腔。

(3)掌子面坍塌处理。在TBM刀盘的正前方，开挖断面以内出现的围岩沿节理面大面积坍滑、坍塌，大块岩体较多。这种情况一般不影响正常掘进施工，但应及时停止TBM推进，保持刀盘空转，通过刀盘铲斗自动将坍落渣体清理完毕后，再继续掘进，防止因渣体过多堵塞主机皮带输送机接料口，造成皮带被刮破及停机。这种情况下坍滑、坍塌容易扩展，围岩从护盾尾部出露后应立即架立钢拱架,按照Ⅳ级围岩支护参数进行施工,保证后续施工的安全。

(4)围岩在远离护盾后、进入喷浆区前出现开裂掉块现象处理。遇到这种情况应立即组织人员在该位置架立钢拱架,加设锚杆、钢筋网,防止裂缝及掉块继续发展,保证人员和设备的安全。

6.3.5 TBM设备改造

TBM通过软弱千枚岩地层,遇有节理裂隙发育情况,掌子面坍塌严重,滚刀接触不到岩面,坍塌体中含有大量较大岩块直接经铲斗进入主机皮带中。由于原刀盘铲斗刀牙为梳形,整体强度不高,遇有大块渣体时易损坏,导致刀盘铲斗刀牙及螺栓更换频繁;并且大块岩石的出现砸坏主机皮带,使TBM不能正常连续生产,严重影响施工进度。

(1)刀牙改造。采用新制作的刀牙更换刀盘上部刀牙,增加刀牙强度。新制作的刀牙采用和原刀牙一样的16Mn钢材料,不同的是新制作的刀牙将若干刀牙作为一个整体。刀牙改造后,其损坏率明显降低,大大减少了更换刀牙的频率。

(2)挡渣板改造。为减少大块石渣从挡渣板空隙中漏入刀盘内部,砸坏划伤皮带,在挡渣板后部增焊640mm×100mm×50mm(长×宽×高)的16Mn钢板,中心块刀牙位置有4处,每个位置处有2块挡渣板,选用640mm×100mm×50mm的Mn钢板,1块钢板焊接于2块挡渣板之间。刀盘边块分为12区,根据每区长度焊接1~2块挡渣板,焊接位置在刀盘中心往刀盘边缘方向的首个刀牙位置向下400mm处。

(3)皮带输送机接料装置改造。由于原设备皮带输送机接料口位置与设备支撑件为硬连接,设有缓冲装置,大块渣体从刀盘出料口出来后直接掉落在皮带上,容易砸伤甚至划破皮带,需要停机修补皮带。改造方式为在皮带输送机与其支撑件之间设置缓冲弹簧,同时减小出料口与皮带之间的垂直距离,减少大块渣体对皮带的冲击。

6.3.6 围岩监控量测

西秦岭隧道采用无尺量测技术,可有效减少因量测工作导致的停机时间,在软弱围岩段应加强监控量测的频率,加密量测桩点。对初期变形较大的地段及时加强支护措施,尽量规避因支护滞后导致的停机处理。但因受到TBM设备阻挡视线及掘进时机器抖动无法提供稳定的设站平台等影响,全站仪无尺量测方法虽然比常规的采用水平仪及收敛仪的量测方法有所改进,但施工操作中量测时间长,转站次数多,且需要在机器停机稳定状态下才能进行量测,实际实施效果还有待提高。

6.4 其他辅助保证措施

1)加强维修保养

要牢固树立掘进施工与维修保养并重的观念,实行TBM保养机电总工程师负责制,确保每天4h强制停机保养,实行定时停机保养与运行中重点检查维护相结合的措施,坚决杜绝TBM设备带病作业,减少设备故障率,提高有效掘进时间。TBM日常检查、维修保养应做到以下几点:

(1)选定有丰富施工经验的技术管理人员和技术工人组成专职维护保养班，包括工班长、机械师、液压师、电气师和各工位操作及配属人员，规定所辖设备的职责范围。

(2)确保TBM主机液压系统、内外机架润滑、主轴承润滑、主电机、变速器及各液压系统独立泵站等重点部位的维修保养，切实做好清洁、点检、润滑、保养工作。

(3)对每一点的每一项操作内容，制订相应的目标状态或需达到的标准，规范保养程序。

(4)根据需要，做好设备安装、拆卸、作业、工班交接、例会、备忘录、检测、故障、维修保养、油品和材料消耗等多项记录，重要记录一律存档备案。

2)加强施工组织管理

在软弱围岩段，TBM掘进施工的工序数量与工作量都比在Ⅲ级围岩段施工中大，因此在软弱围岩段施工时，施工组织的管理力度更要加强。

(1)加强各工序的衔接工作。在TBM的7号拖车后应备有一定数量的钢拱架、锚杆和钢筋网片，保证TBM由Ⅲ级围岩进入Ⅳ级围岩时工序转换的连续性，减少停机待料时间。

(2)加强有轨运输管理。西秦岭隧道材料供给采用25t内燃机车牵引编组成列的材料车运输，四轨双线有轨运输模式，轨距900mm；轨道选用43kg/m标准钢轨并直接铺设在仰拱预制块上，通过仰拱预制块顶部预埋的道钉螺栓进行固定连接。西秦岭隧道施工材料第1阶段运距平均为5km，第2阶段运距平均为16km。通过有效的有轨运输组织管理，可以保证TBM掘进和同步衬砌的施工材料供应，减少TBM停机待料时间。为保证洞内TBM掘进、同步衬砌所需材料供应的连续性，专门设立机车调度控制中心，负责机车的调配、装卸、编组、日常保养等工作，每列机车设置专职调车员1名，指挥机车行走。

第7章　开敞式TBM弧形滑道步进技术

TBM 步进通过预备洞是掘进前的重要工序,步进的成功与否直接决定掘进施工是否能够按期进行。在国内外 TBM 的步进施工过程中曾频繁发生整机步进方向跑偏、侧翻及机体结构件损坏等现象,从而造成步进困难、步进速度慢,甚至出现长时间停止步进的现象,因此一般情况下,预备洞长度设置较短,以减少步进时间。

兰渝铁路西秦岭隧道根据设计预备洞段长度达到 2100m,步进距离相当长,且 TBM 不能利用自身撑靴动力进行移动,必须选择一种快速、安全的步进方法。结合 TBM 的结构特点和现场的工期要求,采用了混凝土弧形槽导向和承载、弧形钢板配合辅助推力油缸作为步进驱动装置的滑动摩擦步进方法。该方法是在隧道预备洞底部施工弧度和刀盘一致的混凝土弧形结构,将刀盘支撑块和地面之间的钢板加工成弧形,在钢板上设置推力油缸,油缸推动 TBM 在钢板上滑行。TBM 在弧形槽内滑动步进从而实现 TBM 的自动调向。采用此方法仅耗时 26d 就完成了整个 2113m 的弧形滑槽施工任务,其中包括滑模调试和边基施工。在 TBM 拼装和步进机构安装完成后,一次试机成功,仅用 25d 就完成了步进 2113m,最高日步进速度 175m,远远超过传统的步进速度。综上所述,特总结本工法供推广应用。

7.1　弧形滑道步进技术的原理

TBM 油缸推进、弧形滑道步进方法具有施工周期短和速度快的优点。

完成所有准备工作后开始步进,一个循环包括以下步骤:①步进油缸步进一个行程,同时推力油缸伸出,拖动 TBM 主机前进一个行程;②举升油缸举升 TBM 主机使主机脱离弧形钢板,同时后支撑腿伸出;③步进油缸收缩牵引弧形钢板沿滑道步进一个行程,同时推力油缸收缩牵引滑行支撑架步进一个行程,带动后配套牵引油缸伸长;④举升油缸收缩,后支撑腿收缩;⑤后配套牵引油缸收缩,后配套步进一个行程;⑥安装仰拱预制块铺设轨道,预制块注浆,从而完成一个循环,进入下一循环步进作业。在始发洞施工步骤中,开挖半径 5.47m,初期支护施工后半径 5.20m。初期支护采用 I20b 工字钢,间距 45cm。弧形滑道施工步骤中,采用滑模台车从内向外进行弧形滑道混凝土施工。TBM 主机在洞口场地的弧形钢板上进行组装,弧形钢

板放在弧形滑道上，TBM 主机组装完成后通过推力油缸推进至始发洞中开始组装后配套，一个行程为 1.8m。

7.2　弧形滑道步进机构

TBM 组装调试完成后，安装步进推力油缸，步进推力油缸共 4 组，每侧 2 组。步进推力油缸前部与护盾连接，后侧与弧形钢板连接，步进推进油缸推力 2000kN，行程 1.8m。步进推进油缸连接见图 7-1。

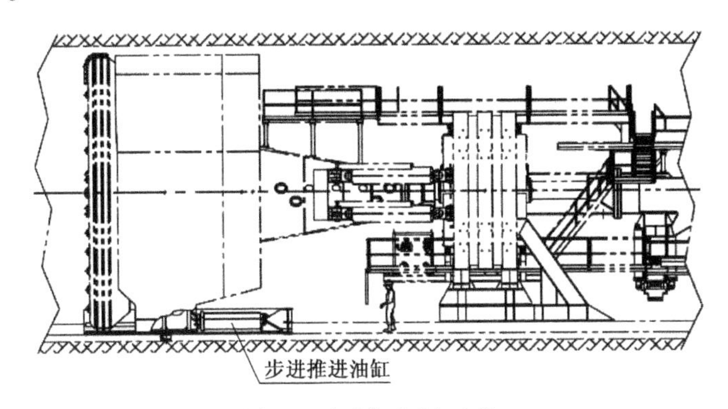

图 7-1　步进推进油缸连接

7.3　弧形槽施工

TBM 步进前，在隧道口场地混凝土面及钻爆段仰拱面上部施作混凝土导向槽，保证 TBM 沿隧道中线步进至掌子面，导向槽结构见图 7-2。

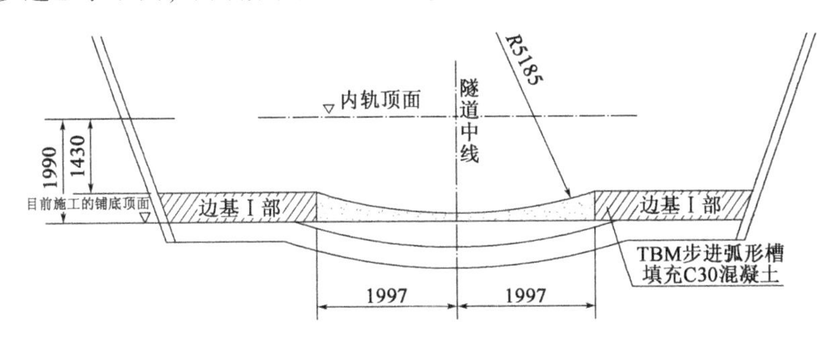

图 7-2　导向槽结构（尺寸单位：mm）

导向槽施工，先施工两边的边墙基础，再采用滑动模板施工中间部分的弧形槽。导向槽边墙基础距隧道中心线为 1997mm，厚度 560mm。为保障边基施工与洞内运输不相互干扰，边基施工每 180m 留 20m 不浇筑，作为隧道运输的错车道，待弧形槽施工邻近时再浇筑错车道位置混凝土。

弧形槽施工前，先在边墙基础上固定滑模行走轨道及组装滑模。滑道弧形模板外径 5.185m，弧形槽混凝土厚度最薄处 16cm，弧形槽施工投入 2 套滑动模板，由洞内向外施工。

7.4 步进方案

1)步进原理

TBM 主机与弧形钢板的摩擦系数小于弧形钢板与混凝土面的摩擦系数,当步进推进油缸推进时,TBM 主机会在弧形钢板上向前滑行。

西秦岭隧道 TBM 步进施工前将前支撑安装在弧形钢板上,采用步进推力油缸以弧形钢板和地面的摩擦力作为反作用力,推动弧形钢板带动刀盘总成前进。以 1.8m 为一个步进行程,当刀盘前进 1.8m 后,利用举升油缸、后支撑油缸、主机推力油缸、后配套牵引油缸带动后配套前行,以此来实现 TBM 的步进作业。

2)步进施工工艺流程

出发隧道施工→导向槽施工→弧形钢板就位→TBM 组装调试→滑行支撑架安装→弧形钢板防扭工字钢及举升受力钢板焊接→步进推进油缸与弧形连接→步进推进油缸、主机推进油缸伸长推进 TBM 前进 1.8m→举升油缸举升 TBM 主机、后支撑支腿伸长→步进推进油缸收缩牵引弧形钢板前进 1.8m、主机推进油缸收缩牵引滑行支撑架前进 1.8m、后配套牵引油缸伸长→举升油缸收缩、后支撑支腿收缩→后配套牵引油缸收缩后配套前进 1.8m→下一个换步循环。

3)TBM 步进施工工艺

(1)步进推进油缸伸长。

步进各准备工作完成后,TBM 步进开始。TBM 主机通过两组 TBM 步进推进油缸(200t ×4,行程 1.8m)伸长推进 TBM 主机向前行进,TBM 步进推进油缸伸长的同时,主机推进油缸一同伸长,具体如图 7-3 所示。

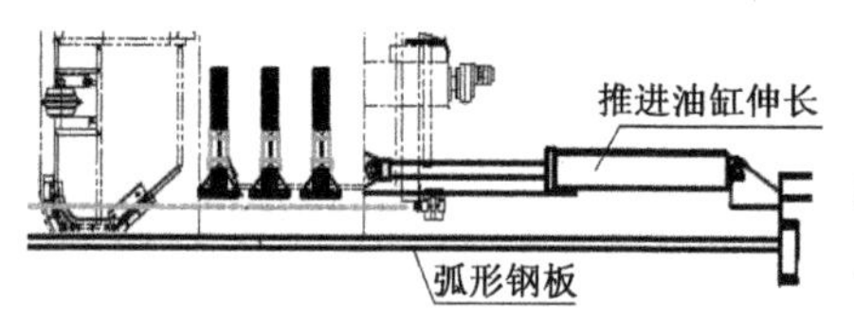

图 7-3 步进推进油缸伸长

(2)举升油缸举升、后支撑支腿伸长。

步进推进油缸伸展 1.8m 后,用设在 TBM 主机护盾下方的两组举升油缸(每组 3 根 150t 油缸)把主机进行举升,举升油缸将 TBM 护盾提升 3 ~4cm,具体如图 7-4 所示,后支撑伸长至下部岩壁,举升滑行支撑架(图 7-5)。

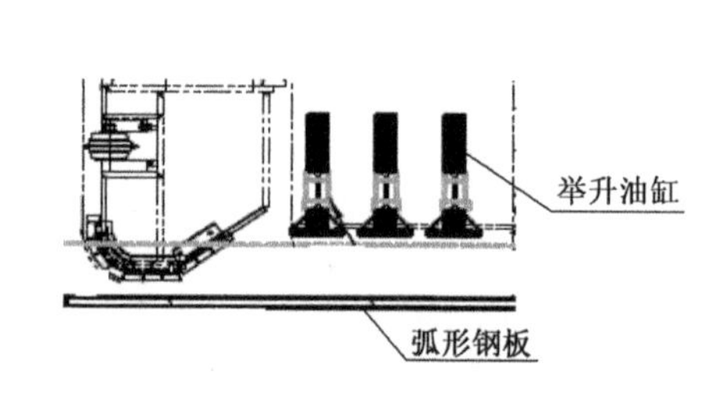

图 7-4 举升油缸举升 TBM 主机

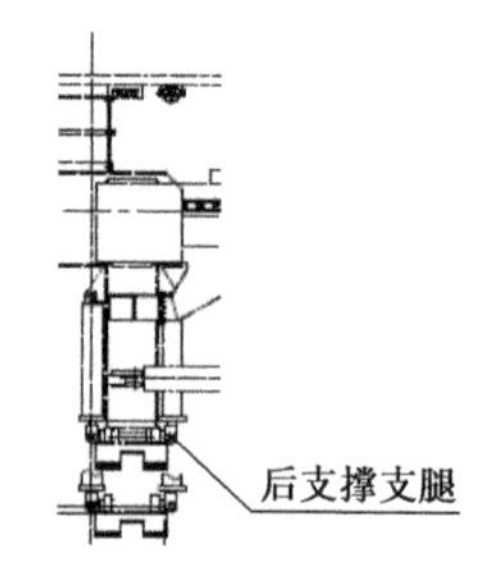

图 7-5 后支撑支腿伸长举升滑行支撑架

(3)步进推进油缸、主机推进油缸收缩、后配套牵引油缸伸长。

TBM主机被举升后，通过四组TBM步进推进油缸（200t×4，行程1.8m）收缩带动弧形钢板前行，同时主机推进油缸收缩，后配套牵引油缸伸长，带动滑行支撑架前行。步进油缸收缩完成后（图7-6），举升油缸和后支撑支腿收缩，把TBM主机放置在弧形钢板上，滑行支架放置在下部混凝土面上。

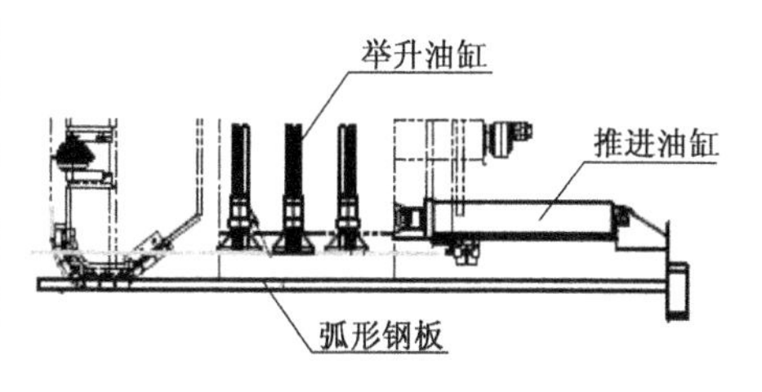

图7-6　步进推进油缸收缩至原位

（4）后配套牵引油缸收缩。

TBM主机重新放置在弧形钢板上，滑行支架放置在下部混凝土面上后，后配套牵引油缸收缩，带动后配套前行，完成一个步进循环。

4）其他同步工序

在TBM步进一个循环的同时，仰拱块安装、仰拱块底部回填注浆、轨道延伸也要及时跟进。

（1）仰拱块铺设及下部回填注浆施工。

仰拱块运送车进入连接桥下装卸区，在回转台上人工回转90°，然后由TBM下的仰拱块吊机，用3个链式吊钩把仰拱块从车上吊起，向前运至所需要安装的位置，利用边墙基础的控制点牵线确定仰拱块安装边线及仰拱块顶面高程线，控制仰拱块的位置实施准确安装。仰拱块安装精度要求：中线、高程偏差±5mm，错台小于5mm，间隙小于10mm。水沟接头贴止水带，M20砂浆抹平。

仰拱块安装后的底面间隙通过注浆孔在0.5～0.6MPa压力下注入C20细石混凝土，回填混凝土粗集料最大粒径10mm，坍落度15～18cm，以保证基底的密实。施工中注浆工作必须及时进行，使混凝土早期强度得到充分发展。仰拱块铺设前应清底彻底，仰拱块安放正确，不发生下沉。如果安放仰拱块后发生错台等现象，应及时重铺。

（2）轨道延伸。

运输轨道采用43kg/m钢轨，轨道长度12.5m，每安装7块仰拱块需延伸一次运输轨道。

（3）风管挂钩安装。

TBM步进的同时，在隧道拱顶安装风管挂钩，挂钩间距5m。

7.5　步进施工效果

根据方案论证结果，弧形槽施工采用滑模施工方案。从2010年1月20日开始进行弧形槽施工，至2月16日完成整个2113m的施工任务，耗时26d，期间包括滑模调试和边基施工，换算成月进度2438m，施工期间最高日进度为160m，有力保证了TBM组装和步进的开展。

通过工程实例发现，此工法在利用过程中如果合理组织，施工进度还可以进一步加快，远超过传统的步进速度，操作过程和工艺较简单，对人员的要求低，所需的机具加工制造简单。TBM步进平稳，对预备洞的围岩和初期支护结构不依赖，可靠性极高，满足了西秦岭隧道工程步进速度的需要，并远超过预计的进度指标。

第8章　同步衬砌施工技术

同步衬砌就是在保证 TBM 掘进、出渣的同时,进行洞内二次衬砌施工。要求衬砌施工与 TBM 掘进与出渣同时进行,施工过程中前方的 TBM 风、水、电力管线不受影响,洞内有轨运输不中断。

兰渝西秦岭隧道是目前中国铁路建筑上建成通车的 TBM 掘进最长的隧道,为解决该工程工期紧的问题,在施工中采用皮带输送机出渣与 TBM 同步衬砌技术。深入研究了如何在施工中尽量减小施工干扰,如何在不影响开挖的情况下进行衬砌台车移动、修补、防水的作业台架,连续皮带输送机如何通过台车等技术问题,并取得了非常好的效果。

8.1　同步衬砌技术原理

1)关键技术

优化传统的衬砌台车结构,实现连续皮带输送机、轨道运输机通风管的顺利穿越,并为皮带输送机托架提供稳定的支撑,确保皮带输送机运输过程中台车工作人员的安全。满足轨道运输机车顺利通过的净空要求,尽量降低风管通过台车时的风阻,确保电力、通信管线安全穿越台车。

2)设计方案

根据衬砌净空设计,同步衬砌台车采用不占用运输轨道,在先浇筑的边墙基础上设置轨道的方式进行设计,如此与运输线不干扰,减少了在运输中采用浮放道岔双线变单线的难题。

当机车穿越衬砌台车布置双线时,台车下部要有足够的空间保证机车顺利通行。机车中以混凝土灌车为最高,尺寸为高 2.75m,宽度为 1.8m,机车间安全距离设 0.4m,机车与台车间安全距离设 0.25m。根据以上条件衬砌台车下部的净空尺寸为:高度 2.9m,宽度 4.5m。如此能够保证两列机车同时穿越模板台车。

模板台车采用电机驱动方式行走,结构要保证其刚度及稳定性。

在衬砌台车上部设 ϕ2.2m 通风管滑行通道,台架上设置托盘,保证通风管在台车及台架上顺利滑行。

在台车第一层平台的一侧皮带输送机出渣的位置,设滑道轴承托架托起出渣皮带,滑道轴

承托架间距2m,比原托架间距(3m)少1m,以保证其刚度,并且将轴承横向空间增大10cm,以保证掘进调整或皮带输送机跑偏时滑道轴承托架能托起皮带输送机;同时为确保安全,在皮带输送机上方设置安全防护罩。

在台车第一层平台的另一侧设滚筒托架,使电力、通信线在其上水平穿移。

相关设计、施工见图8-1~图8-3。

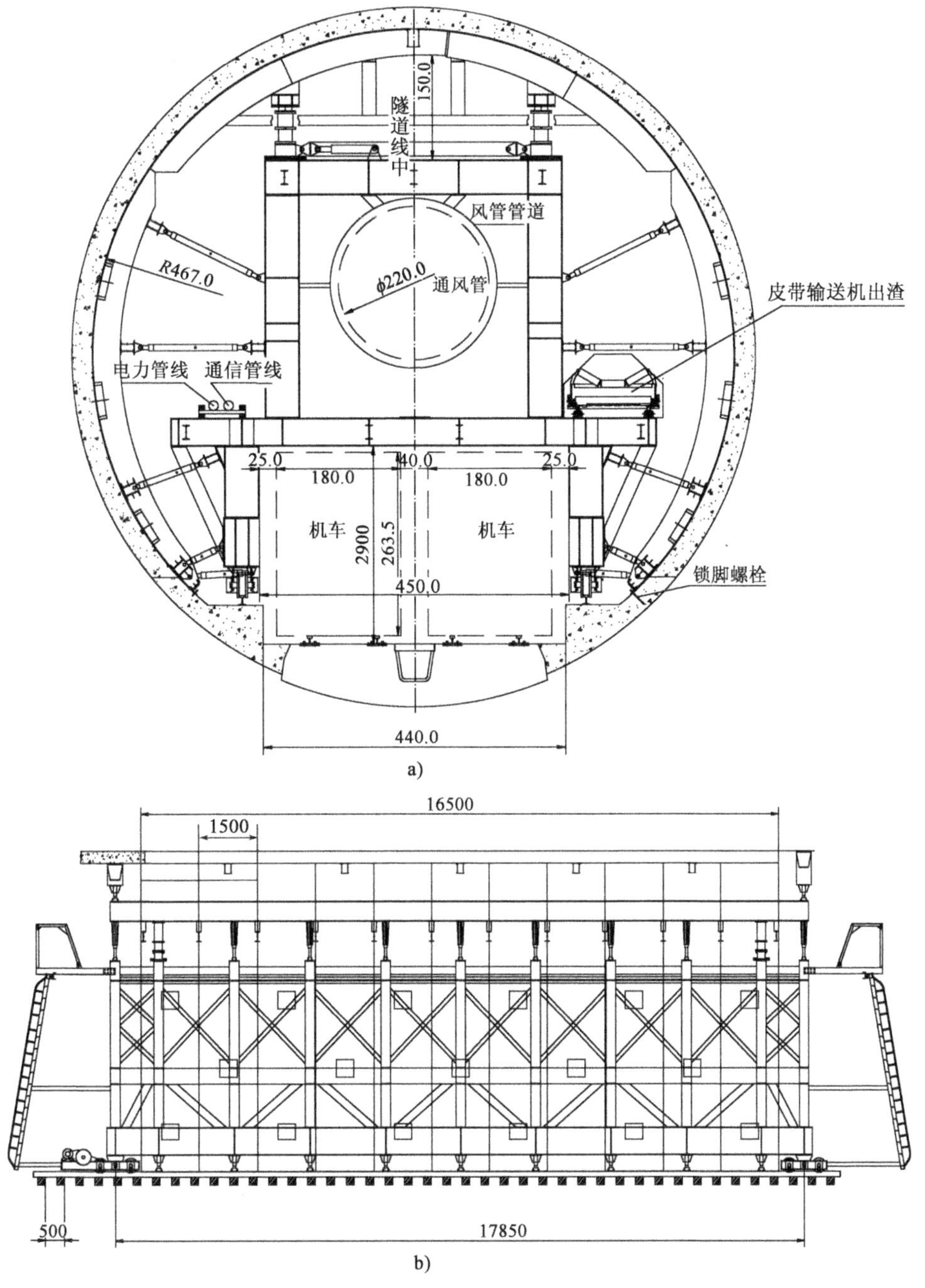

图8-1　TBM同步衬砌台车设计图

注:a)分图尺寸单位为cm;b)分图尺寸单位为mm

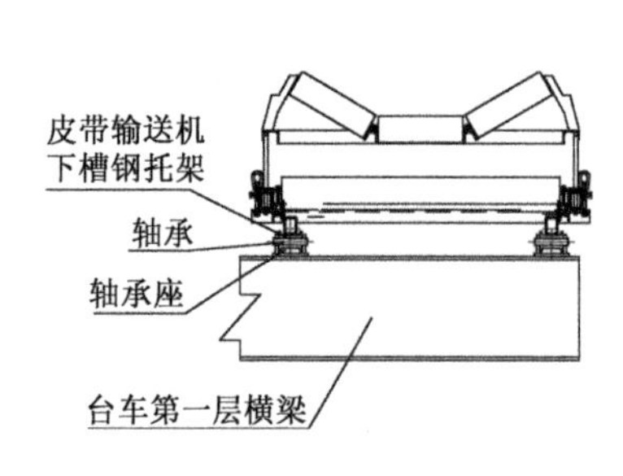

图 8-2　TBM 同步衬砌台车上滑道轴承托架

图 8-3　皮带输送机穿越衬砌台车及安全防护

8.2　同步衬砌台车、台架设计及制造

1）同步衬砌台车

同步衬砌台车设计见 8.1 节相关内容。TBM 同步衬砌台车见图 8-4，TBM 同步衬砌台车上滑道轴承托架见图 8-5。

2）台架

（1）工作台架。

防水、钢筋作业台架：在同步衬砌台车前布置 1 个工作台架，工作台架长 6m。工作台架用于拆皮带输送机支架、顺接风管、防水系统作业、有钢筋时绑扎钢筋。工作台架与同步衬砌台车相同，采用边墙基础上另设走行轨道，在第 1 层平台上设出渣皮带输送机滑道轴承托架、电力通信线滚筒托架，在上部设通风管滑道。工作台架见图 8-6。

（2）后工作台架。

在台车后布置 1 个工作台架，工作台架长 4m，用于混凝土面修补、顺接风管、皮带输送机支架安装。后工作台架走行轨道、滑道轴承托架、电力通信滚筒托架、风管托盘滑道与前工作台架相同。

（3）拉门式支架。

在防水台架与台车之间、后工作台架之后各布置 1 个拉门式支架，伸缩支架长度拉开 36m，压缩后 18m。拉门式支架每 2m 为 1 个单元，该项单元采用工字钢制作成刚性支架，单元与单元之间采用 2m 钢链软连接及钢管撑硬连接，拉伸到 2m 后采用硬连接固定，在拉伸及压缩时采用软连接。

拉门式支架单元上走行轨道、滑道轴承托架、电力通信滚筒托架、风管托盘滑道与工作台架相同。为使衬砌台车速度加快，就必须将皮带输送机支架拆装、皮带输送机支托的影响减除。为使工作台架、衬砌台车快速施工，就不可能同步移动，它们之间存在 1 ~ 2 组的空间，并且这个空间是变化的。拉门式支架通过能伸能压的变化空间来承担该空间中出渣皮带输送机的支撑作用，它的使用将皮带输送机支架拆装、皮带输送机支托的影响彻底解除。拉门式支架见图 8-7。

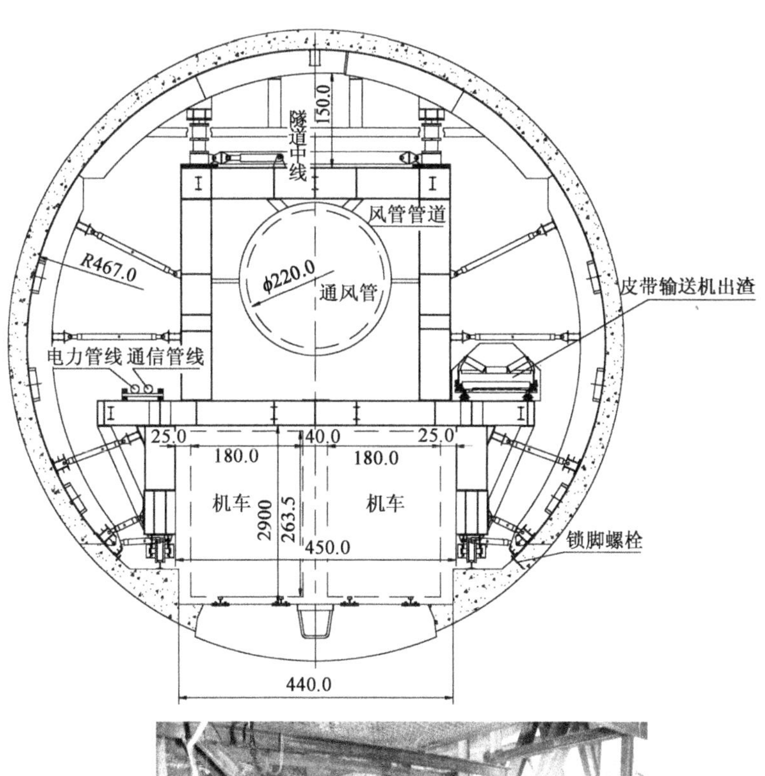

图8-4　TBM同步衬砌台车(尺寸单位:cm)

图8-5　TBM同步衬砌台车上滑道轴承托架

图 8-6　工作台架

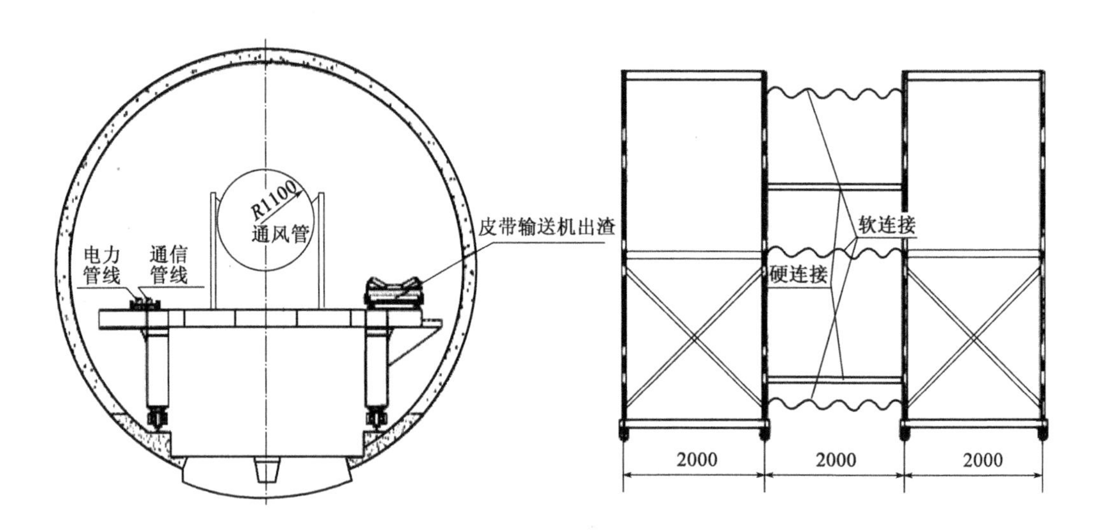

图 8-7　拉门式支架(尺寸单位:mm)

运输线路布设同步衬砌时,输送泵位置需占用 1 条运输轨线,为使轨道利用率提高,每 500m 处设置一渡线道岔。

边墙基础混凝土衬砌施工前,先施作边墙基础混凝土。边墙基础距隧道中心线 2.2m,边墙基础放置台车轨道处高程即运营水沟底高程,边墙基础采用异形的定型钢模,一次立模完成混凝土浇筑,详见图 8-8。

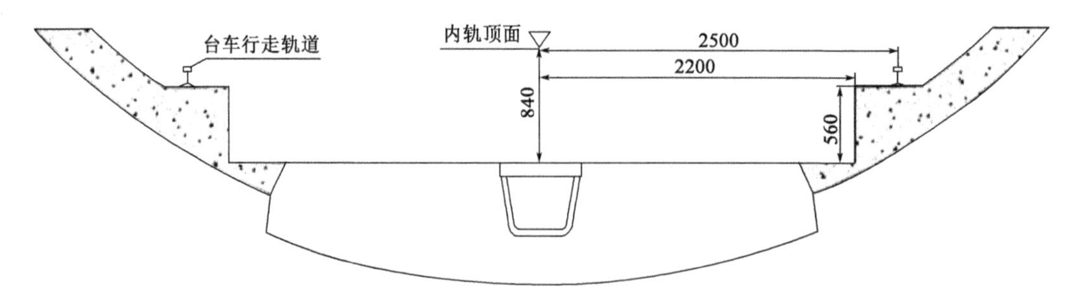

图 8-8　边墙基础施工示意图(尺寸单位:mm)

8.3　同步衬砌施工方案

在TBM施工的西秦岭隧道中，衬砌采用两台穿行式模板台车，台车走行轨道利用仰拱预制块上的外轨，模板台车下采用浮放道岔使原来双线运输道变为单线运输道。该种方式存在穿行式台车结构复杂、空间小、运输过浮放道岔时速度慢且易掉道的缺点。

经过多次方案讨论、研究，并经现场验证改进，在西秦岭隧道的TBM同步衬砌中主要采用了如下方案：

(1)衬砌台车及作业台架通过尺寸优化，采用不占用仰拱预制块上运输轨道的方案，在先浇筑的小边墙基础上设置行走轨道；台车及台架下部净空满足双线机车及混凝土运输车通行净空要求；通风管在台车及台架中上部的圆形托盘中滑行，不影响随时通风的需要。

(2)在台车、作业台架上设托架轴承滑道作为台车行走、皮带输送机支架拆除后的出渣皮带输送机支撑，使台车、台架无论行走还是作业均不影响皮带输送机出渣。

(3)在台车、作业台架皮带输送机另一侧第一平层上设滚筒托架，使通信、电力线路不影响台车、台架的作业与行走。

(4)在前作业台架与衬砌台车之间、在后修补台架之后设拉门式支撑台架，使台架、台车行走后所留空间通过支撑台架拉伸支撑皮带出渣，在台车衬砌时再边收缩支撑台架边固定皮带输送机支撑托架，如此既不影响皮带输送机出渣，又不影响台车行走就位，达到真正的同步。

(5)考虑TBM及后配套长度、掌子面初喷及后配套复喷的供风机械放置距离、横通道施工等因素，同步衬砌台车在TBM掘进面后1.0km左右进行衬砌，同步衬砌台车长16.5m。采用两部台车，台车间距以不相互影响为原则；当衬砌落后开挖较多时，另增加台车。

(6)混凝土洞外采用HLS90型拌和站集中生产，轨行式混凝土运输车运输，混凝土输送泵泵送入模，插入式振捣器捣固密实，混凝土到达强度后拆模养护。

(7)其他防水、钢筋制作与安装、混凝土入模等与钻爆法中使用的工艺相同。

同步衬砌施工工艺流程见图8-9。

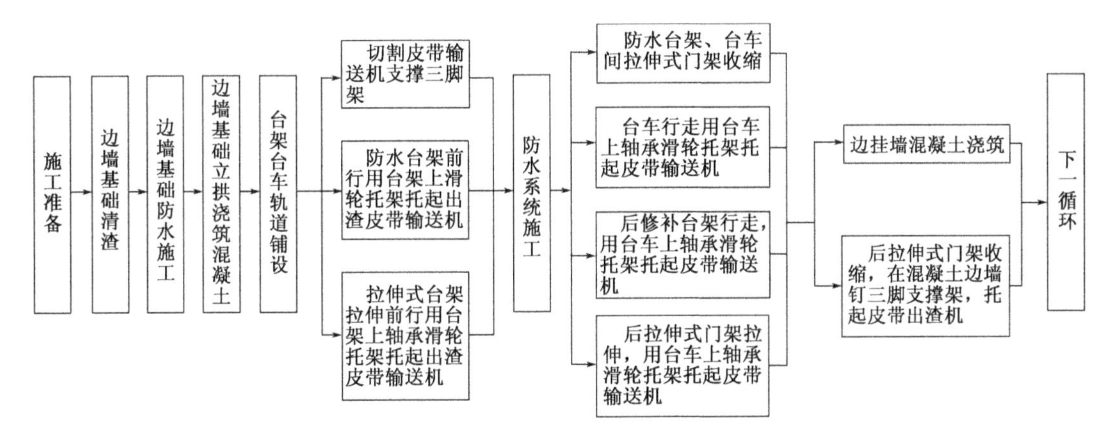

图8-9　同步衬砌施工工艺流程图

第9章 连续皮带输送机出渣关键技术

根据西秦岭隧道施工组织安排,TBM 分为两个掘进段进行掘进。第一掘进段至罗家理斜井正洞出口端钻爆法分界面,出渣至出口弃渣场,隧道内出渣距离约为 10km;第二掘进段从罗家理斜井正洞进口段掘进至进口钻爆法分界面,利用连续皮带输送机三次转载运输至罗家理斜井弃渣场,出渣距离最长约 13km。连续皮带输送机的正常运转与否直接制约着 TBM 的掘进速度,西秦岭隧道采用连续皮带输送机出渣,出渣距离长、出渣强度大,对连续皮带输送机的稳定、可靠性提出了更高的要求。

9.1 特长连续皮带输送机出渣技术

9.1.1 正洞连续皮带输送机出渣方案

西秦岭隧道连续皮带输送机的出渣皮带选用钢丝绳芯阻燃输送带,连续皮带按照 600m/卷捆扎进场,在使用时进行硫化连接。

TBM 掘进时,刀盘在主轴承的作用下转动,带动滚刀在掌子面上旋转,刻划出一道道同心圆,随着滚刀力量的不断加大,岩石被滚刀挤碎并脱落。脱落的岩石被旋转到隧道底部的刀盘侧边铲斗,输送到位于主梁内部的 1 号皮带输送机上(图 9-1),通过 2 号桥架皮带输送机、3 号转载皮带输送机,渣体被输送到出渣连续皮带输送机上运出洞外。

随着 TBM 向前推进,连续皮带输送机支架被安装在侧墙上不断向前延伸。连续皮带仓及主驱动安设在隧道洞口附近,皮带仓单次可储存 600m 的连续皮带。随着 TBM 的掘进,皮带在液压装置的控制下不断向外释放,当释放完毕后,通过硫化橡胶高温热焊技术将新一段 600m 的皮带接入存储仓中,硫化一次一般用时 10h 左右。

连续皮带输送机桥架在 TBM 步进段和 TBM 掘进段采用两种不同的支撑方式:在 TBM 步进段(钻爆施工段)采用竖向固定支撑法,将竖向支撑杆直接支撑在边墙基础上,横向支撑杆固定在与桥架横梁水平位置对应边墙上;在 TBM 掘进段则采用三角斜向支撑法将支架分别固定在与横梁水平位置对应和同一法线位置高出边基顶面 30cm 处的边墙上,如图 9-2 所示。两

种方式中皮带输送机支架均通过膨胀螺栓连接固定,间距4.5m。

图9-1　TBM出渣示意图

a)TBM步进段采用竖向固定支撑法

b)TBM掘进段采用三脚斜向支撑法

图9-2　支架固定方法示意图

9.1.2　连续皮带总体转场方案

第一掘进阶段,连续皮带输送机承载渣体后穿越1号、2号同步衬砌台车直接输送至隧道出口,通过转载皮带输送机横跨整个洞外作业场地,转运至分渣器位置,通过连续分渣器自动分流装车后由转运工程车运输至弃渣场。第一掘进阶段与罗家理斜井钻爆段重庆端贯通后,空推TBM前行20m左右,使撑靴进入罗家理斜井钻爆段,安装步进机构,步进同时施作边基填充、边墙基础,并拆除第一阶段出渣皮带系统。连续皮带采用皮带收放装置在洞口按照600m/卷收卷成进场时形状;皮带收卷完且皮带控制室、变电室拆除后,将主驱动放在洞口300t龙门吊范围内,待3号衬砌台车通过罗家理斜井三岔口后,主驱动由平板车运输至第二掘进阶段,皮带仓及主驱动安装位置重新安装。

TBM步进通过罗家理斜井三岔口150m后,开始在TBM尾部安装出渣皮带输送机支架,并逐级完善第二掘进阶段的连续皮带输送机出渣系统。

第二掘进阶段,连续皮带输送机承载渣体后穿越同步衬砌台车,将渣体输送至斜井三岔口位置，通过洞内1号转载皮带输送机穿越罗家理斜井输送至洞外，再通过洞外2号转载皮带输送机直接翻越山体运至渣场，用推土机进行整平。连续皮带输送机由正洞转入斜井布置如图9-3所示。

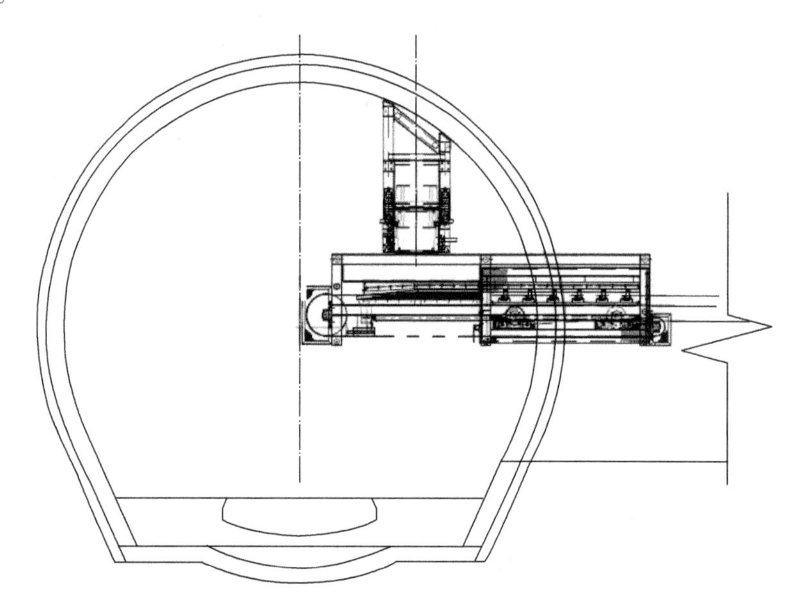

图9-3　连续皮带输送机由正洞转入斜井布置图

9.2　连续皮带输送机上山技术

西秦岭隧道第二掘进段洞渣全部弃于罗家理斜井弃渣场内，斜井弃渣场距离斜井洞口直线距离约230m，渣场比斜井洞口位置高约60m，山体自然坡度大于30°，从洞口到弃渣场的便道长度约800m，便道最大坡度为15%，连续坡长超过200m。西秦岭隧道TBM掘进采用连续皮带运输机出渣方式，TBM第二掘进段在罗家理斜井内设置转载皮带输送机直接将洞渣转运至洞外。

由于洞外皮带输送机一次性投入大，皮带输送机线形要求严格，上山皮带输送机需要与TBM主连续皮带输送机运输能力匹配。合理的皮带输送机设计、明确上山皮带输送机的参数型号、皮带支撑型钢的结构形式，是本工程能否顺利实施并达到设想效果的关键。

上山连续皮带输送机总体设计思路如下：

(1)根据计算分析，确定上山皮带输送机的参数型号。

(2)确定上山皮带输送机最大上山坡度，合理设计皮带线形。

(3)根据确定好的皮带线形，设计皮带支撑型钢的结构形式及机头、机尾的基础形式。

(4)设计预留检修通道，方便皮带输送机日常检修保养。

9.2.1　连续皮带输送机上山施工方案

1)布机形式

上山皮带输送机水平投影为直线，竖向根据山体地形调整。双线设计，满足西秦岭隧道左

右线双线出渣要求。采取“一升、一降、一拉、一提前”方式,升高山底皮带支架,降低山头高度,拉长坡距,提前起坡,使皮带运输坡度达到安全范围。

渣体被斜井皮带输送机输送出洞外后,经转渣器落到洞外上山皮带输送机上,上山皮带输送机主驱动安设在山顶弃渣场外边缘的混凝土基础平台上,皮带输送机最大爬升坡度20°,翻越山顶后以7%下坡,横跨河流、便道,总长度约284m。跨河段采用三跨钢桁架梁形式,全长60.2m,在皮带整体约1/2位置处利用便道边的一处自然平台整平后安装张紧装置,此处无宽桥架支腿,张紧装置重锤箱等总质量为5.8t。6号上山皮带输送机布置如图9-4、图9-5所示。

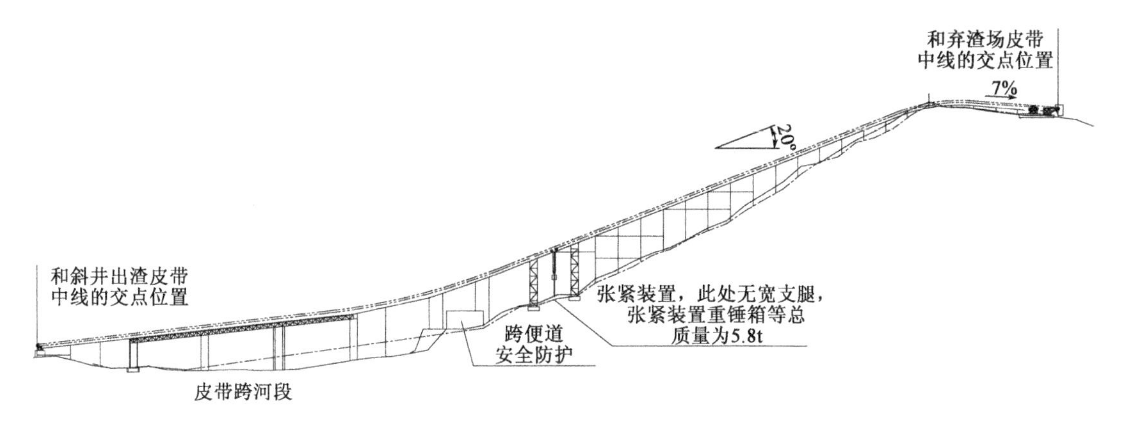

图9-4 6号上山皮带输送机布置

为保证上山皮带输送机维护和检修期间TBM仍然能够正常掘进出渣,在斜井连续皮带输送机转渣器位置安装一小型分渣器,分渣器的一个分渣口指向上山皮带输送机,另一个分渣口指向临时弃渣场。这样,在上山皮带输送机维护和检修期间,只需要切换分渣器的切换挡板,使渣体落到临时弃渣场地上用转运工程车转运即可。

上山皮带输送机采用国产皮带输送机,主驱动电机功率为200kW,采用变频启动技术,皮带采用EP200×4×(4.5+1.5),带宽1m,根据TBM掘进速度,要求皮带输送机最大运输能力为500t/h,带速为2.5m/s。皮带槽由3个托辊组成槽形,托辊槽角为45°,皮带托辊布置形式如图9-6所示。

图9-5 6号上山皮带输送机实景图

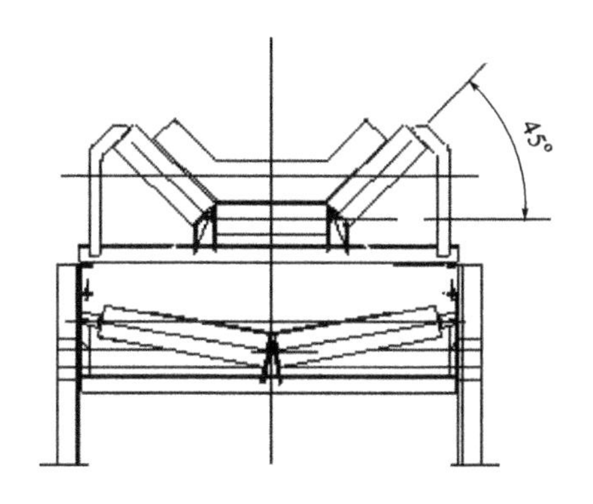

图9-6 皮带输送机托辊布置图

2)上山皮带输送机主要参数

(1)上山皮带输送机最大坡度。

为保证上山皮带输送机正常工作,渣料在皮带上能正常运输,不因坡度太大而滑落,要求渣料在皮带上的切向分力不得大于渣料与皮带的最大静摩擦力。

渣料在皮带上的受力如图9-7所示。

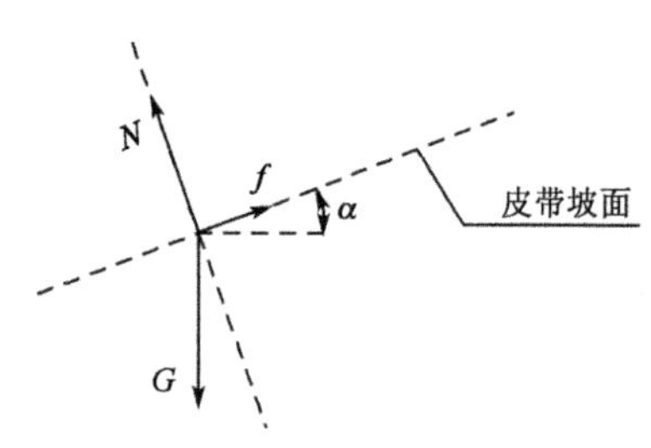

图9-7　渣料在皮带上的受力分析图

$$G\sin\alpha \leqslant f$$

$$f = \mu N = \mu\cos\alpha$$

式中:α——皮带坡度;

μ——渣料与皮带的摩擦系数,取值为0.5;

G——渣料重力;

f——皮带对渣料的摩擦力;

N——皮带对渣料的法向支撑力。

皮带的上山坡度应满足:

$$\alpha \leqslant \arctan\mu$$

根据上式计算得出α需不大于26°33′54.18″,实际进行皮带输送机线形设计时,取最大坡度为20°,即36.4%。

(2)皮带输送机带宽。

带式输送机的输送量受到运行输送带上的装料截面面积的影响,装料截面面积则取决于皮带的动堆积角及装料条件。渣料在皮带上堆积成近似多边形,该多边形由托辊轮廓线和输送物料堆积的轮廓线组成。它由托辊的长度和槽角λ、有效宽度b和等效堆积角β来确定。渣料堆积形状如图9-8所示。皮带横向长度为1m,在托辊中成槽宽度B为0.83m,因为TBM的渣料较为细小,取等效堆积角β为20°。渣料堆积面积由A_1和A_2两部分组成,根据下列公式计算:

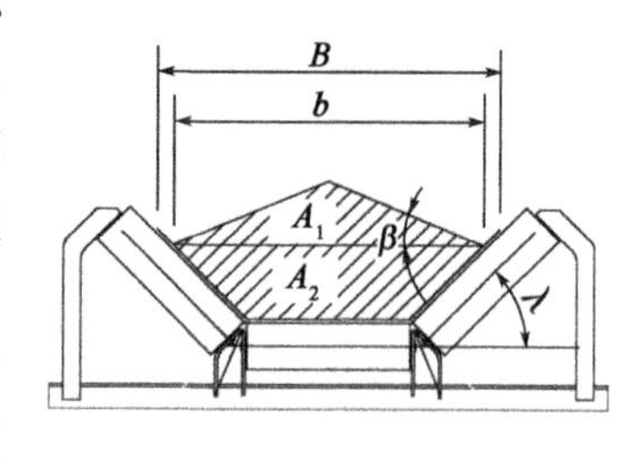

图9-8　渣料堆积形状

$$b = 0.9B - 0.05$$

$$A_1 = [l_m + (b - l_m)\cos\lambda]^2\tan(\beta/4)$$

$$A_2 = [l_m + (b - l_m)\cos(\lambda/2)](b - l_m)/2\sin\lambda$$

式中:l_m——中间托辊长度(m),取0.4m;

λ——托辊槽角(°),取45°。

计算可得皮带上的渣料堆积面积为0.0869m^2。根据翻山皮带的运输能力,可知满足输送能力的理论所需渣料面积为:

$$A = \frac{Q_t}{3600\mu\gamma v}$$

式中:Q_t——皮带输送机输送能力(t/h),取500t/h;

μ——有效装料系数,取1;

γ——渣料密度(kg/m^2),取1600kg/m^2;

v——带速(m/s),取2.5m/s。

计算的理论所需渣料面积为0.0347m²,可知带宽选1m,满足输送能力要求。

(3)皮带输送机驱动主机功率。

在稳定工况运行时需要的驱动力(运行阻力)F_w由皮带与托辊摩擦力、皮带重力和渣料质量共同作用。输送机的功率消耗P_w是运行阻力和运行速度的乘积,即:

$$P_w = F_w v$$

将运行阻力划分为主要阻力F_H、附加阻力F_N、提升阻力F_{st}和特种阻力F_S,这些阻力的和F_w等于从传动滚筒传递到输送带上的圆周力F_{pu},即皮带张力。

$$F_w = F_H + F_N + F_{st} + F_S = F_{pu}$$

计算所得各控制点皮带张力如图9-9和表9-1所示。

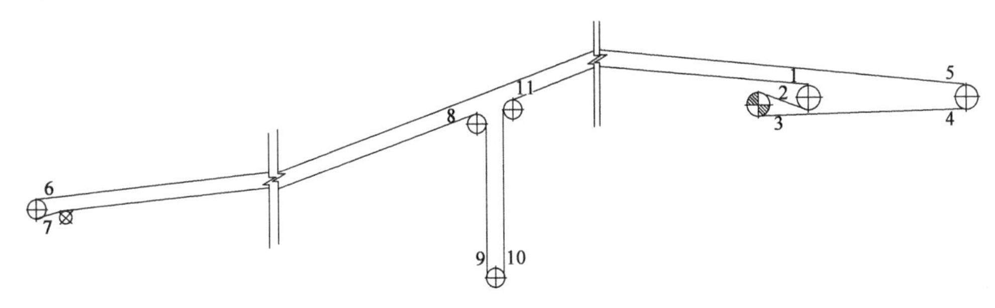

图9-9 皮带输送机张力分布示意图

皮带输送机正常运行时各点张力值 表9-1

点号	1	2	3	4	5	6	7	8	9	10	11
张力值(N)	26470	25452	73900	73770	73100	19681	20468	24085	24566	25550	26061

计算可得P_w为184.75kW,最后选型驱动电机功率为200kW,满足要求。

(4)皮带输送机机头架基础。

皮带输送机的机头架受皮带张力的影响,受力最大。施工时根据皮带张力设计机头架基础,以配重抵抗皮带张力。皮带输送机机头架基础设置见图9-10。将主驱动架与机头架设置在一个基础之上,利用基础自身刚度可以抵抗部分皮带拉力。

根据表9-1中皮带张力数值,可知皮带输送机机头架受到皮带拉力为第1点与第5点张力值之和,为99.57kN,基础总质量为67.7t,支架和电机总质量约为2t,施工时要求地基承载力不小于50kPa,各支架通过基础上的预埋钢板与之相连接。利用基础与地基的摩擦力及地基对基础的反推力来抵抗皮带对机头架的拉力。

3)上山皮带输送机施工方法

施工上山皮带输送机时按照"先设计,后施工"的原则,先根据设备尺寸及参数要求进行线路选型,对山体坡面进行详细的勘察设计,然后根据在植被茂密、陡峭的山体大型施工机械无法上山施工,山上的皮带支架完全靠人挑肩扛的方式进行组装施工的特点,对上山皮带支架支撑型钢进行设计。上山皮带支架设置遵循"轻巧,便于安装"的原则,尽量采用小构件通过人工在山坡上组装而成。进行皮带支撑钢架施工时尽量减少大面积开挖破坏山体植被,防止水土流失,依据山体地形设置皮带支撑钢架的结构形式,皮带支撑型钢支架的基本结构形式见图9-11。

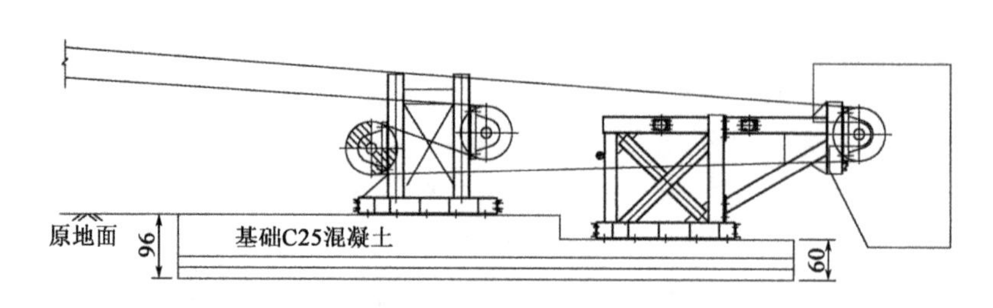

a)机头部立面图

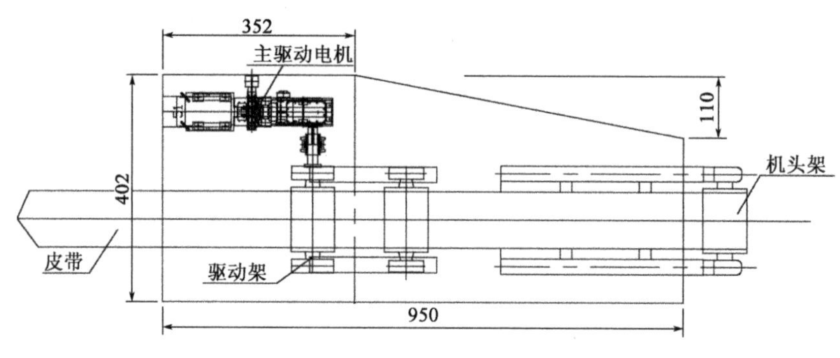

b)机头部平面布置图

图 9-10　皮带输送机头部基础设置图(尺寸单位:cm)

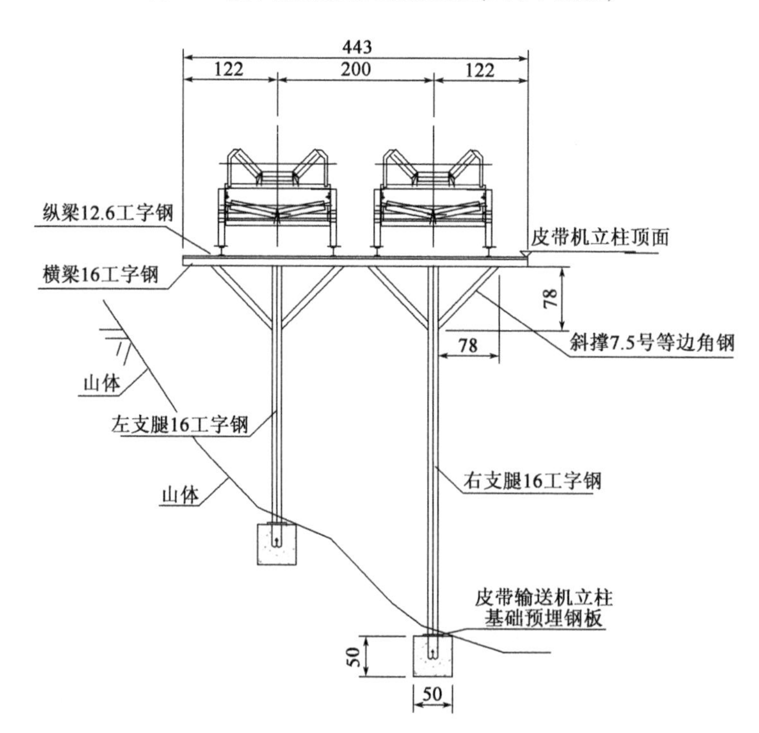

图 9-11　皮带支撑型钢支架基本结构形式图(尺寸单位:cm)

设计完成后,根据图纸进行施工,主要施工步骤为:

(1)确定施工线路,在山坡上测量放样出各皮带支撑架的基础位置,人工进行基础施工,浇筑混凝土基础,定位预埋焊接钢板。

(2)根据设计,提前加工支撑架的杆件尺寸。

(3)人工进行支撑钢架的组装焊接,根据皮带线性纠正组装偏差。

(4)在皮带支架上施工检修通道,同时方便安装皮带托辊支架。

(5)在皮带支撑型钢上架设安装皮带输送机托辊支架。

(6)安装皮带输送机机头、机尾架,并安装滚筒、主驱动电机及电气设备、张紧装置。

(7)在皮带托辊上放皮带,硫化皮带接头,张紧皮带。

(8)进行皮带调试运行,调整张紧装置,防止皮带在凹处飘起及皮带打滑。

(9)与洞内连续皮带进行联调联试,保证上山皮带与洞内连续皮带共同运行,动作匹配。

9.2.2　施工效果

西秦岭隧道洞外上山皮带输送机工作故障率少,通过与洞内连续皮带的联调,使洞内皮带与洞外上山皮带做到统一控制、合理有序动作,能够与洞内连续皮带输送机相匹配。西秦岭隧道 TBM 第二掘进段共出渣约为 80 万 m^3,洞外上山皮带工作良好,保证了 TBM 掘进顺利完工。

洞外采用的皮带输送机出渣方式与传统汽车运输的出渣方式相比,具有受到人为因素影响小、进出渣场便道维护少、施工连续的特点。两种方式的优缺点对比见表 9-2。

出渣方式对比　　表 9-2

对比事项	汽车运输出渣	上山皮带输送机出渣
经济性	汽车可采用租赁方式,前期投入较小,但西秦岭隧道第二掘进段掘进工期共 21 个月,需租用 12 辆汽车,每月租赁费用以 2 万元计算,汽车租赁费用共计 504 万元	前期一次性投入大,基础及支架施工共需 40 万元,皮带输送机设备购置费用共 280 万元,后期维护费用低,需 3 辆大车在渣场内倒运,大车租赁费用为 126 万元
环保性	汽车燃油消耗高,有害气体排量大;便道需保证双车道,便道需经常维护,占地多,破坏山体植被,易造成水土流失	皮带输送机使用电能,不产生有害气体,符合节能环保的要求;皮带输送机支架依据山体地形而建,对地表破坏小,进出弃渣场便道要求低,仅需要单车道,使用少,维护简单
施工连续性	受转渣场地、汽车运输连续性、便道、天气的影响,不能保证连续生产	不受便道、转渣场地及天气的影响,与洞内皮带配套,可以保证施工连续运行
其他设备配套	转渣场地内需要挖掘机 1 台,转载机 1 台辅助装运,渣场内需要 1 台转载机平整场地	转渣场内需要挖掘机 1 台,装载机 2 台辅助转运及平整场地
维护性	受汽车驾驶员个人素质影响,不能保证汽车状体完好	和洞内皮带输送机一样,每天定人定时保养,皮带输送机支架上设有维修便道,维护保养能够落实,保证皮带输送机状体良好
人员配置	汽车、装载机、挖掘机驾驶员按照两班倒配置,共需 30 人	汽车、装载机、挖掘机驾驶员按照两班倒配置,共需 12 人,皮带输送机保养及值守人员 3 人

9.3 连续皮带快速无损收放技术

9.3.1 皮带收放机的研制

西秦岭隧道皮带收放装置采用连续皮带特点设计，由两部相同的皮带收放机组成，其基本构造、实景分别如图9-12、图9-13所示。

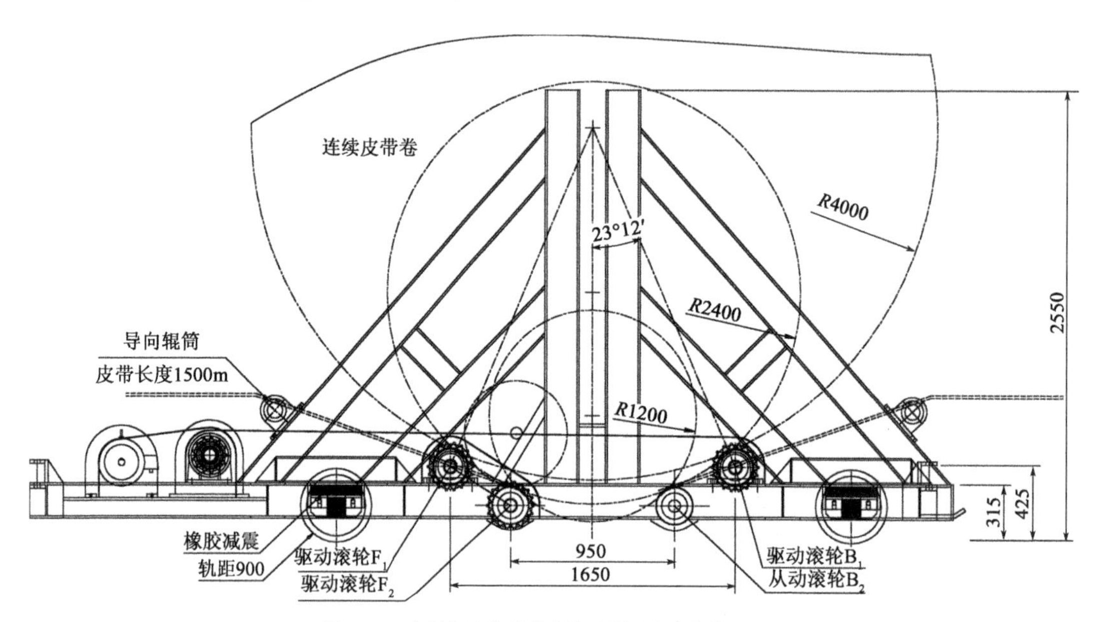

图9-12 皮带收放装置基本构造图(尺寸单位:mm)

图9-13 皮带收放装置实景图

每部皮带收放机采用一台转速1440r/min、功率7.5kW的三相异步电动机带动一台转速范围为125～1250r/min、额定转矩14.7N·m的电磁调速电动机，电磁调速电动机通过带轮传递动力带动减速机旋转，减速机通过波动式简易联轴器带动链轮通过链条驱动3个驱动滚轮同时旋转，从而使滚轮带动皮带绕轴旋转。

试验阶段发现单纯依靠皮带收放装置卷收皮带而无外力辅助拉紧皮带时，会出现皮带卷

较松弛的情况,因此需要调整电机相序使连续皮带驱动电机反向旋转,并调整主减速驱动变频器频率限制其最高转速,使主驱动喂带的转速尽量与皮带收放机转速相一致或稍慢,以保持主驱动与皮带收放装置之间的皮带始终处于张紧状态,确保卷带质量。

皮带在卷收过程由于多种原因会出现跑偏情况,使卷出的皮带参差不齐。为避免这一情况,在卷带机内侧增设限位滚筒,皮带限位滚筒采用螺栓固定并可适当调节,以适应不同皮带宽度的需求。西秦岭隧道连续皮带宽度914mm,施工过程中调节限位滚筒外缘间距为1000mm。

9.3.2 皮带洞内收放技术

(1)启动2号皮带收放机,同时启动主驱动电机,拉动洞内连续皮带往外送,连续皮带穿过1号皮带收放机回收在2号皮带收放机上。初始卷收时,由于皮带自重较小、不足以提供足够大的摩擦力使滚轮带动皮带旋转,需要1~2名作业工人站在皮带卷上提供辅助重力,待皮带卷收到直径约0.8m时,皮带即可完全依靠自重随滚轮旋转,待皮带旋转稳定后,可适当提高旋转速度。

(2)当皮带卷直径小于1.2m时,依靠驱动滚轮 F_1、F_2(图9-12)提供旋转动力,在皮带卷中心滚筒内穿入滚轴,以防止皮带卷脱离驱动滚轮,如图9-12所示。

(3)当皮带卷直径达到1.2m后,取出皮带卷滚轴,随着驱动滚轮的转动皮带卷自动滚入皮带收放机底部,并与驱动滚轮 F_2 和从动滚轮 B_2 相接触,依靠驱动滚轮 F_2 提供旋转动力(图9-12)。

(4)当皮带卷直径达到2.4m后,随着皮带卷越来越大,逐渐接触驱动滚轮 F_1、B_1,并脱离滚轮 F_2、B_2(图9-12)。

(5)连续皮带回收600m后在主驱动侧用砂轮机截断皮带,并将皮带尾端收绕在1号皮带收放机中心滚筒上,用龙门吊将皮带卷提升一定高度,调整限位挡板,穿入滚轴将皮带卷悬空架起,启动1号皮带收放机,带动连续皮带反向释放300m到1号皮带收放机上。

(6)采用龙门吊将皮带卷吊离皮带收放机,并用软钢丝绳打包后装车运至材料库房存放。

皮带释放工艺流程:

(1)根据皮带卷直径调整好皮带收放机限位挡板位置,确保皮带卷整体悬空一定高度,一般保证皮带卷下沿距离收放机体15~20cm即可。

(2)采用吊机将拆除外包装的皮带卷吊至皮带收放机内,并穿入滚轴将皮带卷悬空架起。

皮带收放装置作业示意如图9-14所示。

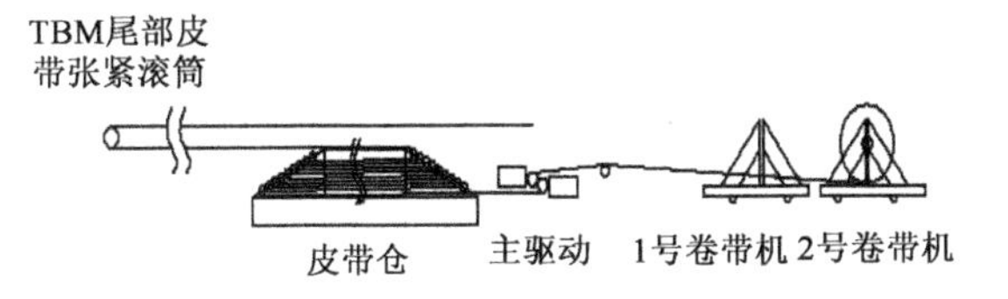

图9-14 皮带收放装置作业示意图

9.3.3 施工效果

第一阶段掘进结束后,连续皮带长度达到(2113m+5594m+600m)×2,即16614m(约28

卷),经过现场准备与调试,仅用6d时间完成全部连续皮带回收、打包、入库任务,大大提高了工作效率,减轻了作业人员的劳动强度。具体人员配置情况见表9-3。

人员配置　　表9-3

职　务	数量(名)	工作职责
班长	1	作业人员的组织和协调
主驱动操作手	2	操作主驱动变频柜,控制驱动转速,主要由电气人员承担
皮带收放机操作员	2	操作皮带收放机
辅助人员	5	配合卷带过程中连续皮带的拖拉、打包等工作
洞内巡视人员	2	检查卷带过程中连续皮带支架及沿途管线路情况
门吊司机	1	皮带卷吊装

此外,由于皮带收放装置由两部相同的皮带收放机组成,每部皮带收放机配置有独立的驱动系统,也可单独完成卷带作业,实现不同方式的皮带卷打包;两部皮带收放机配合使用工作效率更佳,可有效增加单卷连续皮带的回收长度。皮带收放机底部设置走行轮对,可通过机车牵引移动,从而使皮带收放机不仅具备了收放皮带的功能,而且也可把皮带卷运输至指定位置。

皮带现场施工如图9-15～图9-18所示。

图9-15　皮带仓1

图9-16　皮带仓2

图9-17　TBM操作室

图9-18　TBM主机皮带输送机出渣

9.4 连续分渣器装车技术

为适应 TBM 大断面快速掘进出渣量大对渣料及时转运的需求,保证连续皮带输送机出渣与转运工程车之间实现无缝衔接,研究采用在连续出渣皮带输送机与转运工程车之间设计连续分渣器,使之将渣料连续自动分流到转运工程车上。

连续分渣器主要由操作控制系统、主分渣机构、子分渣机构及框架组成,详见图 9-19。根据连续皮带输送机运转速度及出渣量,设计采用主分渣机构和子分渣机构两级相连,在主分渣机构和子分渣机构上均设置液压切换板。为防止渣料冲击对挡板的机械磨损,在主分渣机构、子分渣机构内部及液压切换挡板上加设耐磨钢板。连续分渣器下设 3 条正常转运车道和 1 条应急转运车道,当 1 个转运工程车接满渣料后,操作主分渣机构或子分渣机构切换板液压缸动作,将切换板由原停放终端位置换位到另一个终端位置,渣料通过切换板切换到停放在另一条转运车道的空车内,如此循环,实现连续不间断分渣。

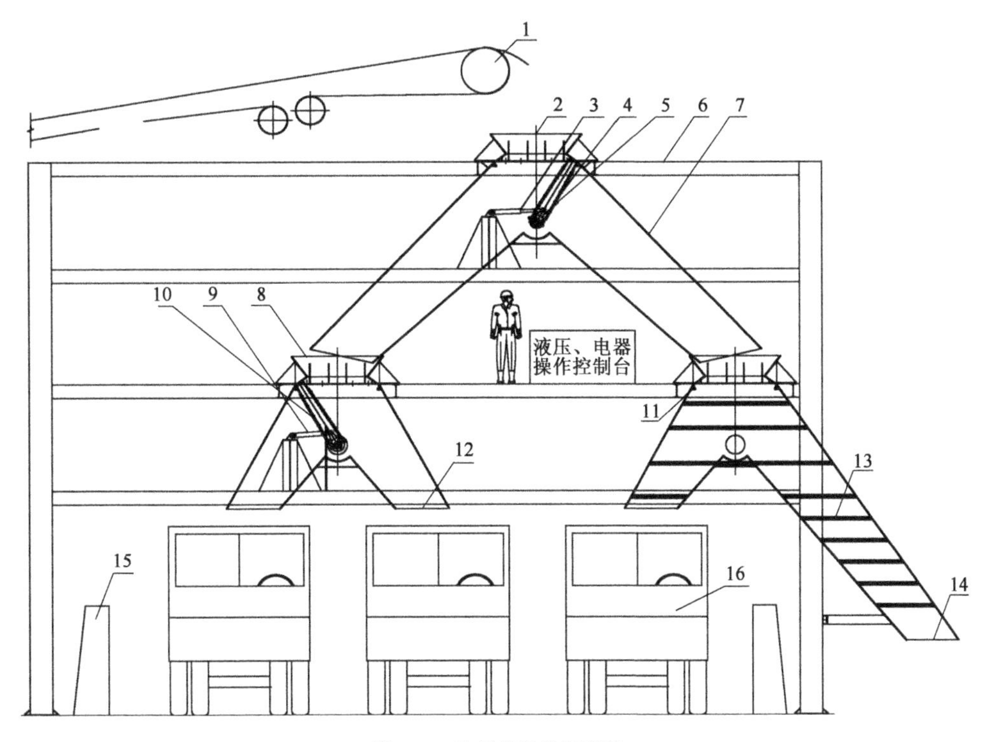

图 9-19 连续分渣器构造图

1-连续给料装置(出渣口);2-主分渣器受料接口;3-主分渣器切换液压油缸;4-主分渣器切换板;5-切换轴端密封;6-结构钢架;7-主分渣器梭槽;8-子分渣器受料口;9-子分渣器切换液压缸;10-子分渣器切换板;11-限位板;12-子分渣卸料口;13-外覆电加热板;14-应急卸料口;15-混凝土防撞护墩;16-转运工程车

注:主分渣器、左侧子分渣器显示结构内部情况;右侧子分渣器显示结构外部情况

9.4.1 连续分渣器使用

根据连续皮带输送机运转速度及运渣量设计,新型连续分渣器采用两级分渣、三个正常转

运车道和一个紧急转运车道进行转运,减少了转运工程车进出分渣器时的衔接时间,降低了分渣器故障维修时不能连续分渣的影响,解决了转运工程车在进出分渣器时需暂停分渣的技术难题。

当分渣器下布置三道正常转运工程车道时,考虑转运工程车的尺寸,要有足够的空间穿越连续分渣器,连续分渣器下转运车道净空尺寸高为3.75m,净空尺寸宽为10.4m。工程转运车(装载机等)最高尺寸为2.99m,宽度为2.45m,每辆工程转运车并排时之间安全间距按1.0m计算,能够保证3辆工程转运车同时穿越连续分渣器。

在连续分渣器设置有紧急卸料口,紧急卸料车道宽为5m。在连续分渣器实际使用中,考虑连续分渣器下正常转运车道遇特殊情况不能使用或检修时,可启用紧急卸料口进行分渣。

连续分渣器采用主分渣器和子分渣器两级相连。在实际转运渣料时,分渣器下多个转运车道不一定都有转运工程车,因此在主、子分渣器上分别设有液压动力切换板,根据实际情况使用转运车道进行切换分渣。在实际操作切换板换位时,无法看见分渣器内部切换板的实际切换位置,故在切换板的终端位置设置了限位板。

连续分渣器安装在露天,在使用时渣料中可能会有水,或在严寒地方冬雪季使用时,分渣器机构内部可能会出现冻结现象,因此在主分渣器、子分渣器易冻结部位的外壳设有电加热板。

连续分渣器分渣机构连续受到渣料冲击,磨损很严重,故在主分渣器、子分渣器内部及液压动力切换板上均设置有耐磨钢板。

连续分渣器安装在混凝土基础上,在混凝土基础内预埋连接螺栓与分渣器进行连接固定。

连续分渣器工作时,主分渣器液压动力切换板及子分渣器液压动力切换板分别处在一个终端位置。当分渣器下一个转运工程车接满转运料时,操作主分渣器或子分渣器液压动力切换板的液压缸,将液压动力切换板和换位到另一个终端位置,渣料通过液压动力切换板切换到另一个有空车等候的转运车道进行分渣,如此循环,实现连续不间断分渣、不影响转运工程车进出。

9.4.2 施工效果

连续分渣器自动切换装车技术的应用,成功解决了以往连续皮带输送机将渣料直接卸到堆料场,再用挖掘机和装载机将渣料装到转运工程车上无法实现无缝衔接转运的难题。3条正常转运车道和1条应急转运车道的设置可以有效解决转运工程车在进出分渣器时需暂停分渣的技术难题,实现转运工程车彼此互不干扰,即便分渣器出现故障需要维修时仍可以提供接料口,减少了机械的投入和对施工场地的占用,更经济、实用。

第10章 预制构件工厂化生产加工技术

西秦岭隧道施工过程综合应用了《建筑业十项新技术(2010版)》中九大项中的17小项，新增TBM施工新技术应用3项，综合应用达到国内领先水平。第7章～第9章重点介绍了西秦岭隧道新增TBM施工两项新技术，本章重点介绍第三项关于预制构件工厂化生产加工技术，该技术主要涉及仰拱块预制、无砟轨道。

10.1 仰拱预制块生产预埋道钉技术

10.1.1 技术革新背景

根据原设计，仰拱预制块混凝土浇筑时在预制块顶面预留16个$\phi45\times120$的道钉锚固孔，待预制块脱模并翻转以后用硫黄锚固剂锚固道钉，这就要求在模具底部安装16个$\phi45\times120$的立柱来实现仰拱预制块道钉锚固孔的预留(图10-1)。由于钢模具加工精度要求非常高，而预制块脱模时混凝土强度只有20MPa左右，脱模时如果天车起吊的作用力与预制块重心不重合，极易造成预制块与模具挤紧；以4×4形式排列于模具底部的16个道钉孔更是大大增加了脱模的难度，如天车停车位不准确或起吊操作不当，很容易造成预制块掉块。在现场施工中，由于作业工人的责任心不同，对道钉锚固的质量缺少有效的非破坏性检测手段，锚固质量有待商榷。将后锚道钉更改为预埋道钉不但减少了人工投入，而且很大程度上解决了上述问题，确保了道钉的连接质量。

10.1.2 工艺流程

模具在设计制造时，取消承轨槽位置预留道钉孔用的立柱模型，在原设计位置设置螺旋道钉孔及用于螺旋道钉卡紧用橡胶垫圈的预留槽。施工时，在预留槽内安入橡胶垫圈，将螺旋道钉螺钉端向下卡入橡胶垫圈中心孔内，道钉预埋工作完成。待脱模翻转后取下橡胶垫圈，以便重复使用，如图10-2所示。

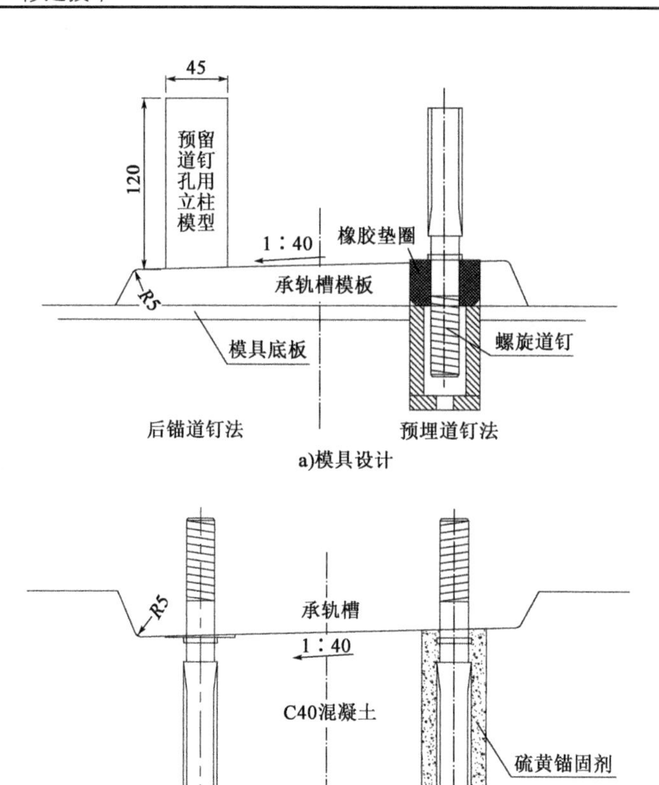

图 10-1　模具设计及脱模翻转后的道钉情况(尺寸单位:mm)

a)模具预留及橡胶垫圈预埋槽

b)橡胶垫圈、成品道钉及橡胶垫圈安入预留槽

c)道钉螺钉端向下卡入橡胶垫圈

d)脱模后

e)去掉橡胶垫圈后

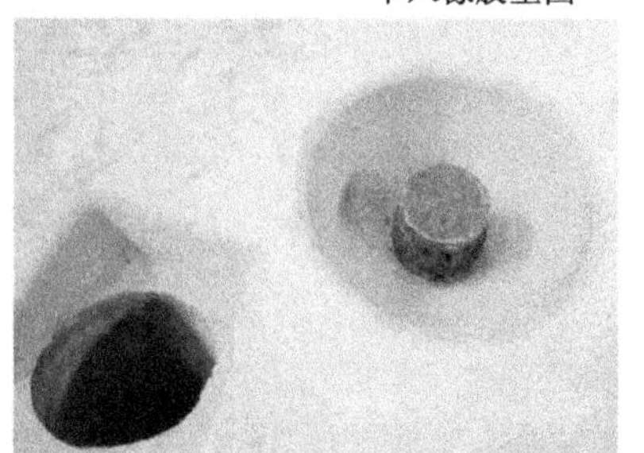

f)吊杆预埋脱模后

图 10-2　预埋道钉技术实施过程图

模具内提前预埋道钉实景如图10-3所示。

图10-3　模具内提前预埋道钉实景图

10.1.3　可能带来的质量问题及其防治措施

如前所述，预埋道钉及吊杆通过橡胶垫圈固定倒置于模具底部的预埋孔内，混凝土振捣主要采用模具自带的附着式风动振捣器自动振捣。由于预制块坍落度要求控制在70～90mm，流动性较差，浇筑时，作业工人往往在模具内混凝土量较少的情况下便打开风动振捣器辅助摊平，此时模具的震动效果非常明显。由于缺少混凝土料的压力和黏滞力，很容易使"头重脚轻"的预埋件外旋、松脱，甚至脱离预埋孔，造成预埋件的移位、脱落，给后续吊装和轨道安装带来不便。

为避免预埋件脱落、移位情况的发生，主要采取以下预防措施：

(1)根据浇筑时气温等条件适当调节混凝土的坍落度，确保混凝土的流动性。

(2)加强现场作业工人的责任心教育，在模具内混凝土量较少的情况下，充分发挥人工辅助振捣的作用，减少该阶段风动振捣对预埋件位置的影响。

(3)定制尺寸适中的橡胶垫圈，确保橡胶垫圈外径满足卡入模具预留槽、内径满足卡紧道钉或吊杆要求，以稳固预埋件。

10.2　液压起吊翻转机脱模及空中翻转仰拱预制块技术

10.2.1　液压起吊翻转机脱模技术

为解决长久以来真空吸吊翻转机不适用于仰拱预制块脱模及翻转、地面翻滚仰拱预制块技术落后且弊端明显等问题，适应TBM快速高效的施工节奏，西秦岭隧道在全国首次引入仰拱预制块液压起吊翻转机。

液压起吊翻转机主要由液压系统、翻转机构总成及机架等组成，其主要结构如图10-4所示。液压起吊翻转机应用杠杆原理,利用液压系统提供动力来实现预制块的夹紧和翻转。其结构设计简捷轻便、造价低廉、输送能力强、机械化程度高、操作简便,只需1人辅助天车司机作业,便可实现预制块脱模、翻转同步完成,极大减轻了人员劳动强度,减少了转运次数及对行吊的占用时间,真正实现结构“零损伤”。

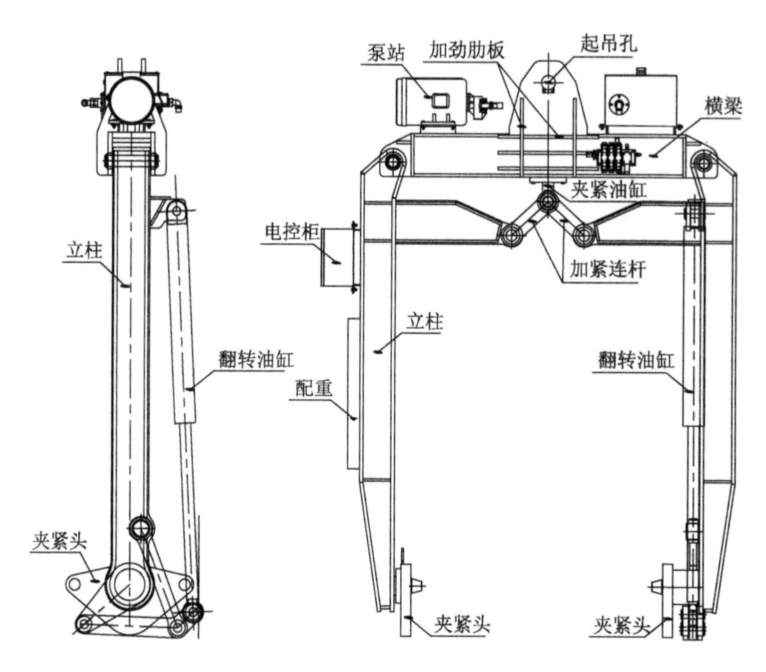

图10-4 液压起吊翻转机结构

液压起吊翻转机在预制块翻转中的优势如下:

(1)结构设计简捷轻便,造价低廉,输送能力可达25t,有充足的安全富余量。

(2)预制块夹紧与翻转的动力均源自安装在机架横梁顶部的液压泵站。通过控制夹紧油缸的伸缩借助夹紧连杆传力带动立柱张合,通过控制翻转油缸的伸缩借助翻转连杆传力带动夹紧头转动,翻转油缸伸缩一次可带动夹紧头旋转180°,脱模平移后即可进行翻转作业,操作简便。

(3)充分发挥仰拱预制块结构尺寸相一致、中心位置厚度较大的特点,在预制块上前后两侧各预留两个夹紧用翻转孔,来抵抗预制块脱模、翻转期间的剪力,有效防止预制块松脱。

(4)以仰拱预制块1.8m长度方向为中心轴进行翻转作业,作业空间小(图10-5)。

图10-5 仰拱预制块空中翻转

10.2.2 空中翻转仰拱预制块技术

1)配套设施

西秦岭隧道仰拱预制块生产主要采用1部25t天车配合生产施工,预制块翻转机在作业

时通过钢丝绳悬挂在天车吊钩上，通过吊钩的提升从而带动翻转机上升来完成预制块的脱模，因此在厂房建设时必须保证其建设高度能够满足翻转机作业的空间需要。

2）工艺流程

仰拱预制块空中翻转技术具体施工流程如下：

（1）将天车吊钩与翻转机顶部的起吊孔用钢丝绳连接，连通电力线并将操作手柄吊至天车操作室，由天车司机负责完成翻转机的各项操作。

（2）检查翻转机各动作完成是否正常。

（3）25t 天车起吊液压翻转机至已打开侧边模的模具正上方，与模具对中就位。

（4）伸长夹紧油缸，张开两边立柱，调整翻转机位置至夹紧探头与预制块预留翻转孔对齐，收缩夹紧油缸，夹紧仰拱预制块。

（5）先行试吊，确认天车就位准确且设备安全。

（6）提升天车吊钩完成脱模作业，走行天车小车至翻转位置。

（7）收缩翻转油缸，带动夹紧头 180°旋转，实现预制块的空中翻转。

（8）将仰拱预制块吊至临时存放区存放，翻转油缸复位，开始下一循环。

模具翻转孔设计及脱模后成形效果如图 10-6 所示。

图 10-6 模具翻转孔设计及脱模后成形效果

3）可能带来的质量问题及其防治措施

当液压翻转机夹紧仰拱预制块后，在油缸不进行任何伸缩变化的情况下，翻转机与仰拱预制块为刚性接触，这种接触方式可视二者为一个整体，而预制块生产模具自身加工偏差仅 0.2mm、脱模强度 20MPa，如果模具不水平、翻转机翻转油缸伸缩不到位、天车位置定位不准确都会造成起吊作用力与仰拱预制块停放位置水平中心线不垂直，引发仰拱预制块在模具内因偏拉向一侧挤压形成掉块，如图 10-7 所示。

只要日常加强模具水平度检查，模具不水平的问题就可以有效解决。为便于天车停车定位，现场采用“三线重合归一法”，即当天车操作室玻璃上竖向刻线。①天车中部倒悬等腰三角形定位板垂线；②天车轨道钢架梁正立等腰三角形定位板垂线；③这三线位于同一条竖线上时，则表明天车恰好停在仰拱块中间位置。此外，翻转机每次脱模前应先检查翻转油缸伸缩是否到位并及时作出调整。每循环使用一段时间后对翻转油缸进行检查,以便重新确定伸缩限位。

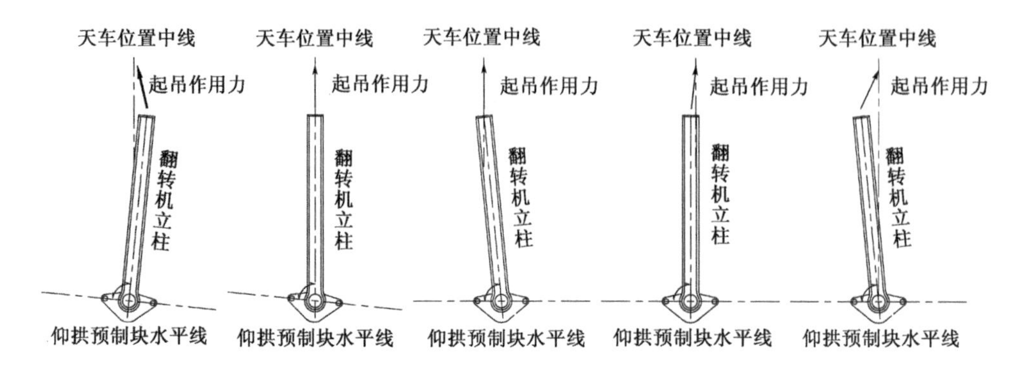

图 10-7 可能带来的质量问题示意图

三线重合归一法示意如图 10-8 所示。

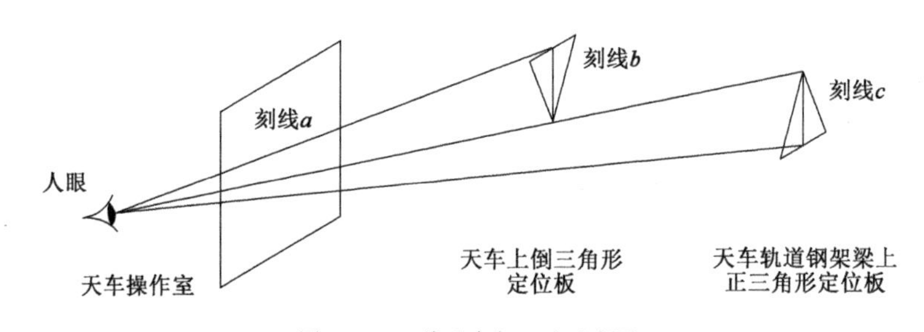

图 10-8 三线重合归一法示意图

10.3 蒸汽养护数字传感式温度控制技术

对于采用蒸汽养护的仰拱预制块,如果混凝土蒸汽养护过程中升、降温速度控制不严格,极易造成混凝土表面急骤过热或降温,产生温度应力,导致结构表面或沟槽出现温度裂缝。

为更加准确掌握混凝土结构内部的温度变化情况,西秦岭隧道仰拱预制块生产温度控制采用数字传感式温度计,混凝土浇筑完成静养至注浆棒拔出后,将传感探头放入注浆孔内,将传感线接出至养生篷布外,通过手持式数字温度计掌控蒸汽养护升降温变化情况。该方法与传统的煤油温度计、指针温度计、红外温度计测温法相比,由于测点位于混凝土结构内部,测量结果更准确、更具有施工指导意义,同时该方法减轻了试验人员的劳动强度,缩短了测量周期,便于温控调节。

参 考 文 献

[1] 陈大军. 兰渝铁路西秦岭隧道 TBM 步进技术[J]. 隧道建设,2010,30(2):162-168,178.

[2] 中铁隧道局集团有限公司. 新建兰州至重庆铁路西秦岭特长隧道工程 XQLS2 标实施性施工组织设计[R]. 洛阳:中铁隧道集团有限公司,2008.

[3] 戴润军,杨永强. 西秦岭隧道连续皮带输送机出渣下的同步衬砌施工组织管理[J]. 隧道建设,2011,31(4):90-95.

[4] 欧阳艳. 西秦岭隧道不良地质段 TBM 施工技术[J]. 铁道勘察,2010(1):69-99.

[5] 王占生,王梦恕. TBM 在不良地质地段的安全通过技术[J]. 中国安全科学学报,2002,22(4):58-62.

[6] 王平,刘凯. TBM 在不良地质条件下的施工技术[J]. 广西水利水电,2008 (5):13-14,34.

[7] 孙金山,卢文波,苏利军,等. 基于 TBM 掘进参数和渣料特征的岩体质量指标辨识[J]. 岩土工程学报,2008,30(12):82-89.

[8] 黄祥志. 基于渣料和 TBM 掘进参数的围岩稳定分类方法的研究[D]. 武汉:武汉大学,2005.

[9] 徐加兵. 单线铁路长大隧道有轨运输方式的探讨[J]. 铁道标准设计,2005(2):75-76.

[10] 王保山. 浅谈长大隧道 TBM 施工有轨运输中的安全管理[J]. 科技传播,2011(3):190-191.

[11] 杨永强,徐赞. 西秦岭 TBM 铁路单线隧道信息化辅助有轨运输安全管理[J]. 隧道建设,2011,31(S2):218-222.

[12] 李宇江,陈军,李志军,等. 城市轨道交通工程硬岩双护盾式 TBM 隧道修建关键技术[M]. 北京:人民交通出版社股份有限公司,2018.

[13] 张学军,胡必飞. 软弱千枚岩地段 TBM 掘进施工技术[J]. 隧道建设,2011,31(6):706-711.

[14] 徐双永,陈大军. 西秦岭隧道皮带机出渣 TBM 同步衬砌技术方案研究[J]. 隧道建设,2010,30(2):115-119.

[15] 郑孝福. TBM 弧形步进的滑槽快速施工技术[J]. 隧道建设,2011,31(2):252-255.

[16] 冯欢欢,陈馈. 西秦岭隧道 TBM 洞内拆机总体方案设计与研究[J]. 施工技术,2015,44(23):64-69.

[17] 许金林,徐赞,王艳波. 西秦岭特长隧道连续皮带输送机出渣施工关键技术[J]. 隧道建设,2011,31(6):678-685.

[18] 张学军. 西秦岭隧道洞外上山皮带设计与应用[J]. 隧道建设,2014,34(2):167-172.

[19] 林刚,史宣陶,陈军. 双护盾式 TBM 在青岛城市轨道交通工程中的应用与实践[J]. 隧道

建设,2019,39(12):2020-2029.

[20] 杨木高. 兰渝铁路西秦岭隧道[J]. 隧道建设,2018,38(12):2071-2076.

[21] 王艳波. 连续出渣皮带收放装置的设计与实用效果[J]. 隧道建设,2011,31(6):765-769.

[22] 徐赞,胡必飞. 仰拱预制厂厂房建设及维护要点[J]. 隧道建设,2011,31(6):770-775.

[23] 戴斌,陈明. PPS 导向系统在西秦岭隧道 TBM 施工中的应用[J]. 隧道建设,2011,31(S2):92-96.